一度書けばどこでも、ずっと使えるプログラムを待ち望んでいた人々へ贈る［シェルスクリプトレシピ集］

Windows/Mac/UNIX
すべてで20年動く
プログラムはどう書くべきか

松浦智之［著］　USP研究所［監修］

JN187276

C&R研究所

■権利について
- 本書に記述されている社名・製品名などは、一般に各社の商標または登録商標です。
- 本書では™、©、®は割愛しています。

■本書の内容について
- 本書は著者・編集者が実際に操作した結果を慎重に検討し、著述・編集しています。ただし、本書の記述内容に関わる運用結果にまつわるあらゆる損害・障害につきましては、責任を負いませんのであらかじめご了承ください。
- 本書で紹介しているコードの実行結果の画面などは、環境によって異なる場合がございますので、あらかじめ、ご了承ください。
- 本書の内容は、2016年10月現在の情報を基に記述しています。仕様の変更やソフトウェアのバージョンアップなどにより、サンプルの動作が変わったり、プログラムの書き換えが必要になったり、動作しなくなったりする場合があります。また、紹介しているURLなども変更になる場合があります。あらかじめ、ご了承ください。

●本書の内容についてのお問い合わせについて

　この度はC&R研究所の書籍をお買い上げいただきましてありがとうございます。本書の内容に関するお問い合わせは、「書名」「該当するページ番号」「返信先」を必ず明記の上、C&R研究所のホームページ(http://www.c-r.com/)の右上の「お問い合わせ」をクリックし、専用フォームからお送りいただくか、FAXまたは郵送で次の宛先までお送りください。お電話でのお問い合わせや本書の内容とは直接的に関係のない事柄に関するご質問にはお答えできませんので、あらかじめご了承ください。

〒950-3122 新潟県新潟市北区西名目所4083-6　株式会社C&R研究所　編集部
FAX 025-258-2801
「Windows／Mac／UNIXすべてで20年動くプログラムはどう書くべきか」サポート係

まえがき

　今年 8 月、コンピューター史に残る革命が起こった。Windows 10 Anniversary Update に搭載された Bash on Ubuntu on Windows である。多くの人は気づいていないが、これは物凄い革命だ。このソフトを目の当たりにし、私は自著を書き直さずにはいられなくなった。

　Bash on Ubuntu on Windows の登場は、表面的に見れば Microsoft が Windows 用 UNIX サブシステムを本気で作ったという出来事に過ぎない。しかしそれでは済まされない。2016 年、ついに現在出荷されている PC のほぼ 100% で動くプログラムが書けるようになったということを意味するからだ。シェルスクリプトという言語を使えば、各種 UNIX マシンはもちろん、2001 年に UNIX ベースになった Mac 上でも、そして今年からは Windows 上でも同じプログラムが動くようになり、遂に OS の壁が崩壊したのである。

　ところが人々はそれでもまだピンと来ない。「一体、それで何ができるというのか？」と。Windows ネイティブの人にしてみればほとんど聞いたことのない言語なのでイメージが湧かず、逆に UNIX ネイティブな人にしてみれば「シェルスクリプトなんて古臭いし、遅いし、全然開発向けじゃないし、環境依存も激しいし……」という誤ったイメージがあって、どちらの人も開発言語としてまともに見ていないからだ。

　しかし本書で示してきたことこそ、そんなシェルスクリプトを強力な開発言語として、しかも環境依存なしに使用可能にするための「POSIX 原理主義」というノウハウだ。さらに 10 年、20 年もの長い寿命も得るという、他言語にはない特長まで兼ね備える。OS の壁の崩壊という革命が起こった今、この言語の実力を知らないなんて何ともったいないことか！

　そんなもどかしさが Bash on Ubuntu on Windows の登場でますます強まったため、出版社にわがままを言って新版を作らせてもらった。初版が POSIX 原理主義の核となる内容を UNIX 向けに記した入門モデルなら、新版は Windows や Mac までカバーする内容を追記したいわば上位モデルだ。中身だけでなく表紙にもこだわりがある。青い表紙には 3 つの意味を込めた。Windows 10 の青。Twitter（Windows/Mac/UNIX すべてで動くアプリの実例として制作したもの）の青。そして、プログラムに高速性や機能性を求めるあまり過度な競争で疲弊した世界の外側に広がる、高互換性・長寿命プログラミングという新たな価値で満たされたブルーオーシャンの青だ。多くの人々に是非、この大海原に乗り出してもらいたい。

2016 年 10 月 24 日
松浦リッチ研究所
所長 松浦智之
（コミケ大好き同人作家）

目 次

まえがき ……………………………………………………………………………………… iii

序 章 chapter.0　POSIX原理主義：その本質と可能性、実践方法を理解する　1

デプロイやメンテに苦しむプログラマーへ ………………………………………… 2
ソフトウェア業界にはびこる問題と、解決のための鍵 …………………………… 2
プログラムに高い互換性と長い寿命を与えるPOSIX原理主義 ………………… 4
POSIX原理主義の中身 ……………………………………………………………… 8
POSIX原理主義に基づくアプリケーションたち ………………………………… 13
POSIX原理主義プログラミングを始める ………………………………………… 19
筆者への連絡先 ……………………………………………………………………… 29

第1章 chapter.1　どの環境でも使えるシェルスクリプトを書く …… 文法・変数 編　31

- **1-1**　$((式)) ……………………………………………………………………… 32
- **1-2**　/dev/stdin、stdout、stderr ………………………………………………… 32
- **1-3**　`～`(コマンド置換) ………………………………………………………… 32
- **1-4**　[^～](シェルパターン) …………………………………………………… 34
- **1-5**　case文／if文 ………………………………………………………………… 34
- **1-6**　local修飾子 …………………………………………………………………… 35
- **1-7**　PIPESTATUS変数 …………………………………………………………… 36
- **1-8**　set -m (shの-mオプション) ……………………………………………… 36
- **1-9**　環境変数などの初期化 ……………………………………………………… 37
- **1-10**　最終行の改行は、省略すべきでない …………………………………… 37
- **1-11**　シェル変数 ………………………………………………………………… 38
- **1-12**　スコープ …………………………………………………………………… 39
- **1-13**　正規表現 …………………………………………………………………… 39
- **1-14**　文字クラス ………………………………………………………………… 40
- **1-15**　乱数 ………………………………………………………………………… 40
- **1-16**　ロケール …………………………………………………………………… 41

第2章 どの環境でも使える シェルスクリプトを書く …… 正規表現 編　45

- **2-1** 知っておくべきメタ文字セットは3つ…………………………… 46
  - 各コマンドがどのメタ文字セットに対応しているか………………… 46
- **2-2** BRE（基本正規表現）メタ文字セット ………………………… 47
- **2-3** ERE（拡張正規表現）メタ文字セット ………………………… 49
- **2-4** AWKで使えるメタ文字セット ………………………………… 50

第3章 どの環境でも使える シェルスクリプトを書く …… コマンド 編　53

- **3-1** 「[」コマンド ……………………………………………………… 54
- **3-2** AWKコマンド …………………………………………………… 54
- **3-3** bcコマンド ……………………………………………………… 58
- **3-4** dateコマンド …………………………………………………… 58
- **3-5** duコマンド ……………………………………………………… 58
- **3-6** echoコマンド …………………………………………………… 60
- **3-7** envコマンド …………………………………………………… 61
- **3-8** execコマンド …………………………………………………… 62
- **3-9** foldコマンド …………………………………………………… 62
- **3-10** grepコマンド …………………………………………………… 63
- **3-11** headコマンド …………………………………………………… 63
- **3-12** iconvコマンド ………………………………………………… 64
- **3-13** ifconfigコマンド ……………………………………………… 65
- **3-14** killコマンド …………………………………………………… 65
- **3-15** mktempコマンド ……………………………………………… 66
- **3-16** nlコマンド ……………………………………………………… 67
- **3-17** odコマンド ……………………………………………………… 68
- **3-18** printfコマンド ………………………………………………… 69
- **3-19** psコマンド ……………………………………………………… 70
- **3-20** readlinkコマンド ……………………………………………… 71
- **3-21** sedコマンド …………………………………………………… 72
- **3-22** sleepコマンド ………………………………………………… 73
- **3-23** sortコマンド …………………………………………………… 73

3-24	tacコマンド／tailコマンド＋-rオプションによる逆順出力	73
3-25	test（[）コマンド	74
3-26	trコマンド	75
3-27	trapコマンド	76
3-28	whichコマンド	76
3-29	xargsコマンド	77
3-30	zcatコマンド	80

第4章 Hors d'oeuvre: ちょっとうれしいレシピ　83

4-1	sedによる改行文字への置換を、キレイに書く	84
4-2	grepに対するfgrepのような素直なsed	87
4-3	mkfifoコマンドの活用	89
	mkfifoコマンド入門	89
	mkfifoの応用例	90
	使用上の注意	92
4-4	一時ファイルを作らずファイルを更新する	93
	シンボリックリンクであった場合に実体を探す方法	94
	ACL付きやパーミッションが変更されているファイルへの対応	95
	一時ファイルなしで上書きするトリック	96
4-5	テキストデータの最後の行を消す	98
4-6	改行なし終端テキストを扱う	100
4-7	IPアドレスを調べる（IPv6も）	103
	シェル変数で受け取りたい場合は？	104
	補足	105
4-8	YYYYMMDDhhmmssを年月日時分秒に簡単に分離する	106
4-9	祝日を取得する	108
4-10	ブラックリスト入りした100件を1万件の名簿から除去する	112
	joinコマンドチュートリアル	113
	joinコマンドの解説	114
	joinコマンド使用上の注意	116

POSIX 原理主義テクニック　　117

- **5-1** PIPESTATUSさようなら ……………………………… 118
  - シェル関数を使わない方法もある ……………………………… 121
- **5-2** Apacheのcombined形式ログを扱いやすくする ………… 123
  - コマンド化したものをGitHubにて提供中 ……………… 126
- **5-3** シェルスクリプトで時間計算を一人前にこなす ………… 127
  - 日常の時間 → UNIX時間 ……………………………… 127
  - UNIX時間 → 日常の時間 ……………………………… 128
  - コマンド化したものをGitHubにて提供中 ……………… 129
- **5-4** findコマンドで秒単位にタイムスタンプ比較をする ……… 131
- **5-5** CSVファイルを読み込む ……………………………… 135
  - CSVファイル（RFC 4180）の仕様を知る ……………… 136
  - 仕様に基づき、CSVパーサー「parsrc.sh」を実装する ……… 137
- **5-6** JSONファイルを読み込む ……………………………… 139
  - JSON＆XMLパーサーという「車輪の再発明」の理由 ……… 141
- **5-7** XML、HTMLファイルを読み込む ……………………… 143
- **5-8** JSONファイルを生成する ……………………………… 146
  - Step (0/4)　必要なコマンド ……………………………… 146
  - Step (1/4)　元データとその形式 ………………………… 146
  - Step (2/4)　求められるJSONデータ構造 ……………… 147
  - Step (3/4)　変換シェルスクリプトを書く ……………… 148
  - Step (4/4)　変換シェルスクリプトを実行する ………… 150
  - 補足──makrj.sh使用上の注意 ………………………… 151
- **5-9** 全角・半角文字の相互変換 …………………………… 154
- **5-10** ひらがな・カタカナの相互変換 ……………………… 157
- **5-11** バイナリーデータを扱う ……………………………… 160
- **5-12** ロック（排他・共有）とセマフォ ……………………… 164
  - 共有ロック・セマフォの実装のまとめ ………………… 171
- **5-13** 1秒未満のsleepをする ……………………………… 175
- **5-14** デバッグってどうやってるの？ ……………………… 179
  - teeコマンド仕込みデバッグ ……………………………… 180
  - 実行ログ収集デバッグ …………………………………… 182
  - teeコマンドについて …………………………………… 184
  - setコマンドの-vと-xオプションについて ……………… 184
  - 実行ログを恒久的に残すか ……………………………… 184

POSIX 原理主義テクニック …… Web 編　187

- **6-1** URL デコードする ……………………………………… 188
- **6-2** URL エンコードする ……………………………………… 190
- **6-3** Base64 エンコード・デコードする …………………… 193
  - Base64 コマンドの使い方 ……………………………… 193
- **6-4** CGI 変数の取得（GET メソッド編）…………………… 195
- **6-5** CGI 変数の取得（POST メソッド編）………………… 198
- **6-6** Web ブラウザーからのファイルアップロード ……… 200
- **6-7** シェルスクリプトおばさんの手づくり Cookie
  （読み取り編）……………………………………………… 204
- **6-8** シェルスクリプトおばさんの手づくり Cookie
  （書き込み編）……………………………………………… 206
- **6-9** Ajax で画面更新したい ………………………………… 210
  - POSIX＋W3C 原理主義による Ajax チュートリアル … 210
- **6-10** HTML テーブルを簡単キレイに生成する …………… 215
  - mojihame コマンドチュートリアル …………………… 215
- **6-11** シェルスクリプトでメール送信 ………………………… 222
  - Step (0/3)　必要な POSIX 外コマンド ……………… 222
  - Step (1/3)　英数文字メールを送ってみる ………… 223
  - Step (2/3)　本文が日本語のメールを送ってみる … 224
  - Step (3/3)　件名や宛先も日本語化したメールを送る … 225
  - Step (3/3) の作業の完全自動化シェルスクリプトを公開 … 227
- **6-12** シェルスクリプトでメール送信（添付ファイル付き）… 228
  - Step (1/5)　本文や添付ファイルを Base64 エンコード … 230
  - Step (2/5)　マルチパート内ヘッダーをつける ……… 230
  - Step (3/5)　各本文・添付ファイルの前後行に
  　　　　　　境界文字列行を置く …………………… 232
  - Step (4/5)　「Content-Type: multipart/mixed; boundary=
  　　　　　　"HOGEHOGE"」を加えてメールヘッダー作成 … 233
  - Step (5/5)　sendjpmail コマンドに流し込み、メール送信 … 234
  - 注意 ………………………………………………………… 234

6-13	他のWebサーバーへのファイルアップロード	235
	Step (1/3) マルチパート内ヘッダーをつける	238
	Step (2/3) 各本文・添付ファイルの前後行に境界文字列行を置く	239
	Step (3/3) 「Content-Type: multipart/form-data; boundary="HOGEHOGE"」をヘッダーに加えてWebアクセス	240
6-14	シェルスクリプトによるHTTPセッション管理	242
6-15	メールマガジンを送る	248
6-16	Twitterに投稿する	252
	Step (1/4) 小鳥男をインストールする	252
	Step (2/4) Twitterユーザーアカウント登録	253
	Step (3/4) アクセスキーを手に入れる	253
	Step (4/4) 動かしてみる	255

第7章 知らないとハマるさまざまな落とし穴　265

7-1	名前付きパイプからリダイレクトするときの落とし穴	266
7-2	/dev/stderr (inもoutも) でなぜかPermission denied	269
	回避方法のまとめ	270
7-3	全角文字に対する正規表現の扱い	273
7-4	sortコマンドの基本と応用と落とし穴	275
	基本編　各行を単なる1つの単語として扱う	275
	応用編　複数の列から構成されるデータを扱う	277
	落とし穴編　列区切り文字に潜む落とし穴2つ	280
7-5	sedのNコマンドの動きが何かおかしい	284
7-6	bashで動かすために注意すべきこと	287
7-7	標準入力以外からAWKに正しく文字列を渡す	290
7-8	AWKの連想配列が読み込むだけで変わる落とし穴	292
7-9	while readで文字列が正しく渡せない	294
7-10	trapコマンドでシグナルが捕捉できない	296
7-11	あなたはいくつ問題点を見つけられるか!?	299
	概要	299
	まとめ	303

レシピを駆使した調理例 305

郵便番号から住所欄を満たすアレをシェルスクリプトで……………………………306

索引 …………………………………………………………………………………… 318

▶ 「シェルショッカー1号男」は侵略型ショッピングカート ………… 52
▶ truncateコマンド ……………………………………………………… 82
▶ ヒストリーを残さずログアウト ………………………………………… 111
▶ 38年動き続けているプログラム ……………………………………… 126
▶ 同じ文字が連続した文字列を作る …………………………………… 130
▶ おススメはしないけど… ……………………………………………… 192
▶ 【緊急】falseコマンドの深刻な不具合 ………………………………286

序章
chapter.0

POSIX原理主義:
その本質と可能性、実践方法を理解する

POSIXという規格に明記されている仕様の範囲を極力守りながらプログラムを書くという主義、これを「POSIX原理主義」と呼ぶ。その目的は、プログラムを、どの環境へも持ち運べて、しかも何十年も使い続けられるものにすること、すなわち書き捨てないプログラムを作ることにある。それにはシェルスクリプトが不可欠だ。一般的に、シェルスクリプトは書き捨てるプログラムを書くために用いられることが多いが、それとは正反対である。

POSIX原理主義に基づく書き捨てないシェルスクリプトは、よく見かける書き捨てシェルスクリプトとはどう違い、どのようにして書くのか。POSIX原理主義の成り立ちとともに紹介する。

▶ デプロイやメンテに苦しむプログラマーへ

　本書はシェルスクリプト（Bourne シェル）のレシピ集である。単なるレシピ集ならすでにいくらでも存在するが、本書では UNIX 系 OS 向けアプリケーションを開発し、それをデプロイ（インストール）する人々、あるいはその後保守する人々が苦しまないようにするためのプログラミングに役立つレシピを主に取り揃えた。

　序章ではまず、本書を手に取ってくれた読者の皆様のために、システム開発の現場でよくある問題と、私（筆者）がその現場に身を置くうちに得た問題克服のためのアイデアをお話ししたい。数あるレシピ本とは一線を画す本書の目指すところがおわかりいただけると思う。

▶ ソフトウェア業界にはびこる問題と、解決のための鍵

　私は UNIX が好きで、趣味としても仕事としても、そこで動くプログラムを作ったり、プログラムを動かすためのサーバーを構築したりしていた。自分で作ったプログラムはもちろん、Apache（Web サーバー）や BIND（DNS サーバー）、Samba（ファイルサーバー）、PostgreSQL（データベース）、OpenVPN（VPN）……などの他人が作ったソフトウェアも動かしていた。

　そういう仕事をやっている人ならきっとわかると思うが、インストールや設定がなかなかうまくいかずに苦しんだり、依存ソフトがバージョンアップして、それに伴うメンテナンス作業が面倒くさかったり、大変な思いをしてきた。初めて動いたときは嬉しいが、やり慣れてくると、面倒くささや苦しみばかりが大きくなるものだ。

■ とある会社との出会い

　そうやって UNIX と付き合いつつ、そこで得られた知見（主にシェルスクリプトに関するもの）を同人誌という形にまとめて売っていたりもした。

　2010 年、とあるイベント会場で、その同人誌を 1 人の出展者に紹介する機会があった。その人はユニバーサル・シェル・プログラミング研究所（USP 研究所）という会社に所属していた。知らない会社だったので、どんな仕事をやっているのかと尋ねたら、いわゆるデータベース（RDB）を使わず、シェルスクリプトとテキストファイルだけでシステムを作っているというのだ。しかもそれで商売が成り立っているという。それは UNIX ユーザーにとって非常に理想的な姿であるが、そんなことが本当にできるのか疑問だった。シェルスクリプトは、他言語のように十分な開発ライブラリーが揃っているわけではないし、そもそも大した処理速度が出ないので、開発向けではないと思い込んでいたのだ。

　しかし、UNIX 哲学に根ざした彼らの設計思想やシステム開発における指針について説明され、その結果として作られたシステムが、その理屈どおり、高いパフォーマンスを実際に叩きだしているという、なんとも痛快な話を聞いているうちに、次第にその話を信

じられるようになった。彼らは、自分たちが確立したこれら独自の開発手法に「ユニケージ開発手法」という名前まで付けていた。

■ 散々痛い目に遭ってきた人たち

最終的に話を信じるようになった決め手は、披露された苦労話にとても現実味が感じられたことであった。たとえば、彼らの開発手法が高いパフォーマンスを発揮する秘密の1つとして、洗練された独自コマンド群という大きな存在がある。これらのコマンドは当初、2000個以上も作られていた。しかし、使いきれずに淘汰が進んだ結果、本当に洗練された数十個だけが残ったという話だ。確かに想像に難くない。

そんな苦労話の中で私が特に感銘を受けたのが、数々のハードウェアやUNIX系OSを渡り歩かざるを得なかったときのエピソードだった。顧客の要望で、使えるハードウェアやOSが指定されたり、ある日突然変更されたりすることは珍しくなかったという。また入手のしやすさの問題により、異なるハードウェアやOSのマシンが混在したシステムを構築せざるを得ないこともあったそうだ。こんな状況に置かれた彼らがどんな痛い目に遭うか。やはり想像に難くない。

■ どこでも使えるコードしか書かない

開発したソフトを別種のOSで動かすたび、使えるコマンドやオプションの違いはもちろん、扱うデータの数値フォーマットの違いや文字コードの違い（Shift_JISやEUC-JP、ASCII、EBCDICなど）などにいちいち躓いて痛い目に遭ってきたという。データは単に変換すれば解決するわけではない。たとえば文字データであれば、変換先でどうしてもうまく扱えない文字コード（ダメ文字）が稀にあり、実際に動かし始めてその存在を知ることとなったという。

こういった数々の問題に悩まされた結果として彼らが身に付けた教訓は、「どこでも使えるコードしか書かない」、「将来問題を引き起こしそうなデータは避ける（別の方法で表現する）」だった。一見単純な発想に思えるが、私はそこに大きな感銘を受けた。普通なら「互換性がないからこの言語は使えない」と諦めてしまうところだが、彼らはその単純な発想を実践し、実際に今日まで乗り切ってきたというのである。

私はこの話を聞いたとき、今まで抱いていた問題を解決しうる鍵をとうとう見つけたと思った。

そうか、プログラミングやサーバー管理で日々味わわされる苦労から解放されるには、どこでも動くコードしか書かなければいいのか！

この閃きがきっかけとなって、その後試行錯誤を重ねていき、「POSIX原理主義」とい

うプログラミング指針を確立することになった。

■▶ プログラムに高い互換性と長い寿命を与えるPOSIX原理主義

「どこでも使えるコードしか書かない」という単純明快な発想に感銘を受けた私は、気が付けば彼らよりもエキセントリックにその発想を実践するようになっていた。それが「POSIX原理主義」というプログラミング指針である。

本書を通してその詳細を説明していくが、一言で言うと「POSIXに極力準拠する」ということである。これこそまさに「どこでも使えるコードしか書かない」の究極の実践方法ではないだろうか。

■ POSIX──そこに秘められた3つの可能性

POSIX原理主義を理解するにはまず、POSIX[注1]について知っておく必要がある。

POSIXとは、UNIX系OS同士が互換性を持つために皆で守るべき表面部分の仕様をまとめた規格である。これはどこか特定の企業によるものではなく、IEEEが策定している国際規格である。1990年、すでにさまざまな系譜が存在していたUNIX系OSにおいて、それでも共通している仕様をできるだけ抜き出しながら、「これさえ守ればUNIXを名乗るOSで互換性のあるものが作れる（だから皆で守ろう）」という最低限の規格としてまとめられたものだと、私は理解している。

POSIXに書かれている内容を大雑把に言うなら「man」である。つまり、コマンドやシステムコールの仕様、データフォーマットなど、ユーザーが意識すべき仕様がまとめられている。実在する各OSのmanはこれを元にして作られているといっても過言ではないだろう。したがってPOSIXに明記されている仕様の範囲でソフトウェアを作れば、UNIXを名乗るOSにならほとんどそのまま持ち運ぶことができる。

● Windows、Mac、UNIXの壁を越えたほぼ100%の互換性

「実在する各OSのmanはこれを元にして作られている」と述べたが、実際、各種商用UNIXやMac（OS X、macOS）、それにFreeBSDやLinuxといったPC-UNIXなど、多くのUNIX系OSが明示的または暗示的にPOSIXに準拠している。これはすなわち、POSIX互換のOSが非常に多数存在しているという事実に他ならない。OSベンダーにとってみれば、POSIX互換にしておく方が、他の多くのUNIX系OSのソフトウェアを容易に移植してもらえるようになるし、UNIX系OSを使いたいと思っている多くの人々を取り込むことができ、シェア拡大にもつながるということがその理由だろう。

しかもその互換性は、UNIXという世界だけに閉じた話ではない。ご存知のとお

注1：Portable Operating System Interfaceの略であるとされる。Xがないが、本来末尾にあった「for uniX」が取れたのだろう（と、解釈している）。

り、MacはOS X（後にmacOS）というUNIX系OSの1種になり、多くのプログラマーたちを取り込むことに成功した。そして2016年、なんとWindowsがUbuntuサブシステムを取り入れた。同年の3月31日に予告された「Bash on Ubuntu on Windows」（正式名称はどうやら「Windows Subsystem for Linux」）と呼ばれるものがそれで、決してエイプリルフールと発表日を間違えたネタではなく、8月2日のWindows 10 Anniversary Updateの追加コンポーネントの1つとして正式にリリースされた。これは、Ubuntu Linuxの実行バイナリーファイル中に存在するLinuxシステムコールをWindowsカーネルがリアルタイムに解釈しながら実行するというもので、今まで（Subsystem for Unix Application）とは比べ物にならないほど本気のUNIX系OSである。2016年10月の執筆時点では、まだベータ版としての位置づけで、不完全な部分も多いが、徐々に進化を遂げており、Windowsが本気でUNIXという「国際共通語」をマスターしようとしている様子がひしひしと伝わってくる。

　この意義は非常に大きい。UNIX、Mac、Windowsを一括りにしたら、世界中のPCにおけるシェアはほぼ100%だ[注2]。つまり世界のほぼ100%のPCでそのまま動くプログラムを書ける時代が到来したのだ。その鍵を握るものこそ、POSIX原理主義なのである。

● ベンダーに所有されていないからこその長寿命性

　POSIXへの準拠は、プログラムにもう1つとても重要な性質をもたらす。プログラムの寿命が延びるのである。

　なぜか。それはPOSIXが国際規格であり、多くのOSベンダーが皆で準拠しているという背景に起因する。国際規格ということは、1つのベンダーが所有する規格ではないため、1つのベンダーの思惑でコロコロ仕様が改訂される心配がほとんどないということだ。また、現に多くのOSベンダーがPOSIXに準拠しているので、もし大規模な仕様改訂をするのであれば、よっぽど慎重にベンダー間の合意をとらなければ大混乱を招いてしまう。ゆえに実際のところ、1990年に発表された初版からPOSIXはほとんど改訂されておらず、当時の仕様に準拠して書かれたプログラムは2016年現在もほとんどそのまま動く。

　よって、POSIXに準拠させたプログラムは、10年、20年もの長きに渡って動き続けるプログラム、言い換えれば、時代を問わず通用するプログラムになるのである。

● 依存が少ないゆえの即席性

　POSIXに極力準拠するということは、必要最低限であるPOSIXの範囲を超えた機構に極力頼らないということである。これは、新たな言語やライブラリー、ミドルウェア、フ

注2：Net Applicationsが発表した2016年3月現在のレポートによる。

レームワークなどの依存ソフトウェアを極力インストールしないということを意味する。このことがもたらす可能性とは、「即席性」である。

従来のことを考えてみてもらいたい。自作のプログラムを新たなホストで動かすために、まず言語をインストールし、次に追加モジュールやライブラリーをインストールし、データベースソフトをインストールする。そしてそれぞれの設定を行ったら、今度はデータベースにテーブルを作成したり、マスターデータを流し込んだりしなければならない。しかも、いつもすんなりこれらの手順が進むとは限らない。コンパイルに失敗するなどどこかで躓いたら、原因を突き止めて解決しなければならない。なんと手間のかかることか……。

一方 POSIX 原理主義なら、これらの作業はほぼ不要だ。依存するソフトがほとんどないからである。唯一やることは、自作のプログラムファイルやデータファイル一式をホストにコピーすることである。

● POSIX は、インスタント食品のようなソフトウェアを作る技術

こうして POSIX を改めて眺めてみると、

◎ 長寿命（保存性のよさ）→いつでも
◎ 互換性の高さ　　　　　→どこでも
◎ 即席性　　　　　　　　→すぐいただける

と、三拍子揃った非常に大きな可能性を秘めていることがわかる。これはまさにカップラーメンやレトルトカレーだ。つまり **POSIX 原理主義とは、インスタント食品のようなソフトウェアを作る技術**なのである。食の分野ではとっくの昔にインスタント食品が発明されて発展してきたのに、なぜソフトウェアという分野では発展しない（逆に退化している）のか不思議である。

■ POSIX 原理主義への発展——どんな恩恵がもたらされるか

POSIX 原理主義とは、今述べた POSIX の可能性を前面に引き出すため、POSIX 準拠を基本としながらさまざまな工夫を取り入れたプログラミング指針である。

その中身については次節で説明することにして、POSIX 原理主義を取り入れるとどんなことが起こりうるか考えてみたい。

●「時空を超えた互換性」の獲得

POSIX 原理主義に基づいたプログラムは、どこでも動き、どの時代でも動くという性質を手に入れる。私はこの性質を**「時空を超えた互換性」**と呼んでいる。

時空を超えた互換性を獲得したプログラムであれば、OS 乗り換えの際に心配すること

がないのはもちろん、OSのバージョンアップも特に恐れなくていい。OS開発元からバージョンアップ勧告が出たら恐れずやればいいし、強制的にバージョンアップがなされるレンタルサーバーにも安心して置ける。なぜなら、OS開発元は自分のOSをUNIX系OSであり続けさせるため、たとえ他の仕様を変更しても、POSIXに書かれている仕様だけは極力維持しようとするからだ。逆に、今使っているOSに脆弱性が見つかったにも関わらずOS開発元がいつまで経っても修正版をリリースしないというなら、躊躇なく別のOSに乗り換えられる。なぜなら、乗り換え先のOSもPOSIXに書かれている仕様を極力守っているからだ。

　実際私はこのおかげで、開発後の保守費用をほとんど確保できない業務案件や、趣味で構築している（＝保守費用が全く出ない）Webシステムでも無理なく多くのホストの面倒を見ることができるようになった。まず、管理しなければならない依存ソフトは劇的に減ったし、それらにバージョンアップや修正の必要が生じたときも、公式アナウンスどおりに作業するだけで済み、不可解なトラブルに悩まされることなどほとんどなくなった。さらにありがたいのはOSのバージョンアップだ。たとえば個人的に一番好きなFreeBSDの場合、1つのバージョンのサポート期間が2年間と、Windowsよりも短いところが玉に瑕と感じていたが、今ではこれも大して苦にならない。苦にならないということはセキュリティーの観点からも優れている。

●「Immutable Infrastructure」から「Be mutable! Infrastructure」の時代へ

　巷では、「Immutable Infrastructure」なる考え方が流行っている。これは、OSや言語、ライブラリー、ミドルウェアなどといったソフトウェアのバージョンアップ作業を繰り返すことで次第にホストが不安定になっていく問題を避けるため、ホストを仮想化し、それらのソフトウェアのいずれかを新バージョンにする必要が生じたとしても個別にバージョンアップをせず、仮想化マネージャーの力に任せてホストを丸ごと更新してクリーンインストール状態を保つという手法だ。

　私はこの考え方には真っ向から反対である。バージョンアップを繰り返すと本来は不安定になるようなソフトウェアでもImmutable Infrastructureによって延命される。不安定になる原因は、ソフトウェアが複雑怪奇になっていくからだ。つまりImmutable Infrastructureは、本来淘汰されなければならない複雑怪奇なソフトウェアの存在を認めるということだ。だが、その先に待っている未来は破綻しかない。百歩譲ってImmutable Infrastructureを認めるとしても、これは「状態」を持つホスト、すなわちデータベースやファイルサーバーといった役割を担うホストにはそもそも使えないという不完全さが残る。

　それに対して、POSIX原理主義に基づいたプログラムは依存ソフトをほとんど必要としないため、複雑怪奇な依存を生み出さず、環境変化に強い。バージョンアップが必要にな

るものがあるなら、従来どおり何も恐れずやればよい。つまり「変化したければどうぞご自由に」というわけで、Immutable Infrastructureとは方針がまるっきり正反対なため、これを「**Be mutable! Infrastructure**」と名付けた。

表0.1 Immutable InfrastructureとBe mutable！Infrastructure

項目	Immutable Infrastructure	Be mutable! Infrastructure
ソフトの更新のための作業	ホストをあらかじめ仮想化しておき、インスタンスを丸ごと更新する	更新が必要なソフトのみを更新する
ver.upによる不安定化問題の対処	仮想マシンインスタンスを丸ごと更新することで、クリーンインストール状態を保つ	依存ソフトを減らすことで上書きインストールを減らし、かつ強くし、不安定化しにくくする
DB・ストレージホストへの適用	難しい	簡単
システム稼働時の性能	比較的低い（仮想化されているため）	従来どおり高い（仮想化しなくてよいため）
環境負荷	高い（仮想化され、更新時はOS丸ごとのため）	低い

　バージョンアップを繰り返すと不安定になるという問題を、Immutableの時代には、中身を総入れ替えすることでバージョンアップを避けるというアプローチで解決しようとした。だがBe mutable!の時代では、バージョンアップに強いプログラムを作るというアプローチで解決を図る。仮想環境で動かし、更新するときは中身をごっそり入れ替えるなどという環境負荷の高いアプローチはもう時代遅れだ。

POSIX原理主義の中身

　「POSIX原理主義とは、POSIXに極力準拠すること」と一言で述べてきたが、具体的にどうやるのか。

言語は基本的にシェルスクリプトである

　「POSIXに極力準拠する」と決めると、使用できる言語はC言語（C99）かシェルスクリプト（bashその他ではなくBourneシェル）の2択[注3]になる。理由は単純で、POSIXではこの2つの言語を解釈するコマンドしか規定されていないからだ。ではどちらを選ぶべきだろうか。

　まずは互換性の面で両者を検討してみる。シェルスクリプトはというと、巷ではよく「シェルスクリプトは環境依存が激しいから……」などと敬遠され、書き捨てるプログラムのための言語とみなされる。だがそれは、POSIXに準拠させるという発想が抜けているからこそ抱く誤った認識に過ぎないだろう。では一方のC言語はどうか。こちらはUNIX以外でもWindowsや組み込み機器などに普及していて極めて互換性が高いように思える。

注3：sedやAWKなども言語であるとみなすこともできるが、ここでは含めない。

ところが、まずコンパイルを通す際に環境の影響を受けるし、何よりバイトオーダー（エンディアン）などのハードウェア構造を意識しなければならない。シェルスクリプトなら、そのようなハードウェア構造の差異はコマンドが吸収してくれて問題にならないことを考慮すると、C 言語プログラムの互換性はシェルスクリプトには及ばない。こうしてみれば実は、書き捨て言語とみなされがちなシェルスクリプトの方が、書き捨てず、10 年、20 年持たせるに相応しい言語なのだ。

それでも C 言語の優位な点として、シェルスクリプトでは太刀打ちできない処理速度がある。確かにシェルスクリプトはインタープリター型言語であるため、ステップ数が多いほど処理効率は悪化するし、各ステップに外部コマンドを起動する記述があればそれも大きな処理効率の悪化につながる。しかし、次のコードのように手続き型の書き方からストリーミング型の書き方に改めるよう工夫すれば、ステップ数の増加を抑えられ、処理効率は大きく改善する。

■手続き型コーディング（ステップ数が多く処理効率が低い）
```
i=3
while [ $i -le 10000 ]; do
  file="file${i}.txt"
  rm -f $file
  i=$((i+3))
done
```

■ストリーミング型コーディング
```
awk 'BEGIN{for(i=3;i<=10000;i+=3){print i;}}' |
sed 's/.*/file&.txt/'                          |
xargs rm -f
```

これは「file1.txt」から「file10000.txt」までのファイルのうち 3 の倍数の番号のものだけ消すという処理の例であるが、while 文と test コマンド（[）でループするのではなく、事前に AWK や sed で処理対象のファイル名一覧を生成し、最後に xargs と rm コマンドで一括削除すればよい。このようにすればステップ数が抑えられるため、C 言語並の処理速度が引き出せる。なぜなら、外部コマンド起動によるコストの大半は最初に 1 回発生するだけになるうえ、POSIX コマンド自体のほとんどは C 言語で書かれており、それらのコマンドは起動後に C 言語の速度でデータ処理を行うからである。

後ほど紹介する「POSIX 原理主義に基づくアプリケーションたち」を試してもらえば、シェルスクリプトで作っても申し分ない処理速度を出せることに納得してもらえると思う。

以上、POSIX 原理主義に基づくシェルスクリプトの利点をまとめると次のとおりだ。

- ◎ POSIXに準拠するという条件を満たすのはC言語かシェルスクリプトしかない。
- ◎ シェルスクリプトは、実は最も環境依存の低い言語である（環境依存が激しいというのはPOSIX準拠の発想が抜けていることによる誤った認識）。
- ◎ 一方C言語は、バイトオーダーなどのハードウェア構造を考慮したコードを書かざるを得ない。
- ◎ シェルスクリプトは遅いと言われるが、ストリーミング型コーディングに書き改めればC言語並の処理速度が得られる。

● 補足

ただし、bash、dash、ksh、zshなどの（Cシェルではない）**Bourne系の機能拡張されたシェルを使ってはならないということではない**。これらはすべてBourneシェルの上位互換であり、それらの独自拡張された部分を使わなければよいだけだ。同じ理由で、GNU AWKなどのコマンドももちろん使って構わない。

■ プログラムに応じて3つの指針を使い分ける

POSIX原理主義というプログラミング指針は、図0.1のように3つの小指針から構成される。もともとは、POSIXに完全準拠するという（狭義の）POSIX原理主義であったが、Webアプリケーションが主流の現代に対応すべく、発展しながら3つの指針に整理された。これら3つの指針は、対象とするプログラムの箇所に応じて使い分ける。

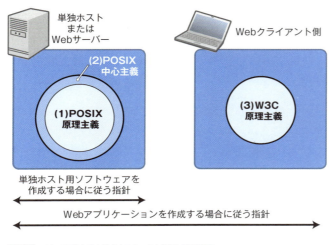

図0.1　POSIX原理主義を構成する3つの小指針と適用範囲

● (1) POSIX 原理主義——POSIX への準拠

　ここで言う POSIX 原理主義は、ここまで述べてきた POSIX 原理主義（= POSIX に極力準拠する）を広義とした場合における狭義の POSIX 原理主義である。すなわち POSIX 文書（IEEE Std 1003.1）に記されている内容に完全に準拠するという指針を意味する。これは広義の POSIX 原理主義においても最初に考慮しなければならない原則的な指針であり、単独の UNIX ホスト上で動かすプログラムや、クライアント・サーバー構成をとるアプリケーションにおけるサーバー側プログラムは、特に問題がない限り守らなければならない。

　POSIX の範囲で一体どれほどのことができるのかと懐疑的になっている人は、ぜひ「第 5 章　POSIX 原理主義テクニック」に記されているレシピを堪能してきてもらいたい。日時計算や排他・共有ロック、XML・JSON パースに至るまで実にさまざまなことができる。それもそのはず、POSIX には sed や AWK などのチューリング完全なコマンドがあり、いかなる計算をも記述できるからである。

● (2) POSIX 中心主義——「交換可能性」の担保

　「POSIX 中心主義」は、どうしても POSIX には準拠させられないプログラム上の処理に対して適用する指針である。具体的には通信処理や、バイナリーデータ処理である。前者は、通信処理に対応したコマンドが POSIX の範囲には実質的に用意されておらず理論的に不可能であるため、後者はテキストデータ変換すれば不可能ではないものの実用的な速度が出ないためという理由による。このような場合に、一定条件を満たすことで POSIX 範囲外のソフトウェア利用を認めるというのがこの指針である。

　POSIX 範囲外ソフトウェアを認める条件としては次のような性質を満たすことが挙げられる。

　今利用している依存ソフトウェア（A）と同等機能を有する別の実装（B）が存在し、何らかの事情により A が使えなくなったときでも、B に交換することで A を利用していたソフトウェアを継続して使える性質。

　この性質を**交換可能性**と呼ぶ。そもそも（狭義の）POSIX 原理主義という指針を定めたのも、POSIX に準拠した OS にはこの性質があるからである。POSIX に準拠した OS は多くの開発団体が各々実装していて、どれか 1 つが使用不可能になっても別 OS に容易に交換できるというわけだ。

　POSIX 中心主義の具体的な適用例としては、

◎ Web API にアクセスしたいとき、それが可能な 2 つのコマンド（curl、wget）の両方に対応したコードにすることで、それらのコマンドの利用を認める（→「レシピ 6-16　Twitter に投稿する」を参照）。
◎ 日本語メールを送信したいとき、それが可能な sendmail コマンドには、Postfix や qmail、exim といった複数のメールサーバーソフトにも互換品が用意されていることが確認できるので、それらの利用を認める（→「レシピ 6-11　シェルスクリプトでメール送信」を参照）。

などがある。

したがってこの指針の適用先も POSIX 原理主義と同様、単独の UNIX ホスト上で動かすプログラムや、クライアント・サーバー構成をとるアプリケーションにおけるサーバー側プログラムであり、この指針は POSIX 原理主義では実装が難しい箇所を補完するためのものである。

● (3) W3C 原理主義——W3C 勧告への準拠

W3C 原理主義は、クライアント・サーバー構成をとる Web アプリケーションにおけるクライアント上のプログラムに適用するための指針である。その内容は、POSIX への準拠ではなく、「W3C 勧告」へ準拠するというものである。

なぜこんな指針が必要かといえば、Web アプリケーションにおけるクライアント側プログラムが、「Web ブラウザー」という POSIX とは全く異なったプラットフォーム上に成り立っているからだ。Web ブラウザー上には POSIX 規格の支配が及ばず、言語も HTML、CSS、JavaScript を使わねばならない。

しかし、Web ブラウザーにも UNIX と同様に、開発ベンダー間の独自拡張（ブラウザー戦争）とそれによる互換性問題の歴史がある。その解決のため、W3C という組織が作られるとともに W3C 勧告という文書が公開された。これは POSIX 文書の Web ブラウザー版とも呼ぶべきものであり、実際に多くの Web ブラウザーは W3C 勧告に示された仕様を満たしている。

W3C 原理主義は、このような背景から設けられた第 3 の指針で、より具体的には次のとおりである。

◎ 各種 JavaScript ライブラリー使用の禁止——W3C 原理主義とは、jQuery や React などといったライブラリー類を一切使わず、W3C 勧告に記されている JavaScript 関数やオブジェクトだけを使って 1 からプログラムを作るというやり方である。理由は、それらライブラリーがブラウザーの独自拡張を利用していないという確証がなく、将来動かなくなる不安が拭えないからである。

このやり方は開発効率を著しく落とすもので、無謀に思えるかもしれない。しかし、流行り廃りが激しく、酷ければ1年後には正しく動かなくなったり、メンテナンスできる人がいなくなったりするJavaScriptライブラリー界の恐ろしい現状を垣間見れば、このやり方にも納得できるだろう。そもそもそういったライブラリーが必要になるような凝った作りにすることが苦労の始まりである。簡素な作りに留めておけば、経験上、手に負えないほどにコードが肥大化することはない。

POSIX原理主義に基づくアプリケーションたち

POSIX原理主義は机上の空論などではない。すでにこの主義を実践して制作したアプリケーションがいくつかある。その代表作を3つ紹介しよう。どれもPOSIX原理主義に基づいて作られている。

ショッピングカート「シェルショッカー1号男」

私はもともと同人作家であるので、年に2回行われる例のイベント（コミックマーケット）で本を頒布している。そして会場に来られない人向けに通販もやっている。ショッピングカートプログラムが必要になるところだが、既存のものといえばPerlやPHP（言語）、MySQL（データベース）といったいわゆるLAMP環境のものばかりだ。1つの同人サークルとして細々とやりたいだけなのにデータベースは大げさだし、同人誌頒布に特化した機能がなくて使いづらいし、そもそもシェルスクリプトでシステム開発する本を頒布するのにPerlやPHPその他を使うなんて何のジョークだ！　と不満だらけだった。

そこで作ったものが、シェルショッカー1号男（＝シェルスクリプト製ショッピングカートversion1の意味）だ。

本書を買ってくれた方にはもはや不要だが、冷やかしにぜひ、

◎ http://richlab.org/coterie/ssr2016.html

を訪れてみてもらいたい（注文する前までの操作ならタダ）。注文までいかないとお目にかかれないが、PayPal APIと連携してクレジットカード決済することも可能だ。ソースコードもGitHubで公開している[注4]。

注4：https://github.com/ShellShoccar-jpn/shellshoccar1

図0.2 シェルショッカー1号男（ショッピングカート）を搭載したページ

● 買い物カゴに徹し、他CMSに寄生する

普通、ショッピングカートといえば、商品情報ページを生成する機能を持つ。商品情報ページがなければ、商品がどんなものでいくらなのか知ることができないからだ。ところが、このショッピングカートにはその機能がない。自分で生成するページといえば、送り先などを入力してもらうページしかない。では、商品情報ページはどうするのか？

答えは、WordPressなどの既存CMS、あるいはDreamweaverなどのHTMLエディターで別途生成してもらうのだ。本プログラムは「カゴに入れる」ボタンや「レジへ進む」ボタンをHTMLタグとして提供し、ブログパーツのように商品情報ページに貼ってもらうという方式をとる（つまり他CMSに寄生する）。他のCMSで作られたサイトであっても、自分のプログラムのCookieは問題なく共存できるため、買い物カゴの仕組みが実現できるのである。しかも「サードパーティーCookie」にも対応しており、**無料ブログサービス（たとえばはてなブログ）を自分のショッピングサイトと化すこともできたり、異なるサイト間で買い物カゴを共有したりすることすらできる**。

「他CMSに寄生する」という発想は、UNIX哲学[注5]の定理である、

注5：本章の後で記す参考図書「UNIXという考え方」で詳しく解説されている。

（定理2）1つのことをうまくやれ。
（定理6）ソフトウェアを梃子（てこ）として使う。

をヒントにして生まれた。ショッピングサイトにとって重要な1機能である「商品情報の表示」では具体的に何をやらなければならないかと考えたとき、定型フォーマットに基づいた商品情報を生成するのはもちろんだが、それだけあっても何にも面白くなくて売れるサイトになる気がしなかった。すると、特別な商品やキャンペーン商品に対しては工夫を凝らしたページを生成したいと思うようになる。そういう特別ページに対応させるには……と考えているうち、嫌になってしまった。

そのとき「もはや1つのことをやるプログラムではないのではないか」と気が付いた。魅力的な商品情報画面作りはそれを得意とするCMS、あるいは（POSIX原理主義に反するCMSを使わず、HTMLを書いてくれる）デザイナーに任せ、カゴだけ作ろうと。ついでに言うと、このプログラムは商品管理画面すらない。商品マスターはテキストファイルで持っているので、既成のテキストエディターで商品情報を編集し、既成のFTPやSCPクライアントでアップロードするだけだ。

こうして冷静に考えれば、既存のシステムがいかに無駄な開発をして無駄に複雑化させているかがわかる。

■ 東京メトロ列車在線状況確認アプリ「メトロパイパー」

2014年、東京メトロが、駅施設情報や列車情報をJSON形式で出力するWeb APIを通じてオープンデータとして公開し、これを活用するコンテストを開催した。本アプリケーションは、そのコンテストにシェルスクリプトで挑んだ応募作品である。

◎ http://metropiper.com/

メトロパイパーは、東京メトロの全車両が現在どの駅（駅間）に在線しているかという情報（在線情報）を問い合わせ、JSONで返された在線情報を読み解き、HTML化して画面に表示するというものである。POSIXの範囲には通信系コマンドがほとんどないという事情により、Web APIへのアクセスにはcurlコマンドを使っているものの、JSONの解析はsedやAWKを駆使して独自に行っている（「レシピ5-6　JSONファイルを読み込む」を参照）。また、こちらもソースコードをGitHubで公開している[注6]。

注6：https://github.com/ShellShoccar-jpn/metropiper

図 0.3 メトロパイパーの動作画面

● 何十万もの人々が路頭に迷わないために

　メトロパイパーの最大の特長は、10 年、20 年の長きに渡って動き続けられることである。もしこのアプリケーションが東京メトロの公式サービスになったとしよう。都心の大動脈たる鉄道を司る会社ゆえ、何十万人、あるいは何百万人ものユーザーを抱えることになり、極めて公共性の高いサービスになるだろう。現在の鉄道経路検索サービスなどは、それをあてにして 1 日のスケジュールを決める人がいるように、本サービスもそのように生活の一部に溶け込む可能性がある。

　もしそうなったとき、突然依存している言語やライブラリー、あるいは OS に脆弱性が見つかり、アップデートパッチが出たら、即時の対応を迫られるだろう。しかし、本当にアップデートしても大丈夫なのだろうか。いくら脆弱性が解消されるとはいえ、アップデートの弊害でソフトウェアが動かなくなり、修正するまでサービス停止に追い込まれてしまったら？　それに生活を依存している何十万もの人々が路頭に迷い、大混乱が起きてしまう。鉄道情報程度ならまだいいが、もしそれが運行システムだったり、金融システムだったり、医療システムだったりしたら……。

　しかし、POSIX 原理主義に基づいた作り方をしていれば、先も述べたようにほぼ安心してアップデートができるし、何なら OS ごと乗り換えることだって簡単にできる。心配は皆無とまでは言わないが、圧倒的に素早い対応ができるだろう。もともとこのコンテスト

は、ロンドンオリンピックに際して行われた同様のコンテストに倣って企画されたらしいが、メトロパイパーは Web API の公開さえ続けば 2020 年の東京オリンピックまで何の苦労もなく動かし続けられる自信がある。

　コンテストの締め切りから約 1 年半後の 2016 年 7 月時点で調査してみると、図 0.4 のように、応募作品のうちすでに 62% が公開終了やデッドリンク、あるいは正しく動かない状態になっていた（コンテスト受賞作品も一部含まれていた）。コンテスト終了によって意図的に公開を終えたものもあるだろうが、この結果はソフトウェアの維持管理がいかに手間であるかを物語っている。果たして、2020 年のオリンピック本番のときまで動いている作品はいくつあるのだろうか。

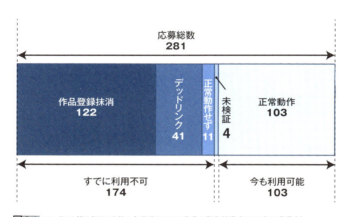

図 0.4　コンテスト締め切りから約 1 年半後における作品の動作状況（2016 年 7 月現在）

● 依存ソフトの仕様変更はアンコントローラブル

　このようなメトロパイパーの特長を説明すると、「でも新路線ができたりして路線仕様が変わったら意味ないじゃん」と言われたりもする。確かに、丸ノ内線、千代田線、南北線、有楽町線、副都心線などの分岐を持つ路線[注7]には個別対応するプログラムになった。

　しかし、あくまで公式サービスになったときの話として考えてみてもらいたい。路線が増えるなどといった路線の仕様変更は自社でコントロールできる話であるのに対し、依存言語などのバージョンアップはそのソフトウェア開発団体の一存で決まり、こちらの会社の都合など聞いてくれはしない。たいていは、「○年×月までに移行してください」とか、「△△の機能が削除されます」といったアナウンスがなされるが、細かな機能の追加削除に関してはアナウンス漏れもあるだろう。緊急時にはそれこそゼロデイでアップデートを迫られる。まさにアンコントローラブルだ。

注 7：南北線自体に分岐はないが、都営三田線の車両が白金高輪で分岐するために個別対応が必要であった。

たとえばPHPは、5.2から5.3へのアップデートによって比較的多くの機能で下位互換性が損なわれ、開発者に大きなインパクトをもたらした。このように、依存ソフトウェアの変更に我々プログラマーたちは散々苦しめられてきた。本書が提唱するPOSIX原理主義プログラミングによって、少しでもデプロイや保守の苦労から解放される人が増えれば幸いである。

■ Twitterクライアント「恐怖！ 小鳥男」

これはシェルスクリプトで作られたTwitterクライアントである。ツイートの投稿はもちろん、リツイート、検索、フォロー、ダイレクトメッセージ送受信など、ひととおりの操作をこなすコマンドが揃っている。コマンドであるため、たとえばcronと組み合わせれば、botも簡単に作れる。

動作画面や使い方などについては、「レシピ6-16 Twitterに投稿する」を参照してもらいたい。

● 専用コードなしにUNIX、Mac、Windowsで動く

小鳥男は、表0.2に記す数多くのOS上で動作確認をとることができた。

表0.2 恐怖！ 小鳥男の動作確認がとれた環境

名称	補足
CentOS	Linux系、5.3、5.9、6.5
Raspbian	Linux系、Debian Jessieベース、2015-09-28版
FreeBSD	9.1-RELEASE、10.2-RELEASE
AIX	7.1.0.0
Mac OS X	Mavericks (10.9)
Cygwin	64bit (2016-01-24) 版[注8]
gnupack	Cygwin系、devel (2015.11.08) 版[注8]
Bash on Ubuntu on Windows	Linux系、Windows 10 Insider Preview (ビルド14931) 版

元来のUNIX系OSはもちろん、Macでも、そしてWindows（Bash on Ubuntu on Windows）でも動いた。ここで注目すべきことは、それぞれのOS用に専用のコードを書いているわけではないという点である[注9]。いくら高い互換性があるといっても、それぞれのOSを判定して専用のコードを走らせていては意味がない。それでは各OS版のプログラムを個別に作る場合の苦労とほとんど変わらないからだ。ただPOSIX原理主義に基づくプログラミングをするだけで、高い互換性が手に入ることに大きな意味がある。

注8：Cygwin向けの専用コードを追加した。
注9：CygwinはPOSIXに準拠していない仕様があったため、唯一専用コードを含んでいる。

POSIX 原理主義プログラミングを始める

　POSIX 原理主義に可能性を感じていただけただろうか。もし少しでも感じたのなら、環境を整えて始めてみてもらいたい。

　本節ではそのためにすべきこと（および、しておいた方がよいこと）を記した。このとおりに準備すればすぐに始められる。POSIX 原理主義とは、極力他のソフトウェアに依存しないプログラミング指針なので、環境整備のための作業もさほど大変ではない。

1）シェルスクリプトの基本がわかる書籍や Web サイトを揃える

　本書はレシピ集である。つまり「目の前の課題に対し、既存の文法やコマンドをどのように駆使すればそれを解決できるか」を紹介する本である。

　したがって、「既存の文法」や「コマンド」といったものをあらかじめ知っていなければ、本書のレシピを理解し、活用することは難しい。さらには UNIX 哲学についても頭に入れておくべきだろう。シェルスクリプトや UNIX とうまく付き合うための作法が記されている。できればそれらについてもページを割いて説明したいところではあるが、文法やコマンドを解説しているシェルスクリプトの教本としては、すでに多数の良書が存在する。

　シェルスクリプトにまだあまり馴染みのない方には不便をかけてしまい大変申し訳ないが、本書のレシピを理解するのが難しいようであれば、書店のコンピューター書売り場（UNIX 関係）で良書を探すか、Web 上でシェルスクリプトについて解説しているページなどと一緒にご覧いただきたい。

● お勧めの参考文献

　これらは 2016 年 10 月現在の情報である。将来は絶版になってしまったり、デッドリンクになってしまったりする可能性があることをあらかじめ断っておく。

◎ 書籍「入門 UNIX シェルプログラミング」（ソフトバンククリエイティブ）
　定番で教科書的存在。少々値は張るがシェルスクリプトによるプログラミングに本気で身をゆだねるなら決して高い買い物ではないはずだ。ひととおり目を通した後も作業机に置いて、辞書的に使える。

◎ 書籍「UNIX という考え方」（オーム社）
　UNIX 哲学を説いた本。そこで示される考え方は、UNIX に限らず、一般のプログラム、さらには一般社会にも通じる話であるといっても過言ではない。値段も手ごろで、休日 1 日あればあっさり読み終えられるので、ぜひ読んでもらいたい。

◎ Web「シェルスクリプト入門」
　http://www.k4.dion.ne.jp/~mms/unix/shellscript/
　おそらく「シェルスクリプト」と「入門」というキーワードで検索すれば最初に見つかるペー

ジだと思う。そのくらい Web 上で定番のページであり、基本がひととおりおさえられている。
◎ Web「Effective AWK Programming」
http://www.kt.rim.or.jp/~kbk/gawk-30/gawk_toc.html
AWK コマンドの使い方が網羅された同名の英語ドキュメントの邦訳である。GNU AWK のためのガイドとされているが、GNU 拡張に関してはそのように明記されており、POSIX 原理主義的な使い方をするうえでも心配は要らない。AWK は、シェルスクリプトの困りごとを解決する最終手段のような存在なので重宝する。

◎ Web (1)「UNIX の部屋」& (2)「会津大学 UNIX ウィキ」
(1) http://www.kt.rim.or.jp/~kbk/gawk-30/gawk_toc.html
(2) http://technique.sonots.com/
どちらのページもコマンドのリファレンスとして重宝するだろう。また、同じサイト内の他のページも見回せば、ネットワークに関する解説文書など、UNIX 以外にもいろいろ勉強になることが多い。

◎ Web「ShellCheck」
https://www.shellcheck.net/
シェルスクリプトの記述を評価してくれる、いわゆる lint のページであり、そのプログラムの配布ページである。POSIX 準拠かどうかも含め、文法をとてもストイックにチェックしてくれる。これを完全に黙らせることは私も一苦労。

■ 2) リモートアクセス用ソフトをインストールする (Windows、Mac ユーザー向け)

これから開発するプログラムを動かす環境が、仮想マシンやレンタルサーバーなど、リモートホスト上にあって、手元の開発用コンピューターが Windows や Mac という場合には、そのリモートホストにログインしたりファイルをアップロードしたりするためのソフトが必要だ。

すでに何かのソフトを愛用しているのならそれでいいが、筆者お勧めのものがあるので紹介しておく。

● ターミナルソフト

Mac を使っているなら元から入っているターミナルを使えばよいが、Windows を使っているなら Tera Term がお勧めだ[注10]。インストール後に接続先ホストのアドレスなどを設定すればあとはデフォルト設定でほぼ問題なく使えるため、初級者には無難な選択だと思う。

注10:私は PuTTY というターミナルソフトを愛用しているが、初級者に勧めるなら Tera Term と決めている。

● **ファイル転送ソフト**

　Mac を使っている人には Cyberduck、Windows を使っている人には WinSCP というソフトの利用が断然お勧め。なぜかといえば、**あたかもリモートホスト上のファイルを直接編集しているかのような使い勝手**が得られ、ダウンロード→編集→アップロードのような面倒くさい操作が要らない（内部で自動的に行われる）からだ。つまり、普段 Mac や Windows 上で使い慣れているエディターでリモートのファイルを直接編集できるようなもので、作業効率が格段に向上する。

　ただし特に Windows の人が WinSCP を使うときには、2 つ注意すべき設定がある。

　1 つはエディターの設定だ。「表示」→「環境設定」→「エディタ」とメニューを選択していって、お気に入りのエディターを設定するのだが、メモ帳（notepad.exe）を設定してはいけない。メモ帳は、UTF-8 テキストファイルに BOM と呼ばれる識別子を必ず付加するため、UTF-8 文字を含むシェルスクリプトをメモ帳で編集すると起動しなくなるトラブルが起こってしまう。同様の理由で、他のテキストエディターでも UTF-8 に関しては BOM なし（UTF-8N という設定があるならそちら）を選択すること。

　もう 1 つは転送モードの設定だ。「表示」→「環境設定」→「転送」→「プリセットの詳細」欄で「デフォルト」をダブルクリックしたら（図 0.5）、転送モードの設定で「自動」を選ぶ。こうしないとシェルスクリプトの改行コードが Windows 標準の CR + LF になってしまい、やはりシェルスクリプトが動かなくなるトラブルが起こってしまうからだ。

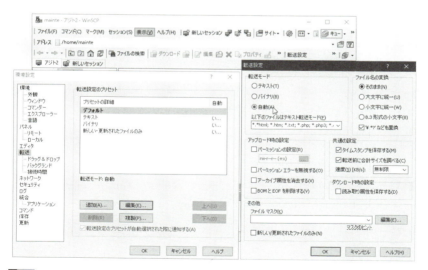

図 0.5　WinSCP 設定で注意すべき箇所

■ 2') Bash on Ubuntu on Windows を有効化する（Windows 10 ユーザーのもう1つの選択肢）

　本章で、Windows が本気で UNIX 系 OS になろうとしている様子を紹介した。Windows 10（おそらくそれ以降のバージョンも）のユーザーであれば、手順 2) のようにして他の UNIX ホストに接続する環境を整えるというやり方の他に、Windows 10 自体を UNIX 系 OS にして使うという手もある。

　そこでここでは、Windows 10 に新たに宿った眠れる獅子「Bash on Ubuntu on Windows」（Windows Subsystem for Linux）を目覚めさせる手順を記す。

● 2'-0) Anniversary Update を行う

　まずは Windows 10 を最新バージョン（Anniversary Update）にしなければ、Bash on Ubuntu on Windows は使えない。これがまだの場合は、Windows Update をすること。

　やり方は、

1. ⊞ + Ｉ を押す。
2. 「更新とセキュリティ」を開く。
3. 左サイドメニューの「Windows Update」を選択する。
4. 「Windows 10、バージョン 1607 の機能更新プログラム」があることを確認し、「今すぐインストール」ボタンを押す。

である。これでアップデートが始まる。完了まで数時間かかるが、他のことをしながら待っていよう。

　もし「Windows 10、バージョン 1607 の機能更新プログラム」が見つからなかったら、Web 上で「Windows 10 の更新履歴」というキーワードで検索し、検索結果の上位に表示されるであろう support.microsoft.com のページへ行けば、アップデートプログラムを入手できるはずだ。

● 2'-1) コンポーネントの有効化

　Bash on Ubuntu on Windows は新しい Windows 10 のコンポーネントとして提供されている。一般のアプリケーションならば最初にインストールを行うところだが、これについてはまず有効化という作業をする。次のとおりにやると有効化される。

1. ⊞ + Ｘ を押す。
2. 「プログラムと機能」を開く。

3. 左サイドメニューの「Windows の機能の有効化または無効化」を選択する。
4. 「Windows Subsystem for Linux (beta)」を見つけ、チェックを付ける（図 0.6）。
5. OK ボタンを押す。
6. OS 再起動を要求されるので、一旦再起動する。
7. 再起動が完了したら、⊞ ＋ Ⅰ を押す。
8. 左サイドメニューの「開発者向け」を選択する。
9. 右側が「開発者向けの機能を使う」というメニューに切り替わり、3 つの選択肢が表示される。この中から「開発者モード」を選択する（図 0.7）。
10. 開発者モードにはリスクがあるという警告が表示されるので、理解したうえで「はい」を選ぶ。
11. OS を再起動する。

図 0.6 「Windows Subsystem for Linux (beta)」を有効化

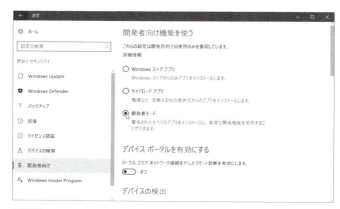

図 0.7 Windows 10 を開発者モードに切り替える

手順の最後に記したOS再起動は、強制はされないがやっておくとよい。なんとSSHサービスが起動して、**WindowsにSSHでログインできるようになる**[注11]のだ。

● 2'-2) Ubuntu環境をセットアップする

　Ubuntu Linuxの環境は、ユーザーごとに生成するようになっている。どうやるのかというと、コマンドプロンプトで「bash」というコマンドを打ち込めばよい。

　Windows 10でコマンドプロンプトを起動するには、

1. ⊞ + X を押す。
2. 「コマンドプロンプト」を開く。

とやればよい。

　「bash」コマンドを最初に起動したときには、初回セットアップの処理が走って数分待たされた後、ログインユーザーIDとパスワードの設定を促されるので、入力してやればよい。

　これで、Bash on Ubuntu on Windowsが使えるようになった。次回以降使いたいときには、コマンドプロンプトを起動して「bash」コマンドを打ち込めば、いつでも使えるようになる。

● 2'-3) ファイルアップローダーは？

　Bash on Ubuntu on Windowsが利用可能になったら、そこにファイルをアップロードしたり、反対にダウンロードしたりするためのソフトウェアが必要なように思うかもしれないが、それは不要である。なにせエミュレーターなどではなく、Windows自身がBash on Ubuntu on Windowsを持っているのだから。

　どういうことかというと、Bash on Ubuntu on Windowsの「/mnt」ディレクトリーの中が、WindowsのCドライブ、Dドライブ……に割り当てられているのだ。だからたとえば、Windows上のデスクトップに置いたファイルをBash on Ubuntu on Windowsに読み込ませたければ「/mnt/c/Users/ここにWindowsのユーザー名/Desktop」の中を見にいけばよい。

　逆に、Windowsのエクスプローラーなどから「C:¥Users¥ここにWindowsのユーザー名¥AppData¥Local¥lxss¥rootfs」の中を覗けば、Bash on Ubuntu on Windowsのルートディレクトリーが見えるのだが、将来場所が変わる可能性もあるし、特に/etcの中身などを直接いじると（ファイルの中身を変えていなくても）パーミッション情報が破壊されてしまうのでやめておいた方がよい。

注11：SSHログイン時のユーザーには、Windowsに存在するアカウントを指定する。また、リモートからログインするには、Windowsファイアウォールの設定でポート22をオープンする必要がある。

■ 3) コマンドセット「Open usp Tukubai」クローンなどを入手する

　本書を読み進めていくと「Open usp Tukubai」という用語が出てくる。これは、USP研究所からリリースされているシェルスクリプト開発者向けコマンドセットの名称である[注12]。このコマンドセットは、シェルスクリプトをプログラミング言語として強化するうえで大変便利なものであり、本書で紹介するレシピのいくつかでは、そこに収録されているコマンド（Tukubai コマンド）を利用している。

　しかしながら、Open usp Tukubai（無償版）の Tukubai コマンドは、中身がすべて Python で書かれており、本書が提唱する POSIX 原理主義を貫くことができない。そんな中、やはり POSIX 原理主義に賛同している 1 人である 321516 氏によって、これらのコマンドを POSIX の範囲で動くシェルスクリプトに移植する作業が行われている[注13]。

　本書でこの先紹介するレシピでも、これらのコマンドを活用している。本文中ではその都度、各コマンド別に入手先の URL を紹介しているが、コマンド一発でダウンロードからインストールまで一括で行えるシェルスクリプトを用意した。

◎ https://raw.githubusercontent.com/ShellShoccar-jpn/installer/master/shellshoccar.sh

　インストーラーシェルスクリプトをこの URL からダウンロードしてきて、次のようにコマンドを実行すれば、一発でインストールできる。

```
管理者の場合（/usr/local/shellshoccar内にインストール）
$ sh shellshoccar.sh install  ↵

一般ユーザーの場合（~/shellshoccar内にインストールする例）
$ sh shellshoccar.sh --prefix=~/shellshoccar install  ↵
```

　コマンド一式は、shellshoccar ディレクトリーの中の bin ディレクトリーに保存されているので、あとは環境変数「PATH」にそのディレクトリーを追加すれば完了する。

　この場を借りて、321516 氏、そしてオリジナルを公開している USP 研究所に感謝したい。

注12：公式サイト→ https://uec.usp-lab.com/TUKUBAI/CGI/TUKUBAI.CGI?POMPA=ABOUT　なお、高いパフォーマンスを発揮する有償版の「usp Tukubai」や、Windows や Mac、Linux で動く個人向け有償お試し版の「Personal Tukubai」というものもあるので検索してみてもらいたい。
注13：GitHub 上で公開中→ https://github.com/ShellShoccar-jpn/Open-usp-Tukubai/tree/master/COMMANDS.SH

● 補足──独自コマンドの利用は POSIX 原理主義に反しないのか？

コマンドを紹介すると、次のような反論を受けることがある。

いくら POSIX の範囲で書かれたコマンドであっても、1 つの開発組織が作った独自のコマンドだと交換可能性が確保できないので、結局サポート打ち切りなどの不安が残る。それを利用することは POSIX 原理主義に反するのではないか。

確かに、ここまでの説明ならばそう解釈されても仕方がない。だが POSIX 原理主義では、独自コマンドを使う場合に次のルールを定めている。

使い始めたら、自分の手足の如く、自分で扱い方を理解し、責任を持つこと。

「自分の手足の如く」というニュアンスを理解してもらいたい。自分の手足の血管がどうなっていて、骨がどうなっているといったことまで知っているわけではないが、たとえば「人より関節が柔らかくて細いパイプの中にも拳を入れられる」といった特徴やクセを理解しているといった意味である。コマンドで言うなら、「コードの中身 1 行 1 行まで知り尽くしているわけではないが、その動作やクセは大体把握できており、使い方の工夫もトラブル対応もある程度自分でできる」という状態だ。

よって **POSIX 原理主義においては、他人の作った独自コマンドであっても、それを手に入れたユーザーは、それを自分の作ったコマンドとして扱わなければならない**というルールを定めている。そのため、本書で紹介している拙作の独自コマンドはすべてパブリックドメイン（ライセンス放棄状態）で提供している。

■ 4) POSIX 文書の Web ページをブックマークする

POSIX 原理主義プログラミングを実践するには、POSIX 規格が具体的にどんな内容になっているのか、常に確信できるようにしておくことが必要不可欠である。そこで、次に紹介する POSIX 文書の Web ページを Web ブラウザーにブックマークしておくことをお勧めする。

● Web ページの場所

検索エンジンなどで「opengroup POSIX」という 2 つのワードで検索すれば、「Posix - The Open Group」という名のページがすぐに見つかるだろう。2016 年現在の最新版は同年 9 月 30 日に公開された 2016 年版であり、

◎ http://pubs.opengroup.org/onlinepubs/9699919799/

というURLである。

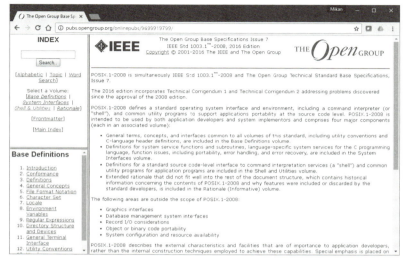

図 0.8 POSIX 規格の原典「Posix - The Open Group」

● コマンドマニュアル

最もお世話になる機会が多いと思われるコマンドマニュアルのページは、左上のメニューから「Shell & Utilities」を選び、続いて左下に現れる「4. Utilities」を選べば出てくる。

なお、文章はすべて英語である。もし英語が苦手という人は、「FreeBSD 日本語man」や「Linux JM」（Linuxの日本語マニュアル）で検索される日本語マニュアルのページと併読するのがよいだろう。これらの man で書かれている内容はほとんど POSIX のページに書かれている内容のスーパーセット（上位互換）になっているので、「日本語で書かれているこのコマンドオプションは POSIX にも載っている」などと見比べながら確認するとよい。

■ 5）制約を理解する

道具を使いこなすコツの1つは、その道具の性質および、その道具でできることとできないことを正しく理解することである。POSIX 原理主義プログラミングを始めるあたっての準備として、最後にその制約事項について理解してもらいたい。

● POSIX 準拠であればいいとはいえない例外

　本書は、**基本的には POSIX 規格に準拠する内容**であるように注意を払っている。より具体的には、「IEEE Std 1003.1」という規格への準拠である。これはもちろん、「時空を超えた互換性」などの利点を引き出すためである。

　だが、「基本的に」という断りを付けた。これには理由がある。歴史上、POSIX は各種 UNIX 系 OS で共通している仕様を抜き出す形でまとめられた規格であるが、相反する仕様を持っていることが原因で、どちらかの仕様を選ばざるを得なかったものが若干ある（tr コマンドの仕様など）。選ばれなかった側の UNIX 系 OS が現存しない（＝サポートを終了している）のであればよいが、現行品もある。そのような OS を無視しては本末転倒である。

　そういう事情で、いくら POSIX 規格で明記されているものであっても、本書ではすべてを推奨しているわけではない。ただし、そのようなものについては個別に明記している。

● 本書レシピの動作試験の限界

　紹介しているレシピはすべての UNIX 系 OS 上で動くことを目標にしているので、本来であればすべての UNIX 系 OS 上でレシピを試食しなければならない。しかし現実的にそれは不可能であるため、もしかするとお使いの環境によってはご賞味いただけないレシピがあるかもしれないことをご了承いただきたい。レシピを試食した主な OS は、FreeBSD 9 ～ 10、CentOS 5 ～ 7、AIX、Raspbian、Mac（OS X）、Cygwin、そして Windows（Bash on Ubuntu on Windows）などである。

　また、細心（最新）の注意を払ってはいるものの、その他にも、間違った記憶、あるいは執筆後に仕様が変更されることによって**正しく動作しない内容が含まれている可能性**がある。不幸にもそのような箇所を見つけてしまった場合は、章末に記した私（筆者）の連絡先にこっそりツッコミなどお寄せいただきたい。

● 「20 年後など、誰も責任を取ってはくれない」ということ

　ソフトウェアに限った話でもないが、**悲劇が生まれる原因は、他人が作ったものに過度に依存していること**にあると私は思う。技術が高度化した現代においては、道具のブラックボックス化が進み、特にその傾向が強い。また、利用者も道具の特性にまで興味を示す余裕がなくなってしまった。POSIX 原理主義は「原理主義」という名に相応しく、そういった流れに抗う主義である。

　そもそも、20 年も先のことを保証してくれるものなど国家の社会保障くらいである[注14]。「20 年耐えうる性能です」とは主張しても、「20 年後も私が責任を持ちます」などと言う人はおそらくいない。20 年後にも生きて同じ職業を続けている保証などないのだから。

注14：ちなみにこれは皮肉である。

それは本書の筆者とて同じである。

　それならば、20 年間本当に動き続ける保証のあるソフトウェアを手に入れるにはどうすればいいのか。答えは、他人に頼らず自分で保守できる知恵を身に付けること、だ。

　以上の準備と心得をもって以降の章を読んでいけば、あなたは POSIX 原理主義プログラミングで自由自在にソフトウェアを開発できるようになるだろう。どうかこのプログラミング指針を体得し、どこでも動き、20 年動くプログラムを作ることに役立ててもらいたい。そして、同じ問題で悩んでいる人たちを助けてあげてもらいたい。

▶ 筆者への連絡先

　POSIX 原理主義に関すること、レシピに関することなど、本書に書かれている内容にご質問やご意見、ご感想などがあればどうか気軽に筆者にお伝えいただきたい（公開している Git リポジトリーへの pull request も大歓迎）。

　今後よりよいプログラムや書物を作るのに活かしていきたい。

◎ Email　　　　　：richmikan@richlab.org
◎ Git リポジトリー：https://github.com/ShellShoccar-jpn/

第1章
chapter.1

どの環境でも使える シェルスクリプトを書く
…… 文法・変数 編

本章と、続く第2章、第3章では、すべてのUNIX系OS上で動くコードを記述するために気を付けなければならない事項を、文法・変数、正規表現、コマンドの観点に分けてそれぞれまとめた。どの環境でも使えるシェルスクリプトを書きたいのであれば、本書を作業机に置いておき、確認したい項目をここでこまめに引くようにするとよいだろう。本章では、まずシェル自身の文法や変数について、どの環境でも動くようにするために注意すべきことを記す。

1-1 $((式))

よく「計算をさせたければexprコマンドを使え」というが、今どきは $((式)) も POSIX で規定されており、使っても問題ない。ただ、数字の頭に「0」や「0x」を付けると、それぞれ 8 進数、16 進数扱いされるので、expr コマンドとの間で移植をする場合は気を付けなければならない（expr コマンドは、数字の先頭に「0」が付いていても常に 10 進数と解釈される）。

```
$ echo $((10+10))     ← 10進数の10に、10進数の10を足す
20
$ echo $((10+010))    ← 10進数の10に、8進数の10を足す
18
$ echo $((10+0x10))   ← 10進数の10に、16進数の10を足す
26
$
```

この問題は、異なる実装の AWK 間にもあるので注意すること。

参照

→ **3-2** AWK コマンド

1-2 /dev/stdin、stdout、stderr

Linux では、自分の意図せぬところで実効ユーザー切り替えが行われたときにこれらのファイルを読み書きしようとすると、Permission denied エラーが発生してしまう。そういう環境に配慮するため、これらは使用するべきではない。

使用しなくても通常、特に困ることはないはずである。デフォルトでは、コマンドの入出力には /dev/stdin や stdout に相当するものが接続されているので、リダイレクションでそれらをあえて指定する必要はないし、標準エラー出力にメッセージを送りたいのであれば、コマンドの後ろに >/dev/stderr の代わりに 1>&2 を記述すればよいからである。

→「レシピ 7-2 /dev/stderr（in も out も）でなぜか Permission denied」を参照。

1-3 `～`（コマンド置換）

結論から言うと、コマンド置換の記述子として `～`（バッククォート）を使うことは勧められない。代わりに、同じくコマンド置換記述子で POSIX でも規定されている $(～) を使うほうがよい。その理由は 2 つある。

■ `~`は入れ子に向いていない

コマンド置換を入れ子（多重）にすることが `~` では単純にはできない。たとえば、

```
$(echo $(echo echo x=)1)
```

と書くことができて、結果は x=1 という表示になるが、同じことをやろうとして

```
`echo `echo echo x=`1`
```

と書くとエラーになる。`~` は開始も終了も同じバッククォート文字を使っているので、2つ目のバッククォートを内側のコマンド置換の始まりとしてではなく1つ目のコマンド置換の終了と解釈せざるを得ないからである。

しかし、実はPOSIX文書を読むと「入れ子にできる」と明記されている。どうやるかというと、内側のバッククォートをバックスラッシュでエスケープすればよい。たとえば二重、三重、四重に入れ子にしたければ次のように書くことになる。

```
`echo \`echo \\\`echo \\\\\\\`echo echo HOGE\\\\\\\`\\\`\``
```

つまり、n重にしたければn重目のバッククォートは $2^{n-1}-1$ 個のバックスラッシュでエスケープすることになるのだ。いくらできるとはいえ、これはひどい。

■ `~`は中のバックスラッシュをエスケープ文字として扱う

コマンド置換記述子の中にバックスラッシュ \ があると、`~` のほうはそれがエスケープ文字として処理されるので扱いが複雑になってしまい、バグを招きやすい。

まずは $(~) を使った次のコードを試してみてもらいたい。

```
$ printf 'printf a\\nb' | $(sed 's/\\/<backslash>/g')
a<backslash>nb$
```

これは、前半の printf コマンドによって printf a\nb という文字列を標準出力に送り、後続の sed コマンドではその中のバックスラッシュ \ を <backslash> という文字列に変換

して無効化するというものである。

同じことを `～` を使って記述すると次のようになる。

```
$ printf 'printf a\\nb' | `sed 's/\\\\/<backslash>/g'`
a<backslash>nb$
```

コマンド置換記述子の中のバックスラッシュ \ が無駄に増えてしまって可読性が落ちるし、動作も予測しづらい。

これらの理由から、`～` ではなく $(～) の利用を勧めるが、bash の $(～) はいくつかバグを含んでいるので注意が必要である。

→「レシピ 7-6　bash で動かすために注意すべきこと」を参照。

1-4　[^ ～]（シェルパターン）

シェルパターンとは、DOS で言うならワイルドカードと言えば話が早いかもしれない。ただし、UNIX のそれはもっと多機能だ。ファイル名指定時のみならず case 文の条件指定時にも使えるし、何より image[1-9][0-9][0-9].jpg などと指定すればそのディレクトリの中に存在する image100 から image999 までのファイルを一括指定できる。正規表現ほどではないにしろ表現力が高いことが特長だ。

しかし、このブラケットに要注意。ブラケット記号の中に列挙した文字「以外」を表す書き方は、正規表現で馴染み深い [^ ～] ではなく、[! ～] である。[^ ～] という書き方は一応 POSIX でも言及しており、実際に通用する環境が多いのだが、すべての実装で使えるとは限らない。

この事実が厄介の元になっており、[^ ～] と書いた場合に ^ を「以外」の意味として解釈する環境もあれば、通常文字としてそのまま解釈する環境もあるということだ。したがって、シェルパターンにおけるブラケットの中で ^ 自身を文字として指定したければ、ブラケット内の 2 文字目以降に記述すべきである。

1-5　case 文／if 文

たまに、else のときは何かしたいけど then のときは何もしたくないということがある。だからといって then と else の間に何も書かないと、bash や dash など一部のシェルではエラーを起こしてしまう。

■bashの場合、次のコードはエラーになる

```
if [ -s /tmp/hoge.txt ]; then
  # 1バイトでも中身があれば何もしない    ←ここでエラー
else
  # 0バイトだったら消す
  rm /tmp/hoge.txt
fi
```

elifのあともelseのあとも同じだし、case文でも条件分岐した先に何もコードを書いていなければ同じだ。要するに**bashでは、条件分岐先に有効なコードを置かないというコードが許されない**のだ（コメントを書いただけではダメ）。

■ 対策

何らかの無害な処理を書けばいいのだが、一番軽いのはnullコマンド「:」ではないだろうか。つまり、こう書けばどの環境でも無難に動くようになる。

■シェル関数内でローカルな変数を作る

```
if [ -s /tmp/hoge.txt ]; then
  # 1バイトでも中身があれば何もしない   ← 今度はbashでもエラーにならない
  :
else
  # 0バイトだったら消す
  rm /tmp/hoge.txt
fi
```

別の対策としては、条件を反転して、そもそもelse節を使わずに済ませるのもいいだろう。しかし、それによってコードが読みにくくなったり、条件が3つ以上になるような複雑な場合などは、無理せずこの技法を用いるべきだ。

1-6 local 修飾子

local修飾子は、シェル関数の中で用いる変数をその関数内だけで有効なローカル変数にする場合に用いる修飾子だが、これはPOSIXでは規定されていない。しかし、関数内でローカルな変数は簡単に用意できる。小括弧で囲ってサブシェルを作れば、その中で代入した値は外へは影響しないからだ。

次のシェル関数「localvar_sample()」を見てもらいたい。中身を波括弧の代わりに丸括弧で囲ったシェル関数で定義した次のシェル変数 $a、$b、$c は、関数終了後に消滅するし、外部に同名の変数があってもその値を壊すことはない（ただし初期値は外部の変数の値になっている）。

■シェル関数内でローカルな変数を作る

```
localvar_sample() (    # 小括弧で囲む
  a=$(whoami)
  b='My name is'
  c=$(awk -v id=$a -F : '$1==id{print $5}' /etc/passwd)
  echo "$b $c."
)
```

1-7 PIPESTATUS 変数

たとえば、組込変数 PIPESTATUS に依存したシェルスクリプトがすでにあって、それをどの環境でも使えるように書き直したいと思った場合、実はそれは可能だ。詳しいやり方については、「レシピ 5-1　PIPESTATUS さようなら」を参照してもらいたい。

1-8 set -m (sh の -m オプション)

シェルスクリプトの中でこのオプションを指定すると、対話モード（プロンプトが表示される状態）時と同様にジョブコントロールがなされ、fg コマンドなどが使えるようになる。

しかし、OS によって trap コマンドによるシグナルトラップが効かなくなるものもあれば（FreeBSD や Mac 等の BSD 系）、効くもの（Linux や AIX 等）もあるので挙動の違いに注意が必要だ。

■一部の OS でシグナルトラップが効かない例

```
#! /bin/sh -m
int_trap() { trap - INT; echo "ABORTED"; exit 1; }
trap 'int_trap' INT

sleep 5                 # sleep実行中にCTRL+Cを押しても
echo "FINISH_SLEEPING"  # 一部のOSではint_trap()が呼ばれない
trap - INT
```

参照

→レシピ 7-10　trap コマンドでシグナルが補足できない

1-9　環境変数などの初期化

シェルスクリプトが起動したときに、現時点で設定されている環境変数などに影響されて意図しない動作をするようでは、「どの環境でも動く」という趣旨を満たしているとはいえない。したがって、環境変数などは一般的な内容に初期化しておくべきである。次のコードをシェルスクリプトの冒頭に書いておくことをお勧めする。

```
set -u
umask 0022
PATH='/usr/bin:/bin'
IFS=$(printf ' \t\n_'); IFS=${IFS%_}
export IFS LC_ALL=C LANG=C PATH
```

最初の行の set -u は、環境変数などの初期化とは若干趣旨が異なるが、未定義の変数を読み出そうとした場合にエラー終了させるための宣言であり、strict なコードを記述したい場合に役立つだろう。

ただし、シェルによってエラーにする範囲が違うので注意が必要だ。「1-10　シェル変数」中の「未定義変数参照エラー検出の信頼性」を参照してもらいたい。

1-10　最終行の改行は、省略すべきでない

シェルスクリプトの最後の行だからといって、行末のLF (0x0A) を省略するのはやめるべきだ。それは環境によって異なる動作を引き起こす原因になり得る。

たとえば次のようにして、ヒアドキュメントセクションの終了宣言行で終わるシェルスクリプトを作ってみる。

```
$ printf '#! /bin/sh\n'   >>test.sh
$ printf 'cat <<HEREDOC\n' >>test.sh
$ printf ' hoge\n'   >>test.sh
$ printf 'HEREDOC' >>test.sh
$ chmod +x test.sh
$
```

コードを見ればわかるように最後の行にだけ行末にLF(0x0A)を付けていないのだが、一部の環境でこれを実行すると次のようになってしまう。

```
$ ./test.sh ⏎
hoge
HEREDOC$
```

ヒアドキュメントセクションの終了文字列と解釈されずに表示されてしまうのだ。他にも予期せぬ動作を招く恐れがあるので、最終行でもちゃんと行末には改行を付けよう。

1-11 シェル変数

まず、配列は使えない。したがって、bashに存在する組込変数であるPIPESTATUSも使えない。同じことがやりたいのなら、「レシピ5-1　PIPESTATUS さようなら」を参照してもらいたい。

■ 使用可能なパラメーター展開記述子

変数の内容に基づき、その内容を部分的に取り出したり、代替する内容を返す記述(パラメーター展開記述子) に関して使っても大丈夫なものは、表1.1のとおりである。

表1.1 POSIXで対応しているシェル変数の展開書式

書式	条件と動作
${var:-word}	変数$varが未定義か空文字の場合は、文字列「word」が読み出される。
${var-word}	変数$varが未定義の場合は、文字列「word」が読み出される。
${var:=word}	変数$varが未定義か空文字の場合は、文字列「word」が読み出されると共に変数$varにも代入する。
${var=word}	変数$varが未定義の場合は、文字列「word」が読み出されると共に変数$varにも代入する。
${var:?word}	変数$varが未定義か空文字の場合は、文字列「word」が読み出されると共に、エラー扱い (戻り値$?が非ゼロ) にする。
${var?word}	変数$varが未定義の場合は、文字列「word」が読み出されると共に、エラー扱い (戻り値$?が非ゼロ) にする。
${var:+word}	変数$varが未定義でも空文字でもなければ、文字列「word」が読み出される。
${var+word}	変数$varが未定義でなければ、文字列「word」が読み出される。
${#var}	変数$varの文字数 (現在のロケールに応じた文字数) が読み出される。
${var#pattern}	変数$varに格納されている文字列の左端に、パターン「pattern」があれば、それが最小マッチングで切り落とされて読み出される。たとえばvar="/a/b/c"; echo "${var#*/}"の場合、a/b/cが読み出される。
${var##pattern}	変数$varに格納されている文字列の左端に、パターン「pattern」があれば、それが最大マッチングで切り落とされて読み出される。たとえばvar="/a/b/c"; echo "${var##*/}"の場合、cが読み出される。

書式	条件と動作
${var%pattern}	変数 $var に格納されている文字列の右端に、パターン「pattern」があれば、それが最小マッチングで切り落とされて読み出される。たとえば var="/a/b/c"; echo "${var%/*}" の場合、/a/b が読み出される。
${var%%pattern}	変数 $var に格納されている文字列の右端に、パターン「pattern」があれば、それが最大マッチングで切り落とされて読み出される。たとえば var="/a/b/c"; echo "${var%%/*}" の場合、「(空文字)」が読み出される。

いずれも、条件に該当しない場合は元のシェル変数に格納されている文字列が読み出される。

■ 未定義変数参照エラー検出の信頼性

シェルスクリプトの冒頭のシバン（#! /bin/sh）の後ろに -u オプションを付けたり、set -u と宣言したりすると、未定義のシェル変数を参照したときに警告が出たりシェルスクリプトの実行が中断されたりする。しかし、その未定義のシェル変数を参照したときのエラー判定がシェルによって甘いことがある。

もちろん ${var:-word} などのように、未定義だった場合を前提にしたパラメーター展開記述子で警告が出ないのは正しく、実際にエラーとするシェルは確認されていない。

しかし、格納している文字列の長さを返す ${#var} は、ksh においてはそのシェル変数が未定義であってもエラーにせずに 0 を返す。また bash、ksh、zsh の 3 つのシェルでは、格納されている文字列を左右から切り詰めた結果を返す ${var#pattern}、${var##pattern}、${var%pattern}、${var%%pattern} について、その変数が未定義であってもエラーにはしないことが確認できた。

したがってこれらのパラメーター展開記述子を使う場合は、未定義参照を検出させるモードにしていても検出されないことがあるので注意が必要である。

1-12 スコープ

→「1-6 local 修飾子」を参照。

1-13 正規表現

正規表現に関して注意しなければならないことは、コマンドの種類（AWK、grep、sed など）や、また同じコマンドでも環境によって使えるメタ文字の範囲が異なるということだ。詳細は第 2 章を参照してもらいたい。ちなみに、「シェル変数の正規表現は?」と質問する人がいるかもしれないが、それは一部シェルの独自拡張機能なので、どの環境でも使えるものではない。

参照

→ 1-16　ロケール
→ 1-14　文字クラス

1-14 文字クラス

[[:alnum:]]のように記述して使う「文字クラス」というものがある。だが、文字クラスは使わないほうが無難だ。

これの正式名称は「POSIX文字クラス」[注1]という。その名のとおりPOSIX準拠であるのだが、Raspberry PiのAWKなど、一部の実装ではうまく動いてくれない。まぁ、POSIXに準拠してないそっちの実装が悪いといってしまえばそれまでなのだが、そもそも設定されているロケールによって全角を受け付けたり受け付けなかったりして環境の影響を受けやすいので、使わないほうがよいだろう。

> **参照**

→レシピ 7-3　全角文字に対する正規表現の扱い

1-15 乱数

乱数を求めたいときにbashの組込変数RANDOMを使うのは論外だが、それならAWKコマンドのrand関数とsrand関数を使えばいいやと思うかもしれないがちょっと待った！　論より証拠。FreeBSDで次の記述を何度も実行してみれば、実用的でないことがすぐわかる。

```
$ for n in 1 2 3 4 5; do awk 'BEGIN{srand();print rand();}'; sleep 1; done
0.0205896
0.0205974
0.0206052
0.020613
0.0206209
$
```

つまり、動作環境によっては乱数としての質が非常に悪いのだ。FreeBSDは、AWKが内部で利用しているOS提供ライブラリ関数のrand()とsrand()を低品質だったオリジナルのまま残し、新たにrandom()という別の高品質乱数源関数を提供することで乱数の生成に対応しているのが理由なのだが……（Linuxではrand()とsrand()を内部的にrandom()にしている）。

注1：使えるものの一覧は、http://pubs.opengroup.org/onlinepubs/9699919799/basedefs/V1_chap09.html#tag_09_03_05 を参照。

■ **/dev/urandom を使うのが現実的**

ではどうすればいいか。POSIX で定義されているものではないが、/dev/urandom を乱数源に使うのが現実的だと思う。たとえば、次のようにして od、sed コマンドを組み合わせれば 0 〜 4294967295 の範囲の乱数が得られる。

```
$ od -A n -t u4 -N 4 /dev/urandom | sed 's/[^0-9]//g' ↵
```

最後の部分で tr コマンドではなく sed コマンドを使っている理由については、「3-21 tr コマンド」を参照。

■ **/dev/urandom をどうしても使いたくない場合**

乱数の品質は /dev/urandom ほど高くないものの、代替手段はある。ps コマンドの結果は実行するたびに必ず変化するので、これを種として取り入れる。

具体的には、プロセス ID、実行時間、CPU 使用率、メモリ使用量の各一覧あたりが刻々と変化するものなので、これらを取得するとよいだろう。さらに現在日時も加え、これらに基づいて 2^{32} 未満の範囲で AWK の srand() に渡す乱数の種を生成しているのが次のコードだ。

```
LF=$(printf '\\\n_');LF=${LF%_}        # sedで改行を扱うための定義
(ps -Ao pid,etime,pcpu,vsz; date) |    # 乱数源(プロセス情報一覧+日時)
od -t d4 -A n -v                  |    # 数値化する
sed 's/[^0-9]\{1,\}/'"$LF"'/g'    |
grep '[0-9]'                      |
tail -n 42                        |    # 100000000未満の数字を
sed 's/.*\(.\{8\}\)$/\1/g'        |    # 42個まで用意(2^32未満にするため)
awk 'BEGIN{a=-2147483648;}             # ↑ 上の値を足してsigned long値を作る
     {a+=$1;}                          #
     END{srand(a);print rand();}'
```

1-16 ロケール

どの環境でも動くことを重視するなら、環境変数の中でもとりわけロケール系環境変数の内容には注意しなければならない。理由は、ロケール環境変数(LANG や LC_*)の内容によって動作が変わるコマンドがあるからだ。具体的に何が変わるかというと、主に文字列長の解釈や、出力される日付である。ここでは、それらをまとめてみた。

■ ロケール系環境変数の影響を受けるもの

● 入力文字列の解釈が変わるもの

たとえば環境変数 LANG や LC_* などの内容によって、全角文字を半角の相当文字と同一のものとして扱ったり、全角文字の文字列長を 1 とするものとして、次のようなものがある。

◎ AWK コマンド、grep コマンド、sed コマンドなどの正規表現 ([[:alnum:]]、[[:blank:]] などの文字クラスや、+、\{m,n\} などの文字数指定子)
◎ AWK コマンドの文字列操作関数 (length、substr)
◎ wc コマンドの文字数 (-m オプション)

● 列区切り文字が変わるもの

環境変数 LANG の内容によって、デフォルトの列区切り文字に全角空白が加わるものには、次のようなものがある。

◎ join コマンド、sort コマンドなど (-t オプション)

● 出力フォーマットが変わるもの

環境変数 (LANG や LC_*) の内容によって、出力される文字列や書式が変わるものには、次のようなものがある。

◎ date コマンドのデフォルト日時フォーマット
◎ df コマンドの 1 行目の列名の言語
◎ ls コマンドの -l オプションのタイムスタンプフォーマット
◎ シェルの各種エラーメッセージ

など。

● 通貨や数値のフォーマットが変わるもの

環境変数 LC_MONETARY や LC_NUMERIC の影響を受けるものには、次のようなものがある。

◎ sort コマンド ── -n オプションを指定した場合に、桁区切りのカンマの影響を受けたり受けなかったりする。

■ **対策**

すべての環境で動くようにするのであれば、ロケール設定なしの状態、すなわち英語で使うべきであろう。対策を3つ紹介する。

■envコマンドで全環境変数を無効化してコマンドを実行

```
echo 'ほげHOGE' | env -i awk '{print length($0)}'
```

■LC_ALL=C および LANG=C を設定し、C ロケールにしてコマンドを実行

```
echo 'ほげHOGE' | LC_ALL=C LANG=C awk '{print length($0)}'
```

■あらかじめ LC_ALL=C および LANG=C を設定しておく

```
export LC_ALL=C LANG=C              # シェルスクリプトの冒頭でこれを実行
  :
echo 'ほげHOGE' | awk '{print length($0)}'   # そして目的のコマンドを実行
```

ロケール系環境変数には現在、LANGUAGE と LC_* と LANG がある。このうち各種 LC_* については LC_ALL の設定によってすべて上書きされるが、LANG には効かないので、LC_ALL と LANG を両方とも「C」にする。最初に列挙した LANGUAGE は最も強い効力をもつようだが、LANG や LC_ALL に「C」が設定されている場合は無視されるということである[注2]。

ちなみに、いにしえの export は、= を使って変数の定義と export 化を同時に行えなかったということだが、今どきの POSIX の man ページ[注3]によれば使えることになっている。

参 照

→ 1-9 環境変数などの初期化
→ レシピ 7-4 sort コマンドの基本と応用と落とし穴

注2：GNU gettext ドキュメント 2.3.3 項 (http://www.gnu.org/software/gettext/manual/html_node/The-LANGUAGE-variable.html#The-LANGUAGE-variable)
注3：http://pubs.opengroup.org/onlinepubs/9699919799/utilities/V3_chap02.html#export

第2章
chapter.2

どの環境でも使える
シェルスクリプトを書く
…… **正規表現** 編

正規表現は、使えるメタ文字の範囲がコマンドによって異なるうえ、実装によってはPOSIXの範囲で使えるメタ文字の他に独自のメタ文字を追加していることもある。おかげで、結局どのコマンドでどのメタ文字が使えるのか（使ってもよいのか）わからず混乱しがちだ。本章では、POSIXの範囲を意識しながら「どのUNIXコマンドでも使える正規表現」をまとめた。

2-1 知っておくべきメタ文字セットは3つ

知っておくべきメタ文字セットは、次に示す2種類+1サブセットの3つだけである。

(1) BRE（基本正規表現）メタ文字セット[注1]
(2) ERE（拡張正規表現）メタ文字セット[注2]
　(2') AWKのサブセット

もちろん、これ以外にもGNU拡張正規表現メタ文字セットやPerl拡張正規表現メタ文字セット、JavaScript拡張正規表現メタ文字セットなどいくつかあるのだが、UNIXにおける「どの環境でも（= POSIXで）使える」という特長をもたせたいのであれば、それらを意識する必要はなく、この3つさえ押さえておけばよい[注3]。

各コマンドがどのメタ文字セットに対応しているか

知っておくべきメタ文字セットが3つあることがわかったところで、各コマンドがそれらの3つのうちどれに対応しているかをまとめたのが表2.1だ。この表を見て対応しているメタ文字セットがわかったら、次項のメタ文字セット各一覧を見ればよい。

表2.1 各コマンドが対応しているメタ文字セット

コマンド	対応しているメタ文字セット
AWK	EREのAWKサブセット
ed	BREメタ文字セット
egrep	EREメタ文字セット
ex	BREメタ文字セット
grep (-Eなし)	BREメタ文字セット
grep (-Eあり)	EREメタ文字セット
more	BREメタ文字セット
sed	BREメタ文字セット
vi	BREメタ文字セット

参考までに述べておくと、**GNU拡張やPerl拡張、JavaScript拡張は、いずれもEREのスーパーセット**である。すなわち、EREメタ文字セットを覚えておけばそれらの上でも動くということだ。また、多くのgrep（-Eオプションなし）では、一部のEREメタ文字が

注1：原文はPOSIXの9.3節「Basic Regular Expression」を参照。
　　（http://pubs.opengroup.org/onlinepubs/9699919799/basedefs/V1_chap09.html#tag_09_03）
注2：原文はPOSIXの9.4節「Extended Regular Expression」を参照。
　　（http://pubs.opengroup.org/onlinepubs/9699919799/basedefs/V1_chap09.html#tag_09_04）
注3：たとえPOSIXにこだわらないとしても、他のものはたいていEREの拡張になっているので、まずはEREを覚えておくと整理しやすいだろう。

バックスラッシュ付きで使えたりする(「\+」や「\|」、「\?」)が、それらはGNU拡張であり、grep本来のものではない。

目的のコマンドがどのメタ文字セットに対応しているかわかったところで、次項より各メタ文字セットを紹介する。

2-2 BRE（基本正規表現）メタ文字セット

（BREに限らないが）メタ文字セットは、メタ文字を使う場所に応じてさらに3つのグループに分類される。それを踏まえて読んでもらいたい。

■ a-1. マッチを掛ける文字列（置換前文字列）のメタ文字一覧（ブラケット外部）

まずはブラケット（[～]）の外部について表2.2にまとめる。ブラケット内部ではここで記す多くのメタ文字が意味を失ったり、あるいは意味が変わったり、ブラケット内でのみ意味をもつメタ文字が新たに登場するため、別の表（表2.3）でまとめることにする。

表2.2 BREメタ文字セット（置換前文字列用、ブラケットの外部のみ）

メタ文字	意味
^	文字列（通常は行）の先頭にマッチ（先頭以外では通常文字と見なされる）
$	文字列（通常は行）の末尾にマッチ（末尾以外では通常文字と見なされる）
[…]	[と] で囲まれた中で列挙した文字のいずれか1文字にマッチ
[^…]	[^ と] で囲まれた中で列挙した文字**以外**の任意の1文字にマッチ
*	【繰り返し指定子】直前に記述した文字が0文字以上連続していることを指定し、後続の繰り返し指定子よりも優先して可能な限り最大数マッチさせようとする
\{n\}	【繰り返し指定子】直前に記述した文字が n 文字連続していることを指定する
\{n,\}	【繰り返し指定子】直前に記述した文字が n 文字以上連続していることを指定し、後続の繰り返し指定子よりも優先して可能な限り最大数マッチさせようとする
\{m,n\}	【繰り返し指定子】直前に記述した文字が m 文字以上、n 文字以下連続していることを指定し、後続の繰り返し指定子よりも優先して可能な限り最大数マッチさせようとする
\(…\)	【包括指定子】\(と \) で囲まれた範囲の文字列を、上記の繰り返し指定子の1文字として扱わせたい場合、もしくは sed などで置換後に再利用したい文字列範囲を指定したい場合に用いる
\n	【後方参照子】n 番目に記した包括指定子でマッチした文字列にマッチする。たとえば、ABC123ABCABCという文字列を ^\([A-Z]*\)123\1*$ という正規表現文字列に掛ければ、\1 は ABC という文字列と見なされるため、この場合 \1* は末尾にある2つの ABC にマッチする
\x	上記のうち、バックスラッシュで始まらないメタ文字自身、あるいは AWK や sed などで正規表現の始まりを示すために用いた文字自身を指定したい場合に、x の部分にその文字を記述すればそれにマッチ
\\	バックスラッシュ（\）自身にマッチ

■ a-2. マッチを掛ける文字列（置換前文字列）のメタ文字一覧（ブラケット内部）

すでに述べたように、ブラケット（[～]）で囲まれた区間は外側とは使えるメタ文字が異なる。ブラケット内部で使えるメタ文字を表2.3にまとめる。

表2.3 BREメタ文字セット（置換前文字列用、ブラケット内部）

メタ文字	意味
^	開きブラケット（[）の直後（- や] 自身を指定したい場合でもそれらより手前）に記述すると、否定の意味になる
-	文字を列挙する代わりに範囲で指定できる。たとえば A-Z ならば文字 A から Z をすべて列挙したことと等価である。もし「-」自身を指定したい場合は、閉じブラケットの直前（閉じブラケット「]」自身も指定したい場合はそちらよりも後ろ）に記述する
[	閉じブラケット（]）の直前（ただし「-」自身も指定する場合は「-」のほうが後ろ）に記述すると「[」自身を指定できる
]	開きブラケット（[）の直後に記述すると「]」自身を指定できる
\x	上記のうち、バックスラッシュで始まらないメタ文字自身、あるいは AWK や sed などで正規表現の始まりを示すために用いた文字自身を指定したい場合に、x の部分にその文字を記述すればそれにマッチ
\\	バックスラッシュ（\）自身にマッチ

　実はBRE（後述のEREも含む）では、上記に加えて次の**表2.4**に挙げるメタ文字列が定義されているのだが、間違った実装がされていたり、使える実装にお目にかかったことがないようなものであるため、使うことはお勧めできない。

表2.4 BREメタ文字セット（置換前文字列用、ブラケット内部、非推奨）

メタ文字	意味
[:word:]	【POSIX文字クラス】word の部分には alnum（アルファベットと数字全部）、cntrl（制御文字全部）、lower（アルファベット小文字全部）、space（空白とタブと改ページ）、alpha（アルファベット全部）、digit（数字全部）、print（制御文字以外の文字全部）、upper（アルファベット大文字全部）、blank（空白とタブ）、graph（制御文字と空白、タブ以外全部）、punct（句読点全部）、xdigit（16進数文字全部）が指定できる。実際に使うときは [[:lower:][:blank:]] などのように使う。しかし、一部の実装ではブラケット記号が一重でないと動かないというような間違った実装になっているものがある
[.word.]	たとえば [[.hoge.]] と記述したら、\(\hoge\)\{1,\} と等価な意味をもつようだ。しかし、使える実装を見たことがない。後者の記述で事足りるからだろうか？
[=x=]	たとえば [=a=] と記述したら、「a」にも「á」にも「â」にもマッチするもので、実際に使うときは [[=a=]bc] のように記述する。だがこれも、使える実装を見たことがない。アクセント記号付きの文字を素直に書き並べれば済むので、なくても事足りるからだろうか？

■ b. 置換後の文字列指定（sedなどのs/A/B/におけるBの部分）で使えるメタ文字一覧

　正規表現は、マッチする文字列を検索するためだけではなく、マッチしたその文字列を加工（置換）するためにも用いられる。sedコマンドにおけるs/A/B/はそのための代表的な書式であるが、このBの部分で使えるメタ文字を**表2.5**に示す。

表2.5 BREメタ文字セット（置換後文字列用）

メタ文字	意味
\n	n 番目に記した包括指定子（\(…\)）で囲まれた範囲にマッチした文字列に置き換えられる
&	マッチした文字列全体に置き換えられる
\x	上記のメタ文字（&）、また sed などで正規表現の始まりを示すために用いた文字自身を指定したい場合、x の部分に記せばその文字自身を指定できる
\\	バックスラッシュ（\）自身を指定したい場合に用いる

2-3 ERE（拡張正規表現）メタ文字セット

　EREのメタ文字セットのほとんどはBREを拡張したものになっているが、純粋な上位互換ではないので注意すること。EREのメタ文字一覧は表2.6で示すが、あらかじめ違いを簡単に列挙しておくと、次のとおりである。

◎ 使えるメタ文字が追加された。（「+」「?」「|」）
◎【非互換】バックスラッシュでエスケープしていた括弧類（\(、\)、\{、\}）がバックスラッシュ不要に。
◎【非互換】後方参照（\n）が無保証に。（実際に使えない実装がある）

　使えるメタ文字が増えている（「+」「?」「|」）が、純粋な上位互換ではないので注意。具体的な違いは、バックスラッシュでエスケープしていた括弧類のメタ文字（\(、\)、\{、\}）がバックスラッシュ不要になっている点、そして後方参照が保証されていない（実際に使えない実装がある）点である。

■ a-1. マッチを掛ける文字列（置換前文字列）のメタ文字一覧（ブラケット外部）

　BREと同様に、まずマッチを掛ける文字列（置換前文字列）として指定できるメタ文字をまとめると、表2.6のようになる。

表2.6　EREメタ文字セット（置換前文字列用、ブラケットの外部のみ）

メタ文字	意味
^	文字列（通常は行）の先頭にマッチ（先頭以外では通常文字と見なされる）
$	文字列（通常は行）の末尾にマッチ（末尾以外では通常文字と見なされる）
[…]	[と] で囲まれた中で列挙した文字のいずれか1文字にマッチ
[^…]	[^ と] で囲まれた中で列挙した文字**以外**の任意の1文字にマッチ
*	【繰り返し指定子】直前に記述した文字が0文字以上連続していることを指定し、後続の繰り返し指定子よりも優先して可能な限り最大数マッチさせようとする
+	【繰り返し指定子】直前に記述した文字が1文字以上連続していることを指定し、後続の繰り返し指定子よりも優先して可能な限り最大数マッチさせようとする
{n}	【繰り返し指定子】直前に記述した文字がn文字連続していることを指定する
{n,}	【繰り返し指定子】直前に記述した文字がn文字以上連続していることを指定し、後続の繰り返し指定子よりも優先して可能な限り最大数マッチさせようとする
{m,n}	【繰り返し指定子】直前に記述した文字がm文字以上、n文字以下連続していることを指定し、後続の繰り返し指定子よりも優先して可能な限り最大数マッチさせようとする
?	【繰り返し指定子】直前に記述した文字が0文字以上1文字以下連続していることを指定する
(…)	【包括指定子】(と) で囲まれた範囲の文字列を、上記の繰り返し指定子の1文字として扱わせたい場合、もしくはsedなどで置換後に再利用したい文字列範囲を指定したい場合に用いる。または、後述の論理和指定子の範囲を限定したい場合に用いる

メタ文字	意味
|	**【論理和指定子】**この指定子の左の文字列または右の文字列でマッチさせることを指定する。左右の範囲は、前述の包括指定子の中であればその始端または終端まで、なければ正規表現文字列全体の始端または終端まで（^ や $ をも内包させる）と見なされる。たとえば ^ABC|DEF$ は、^(ABC|DEF)$ ではなく (^ABC)|(DEF$) の意味に解釈される
\x	上記のうちでバックスラッシュで始まらないメタ文字自身、あるいは AWK や sed などで正規表現の始まりを示すために用いた文字自身を指定したい場合に、x の部分にその文字を記述すればそれにマッチ
\\	バックスラッシュ (\) 自身にマッチ

■ a-2. マッチを掛ける文字列（置換前文字列）のメタ文字一覧（ブラケット内部）

これは BRE と同じである。

■ b. 置換後の文字列指定で使えるメタ文字一覧

これも BRE と同じである。だが、置換後文字列を指定できるコマンドで ERE に対応しているものは POSIX の範囲では存在しない（AWK は後述するのでここでは除く）。

2-4　AWK で使えるメタ文字セット

AWK は基本的には ERE のメタ文字セットに対応しているが、残念なことにブレース（「{」「}」）には対応していない。したがって**ブレースによる繰り返し指定はできず、大きな弱点**になっている。

一応、2008 年版の POSIX ではこれも含めて ERE に完全対応するように勧告されたようだが、まだ年数が浅いために現存する AWK 実装で対応しているものは少なく、実質的に完全な ERE は通用しない。

また AWK では、正規表現を制御する各構文や関数に正規表現文字列が渡される前に、AWK 言語としてのエスケープ処理がなされるので注意が必要だ。具体的には表 2.7 のとおりである。

表 2.7 AWK 言語におけるエスケープ文字一覧

文字	何の文字に置換されるか
\\	バックスラッシュ「\」に置換される
\/	スラッシュ「/」に置換される
\"	ダブルクォーテーション「"」に置換される
\ddd	ddd が 3 桁の 8 進数であるとき、その値の文字コードに該当する文字に置換される
\a	ビープ音（BEL：文字コード 0x07）に置換される
\b	バックスペース（BS：文字コード 0x08）に置換される
\f	改ページ（FF：文字コード 0x0c）に置換される
\n	改行（LF：文字コード 0x0a）に置換される

文字	何の文字に置換されるか
\r	行頭復帰（CR：文字コード 0x0d）に置換される
\t	水平タブ（HT：文字コード 0x09）に置換される
\v	垂直タブ（VT：文字コード 0x0b）に置換される
\（上記以外）	未定義（通常は単にバックスラッシュを除いた文字に置換される）

■ a-1. マッチを掛ける文字列（置換前文字列）のメタ文字一覧（ブラケット外部）

ブレースを用いた繰り返し指定子（「{」「}」）以外のすべての ERE メタ文字セットに対応している。ただし、バックスラッシュで始まる文字列を与えると表 2.7 のとおりのエスケープ処理を受ける。

■ a-2. マッチを掛ける文字列（置換前文字列）のメタ文字一覧（ブラケット内部）

BRE と同じ。ただし、バックスラッシュで始まる文字列を与えると表 2.7 のとおりのエスケープ処理を受ける。

■ b. 置換後の文字列指定（sub、gsub 関数の第 2 引数）で使えるメタ文字一覧

これも基本的には BRE と同じなのだが、次の 2 点に注意しなければならない。

◎ \n（n は自然数）というメタ文字には対応していない（これに対応しているのは GNU AWK で追加された gensub という関数である）。
◎ 表 2.7 のとおりのエスケープ処理を受ける。このため、特に注意が必要なのは、**メタ文字として予約されている「&」自身を指定したい場合**である。具体的には、ダブルクォーテーションの内側で \& と書きたいのであれば、バックスラッシュ「\」がエスケープされないように「\\&」と記さなければならない。

> **COLUMN コラム** ▶「シェルショッカー1号男」は侵略型ショッピングカート

序章で出てきた「シェルショッカー1号男」の由来はシェルスクリプト製ショッピングカートのバージョン1であると言ったが、実はそれだけではない。このショッピングカートの恐るべき能力は、世の中のWebページをショッピングカートと化すことができる点にある。このページを見よ。

◎ http://richlab.hatenablog.com/entry/2016/09/12/083027

図2.1 ショッピングカート化されたWebページ

図2.1はこのページのスクリーンショットである。ドメインからして、これはどう見てもはてなブログだ。ところが、「カゴに入れるボタン」が付いている。こうやって、他人のサイトでも自分のショッピングカートと化すことができるのだ。これが「侵略型」と呼ぶ理由だ。

他人のサイトを侵略できる秘密は「サードパーティーCookie」。今後またシェルスクリプトの本を出す機会があったら解説しよう。

第3章
chapter.3

どの環境でも使える シェルスクリプトを書く
…… コマンド 編

いくらシェルスクリプトの文法や正規表現に気を付けても、一部の環境でしか通用しないようなコマンドの使い方では意味をなさない。本章では、POSIXの範囲で使用可能なコマンドオプションや、同じ使い方をしているにもかかわらず生じる動作の違いと対策を中心に、どの環境でも通用するUNIXコマンドの使い方を解説する。

3-1 「[」コマンド

→「3-25 test([)コマンド」を参照。

3-2 AWKコマンド

AWKはそれが1つの言語でもあるので、説明しておくべきことがたくさんある。

■ -0（マイナス・ゼロ）

FreeBSD 9.xに標準で入っているAWKでは、-1*0を計算すると-0という結果になる。

■FreeBSD 9.1で-1*0を計算させてみると

```
$ awk 'BEGIN{print -1*0}' ↵
-0
$
```

ところがこの挙動は同じFreeBSDでも10.xでは確認されないし、GNU版AWKでも起こらないようだ。このように、同じ0であっても「-0」という2文字で返してくる実装もあるので注意してもらいたい。

● マイナスを取り去るには……

このマイナスを取り去るには、結果に0を足せばよいようだ。

```
$ awk 'BEGIN{print -1*0+0}' ↵
0
$
```

■ 0始まり即値の解釈の違い

頭に0が付いている数値を即値（プログラムに直接書き入れる値）として与えると、それを8進数と解釈するAWK実装もあれば、10進数と解釈するAWK実装もある。

■FreeBSDのAWKで即値の010を解釈させた場合

```
$ awk 'BEGIN{print 010;}' ↵
10
$
```

■GNU版AWKで即値の010を解釈させた場合

```
$ awk 'BEGIN{print 010;}' ⏎
8
$
```

どこでも同じ動きにしたければ文字列として渡せばよい。そうすれば10進数扱いになる。

■GNU版AWKでも文字列として"010"を渡せば10進数扱いされる

```
$ awk 'BEGIN{print "010"*1;}' ⏎
10
$ echo 010 | awk '{print $1*1;}' ⏎
10
$
```

■ length関数の機能制限

たいていのAWK実装は、

```
$ awk 'BEGIN{split("a b c",chr); print length(chr);}' ⏎
3
$
```

とやると、きちんと要素数を返すだろう。しかし実装によってはこれに対応しておらず、エラー終了してしまうものがある。このため、たとえば次のようにユーザー関数arlen()を作り、配列の要素数はそのarlen()で数えるようにするべきだ。

■配列の要素数を数える関数を自作しておく

```
awk '
  BEGIN{split("a b c",chr); print arlen(chr);}
  function arlen(ar,i,l){for(i in ar){l++;}return l;}
'
```

幸い、**AWKの配列変数は参照渡し**なので要素の中身が膨大だとしてもそれは影響しない（要素数が大きい場合はやはり負担がかかると思うのだが……）。

● length() が使えるなら使いたい

「length() が使えるなら使いたい！」というワガママなアナタは、こうすればいい。

■length() が使えるなら使いたいワガママなアナタへ

```
# シェルスクリプトの冒頭で、配列に対してlength()を使ってもエラーにならないことを確認
if awk 'BEGIN{a[1]=1;b=length(a)}' 2>/dev/null; then
  arlen='length'     ← エラーにならないならlength()
else
  arlen='arlen'      ← エラーになるなら独自関数「arlen」
fi

awk '
  BEGIN{split("a b c",chr); print '$arlen'(chr);}   ← 判定結果に応じて適宜選択される
  function arlen(ar,i,l){for(i in ar){l++;}return l;}
'
```

■ printf、sprintf 関数

→「3-18　printf コマンド」を参照。

■ rand 関数、srand 関数は使うべきではない

→「1-15　乱数」を参照。

■ アクション記述を省略すべきではない

　AWK の基本文法は、各行に対するパターンとそれにマッチしたときのアクションの記述からなっている。そしてアクションは省略可能で、省略した場合は {print $0;} を指定したものと解釈されることになっている。

　ところが、アクションを省略するとエラーになってしまう実装がある。Raspbien に載っている AWK では次のようになってしまう。

```
$ echo HOGE | awk '1 END{exit;}'  ↵
awk: line 1: syntax error at or near END
$
```

　回避策は、パターンを単独の行で記述するか、あるいはアクションを省略しないことなのだが、ワンライナーでも使えるのは後者だ。

```
$ echo HOGE | awk '{print;} END{exit;}'  ⏎
HOGE
$
```

アクションは省略すべきではないが、パターンは省略しても大丈夫だ。

■ gensub 関数は使えない

　GNU 版 AWK には独自拡張がいくつかあるが、中でも注意すべき点は gensub 関数がそれに該当することだ。互換性を優先するなら、多少不便かもしれないが sub 関数や gsub 関数を使うこと。その他、こまごまと気を付けるべきことについては、GNU AWK マニュアルの「--posix」オプションに関する記述[注1]が参考になる。

■ 正規表現では有限複数個の繰り返し指定ができない

　AWK の正規表現は繰り返し指定が苦手である。文字数指定子のうち、「?」（0 ～ 1 個）と「*」（0 個以上）と「+」（1 個以上）は使えるが、2 個以上の任意の数を指定するための「{ 数 }」には対応していない。GNU 版 AWK では独自拡張して使えるようになっているのだが……。

　AWK で使える正規表現のメタ文字に関しては、第 2 章で詳しく紹介しているので参照してもらいたい。

■ 整数の範囲

　たとえば、あなたの環境の AWK では次のように表示されないだろうか？

```
$ awk 'BEGIN{print 2147483648}'  ⏎
2.14748e+09
$
```

　上記の例は、0x7FFFFFFF（符号付き 4 バイト整数の最大値）より大きい整数を扱えない AWK 実装である。このようなことがあるので、桁数の大きな数字を扱わせようとするときは注意が必要だ。計算をせず、単に表示させたいだけなら文字列として扱えばよい。

注 1：http://www.gnu.org/software/gawk/manual/gawk.html#index-gawk_002c-extensions_002c-disabling

■ ロケール

→「1-16　ロケール」を参照。

3-3　bc コマンド

POSIX の 2008 年改訂版で追加されたコマンドであるようで、一部の OS の最小構成インストールでは、残念ながら 2016 年現在も省略されているものがある。Debian 系 Linux ディストリビューションの一部（Raspbian など）や Cygwin でそれを確認している。

どの環境でも使えるシェルスクリプトにしたければ、bc コマンドを使わないという方法を取らざるを得ない。とはいえ、さすがに POSIX のコマンドだけあって、bc コマンドが省略されている OS でも（apt などにより）たいていパッケージとして用意されているので、コメントやドキュメントで bc コマンドをインストールするように促すのも手であろう。

3-4　date コマンド

元々の機能が物足りないせいか、各環境で独自拡張されているコマンドの 1 つだ。だが互換性を考えるなら、使えるのは

◎ -u オプション（＝ UTC 日時で表示）
◎「＋フォーマット文字列」で表示形式を指定

の 2 つだけと考えるのが無難だろう。なお、フォーマット文字列中に指定できるマクロ文字の一覧は、POSIX の date コマンドの man ページ[注2] の「Conversion Specifications」の段落にまとめられているので参照されたい。

■ UNIX 時間との相互変換

マクロの種類はいろいろあるのだが、残念ながら UNIX 時間[注3] との相互変換はない。これさえできれば何とでもなるのだが……。

しかしこんなこともあろうかと、相互変換を行うコマンドを作ったのだ。もちろんシェルスクリプト製である。詳しくは、「レシピ 5-3　シェルスクリプトで時間計算を一人前にこなす」を参照してもらいたい。

3-5　du コマンド

特定のディレクトリー以下のデータサイズを求めるこのコマンド、POSIX で規定されているオプションではないが -h というものがある。これはファイルやディレクトリーのデータサ

注 2：http://pubs.opengroup.org/onlinepubs/9699919799/utilities/date.html
注 3：エポック秒とも呼ばれる「UTC 1970/1/1 00:00:00」から数えた秒数

イズをk（キロ）、M（メガ）、G（ギガ）など最適な単位を選択して表示するものだ。しかし、このオプションの表示フォーマットは環境によってわずかに異なる。

■FreeBSDにおけるduコマンドの-hオプションの挙動

```
$ du -h /etc | head -n 10 ⏎
118K    /etc/defaults
2.0K    /etc/X11
372K    /etc/rc.d
4.0K    /etc/gnats
6.0K    /etc/gss
 30K    /etc/security
 40K    /etc/pam.d
4.0K    /etc/ppp
2.0K    /etc/skel
144K    /etc/ssh
$
```

■Linuxにおけるduコマンドの-hオプションの挙動

```
$ du -h /etc | head -n 10 ⏎
112K    /etc/bash_completion.d
12K     /etc/abrt/plugins
4.0K    /etc/statetab.d
4.0K    /etc/dracut.conf.d
28K     /etc/cron.daily
4.0K    /etc/audisp
4.0K    /etc/udev/makedev.d
36K     /etc/udev/rules.d
48K     /etc/udev
8.0K    /etc/sasl2
$
```

違いがわかるだろうか？ 1列目（サイズ）が、前者は右揃えなのに後者は左揃えなのだ。したがって、どちらの環境でも動くようにするには、1列目であっても行頭に空白が入る可能性を考慮しなければならない。たとえば1列目の最後に単位「B」を付加したいとしたら、次のコードの1行目はダメで、2行目の記述が正しい。

■1行目の最後に「B」(単位)を付けたい場合

```
du -h /etc | sed 's/^[0-9.]\{1,\}[kA-Z]/&B/'        ← これでは不完全

du -h /etc | sed 's/^ *[0-9.]\{1,\}[kA-Z]/&B/'      ← こうするのが正しい

du -h /etc | awk '{$1=$1 "B";print}'                ← せっかくの桁揃えがなくなるが、まぁアリ
```

このようにして1列目にインデントが入るコマンドは結構あるし、インデントの幅も環境によりまちまちなので注意が必要だ(例、uniq -c、wc などなど)。

3-6 echo コマンド

結論から言うと、どこでも動くようにしたい場合、次の項目に1つでも当てはまるときは**echo コマンドは使うべきではない**。

◎ 先頭がハイフンで始まる可能性がある文字列
◎ エスケープシーケンスを含む可能性のある文字列

理由は次のとおりである。

■ 対応しているオプションが異なる

たとえば、Linux の echo コマンドは -e、-n オプションに対応しており、第1引数に指定すれば、それを表示はせずにオプション文字列として解釈する。一方、FreeBSD の echo コマンド(外部コマンド版)は -n オプションのみに対応しており、第1引数に「-e」を与えれば表示する。また一方で、AIX の echo コマンドはどちらにも対応していないため、第1引数に「-e」や「-n」を与えるとどちらも表示する。このようにバラバラだからだ。

■ エスケープシーケンスに反応する実装がある

たとえば「\n」は改行を意味するエスケープシーケンスであるが、FreeBSD の echo はそのまま「\n」と表示する。一方、Linux の echo は -e オプションが付けられたときのみ改行に置換される。また一方、AIX の echo は常に改行に置換する。**AIX の echo はデフォルトでエスケープシーケンスを解釈する**のだ。「それ POSIX 的にどうなの?」と困惑するかもしれないが、POSIX の echo の man[注4]にはちゃんとエスケープシーケンスの記述がある。

注4:http://pubs.opengroup.org/onlinepubs/9699919799/utilities/echo.html

■ **対策**

どんな文字列が入っているかわからない変数を扱う場合（ハイフンで始まらないとかエスケープシーケンスを含まないとわかっているならそのままでよい）、たとえば次のようにprintfコマンドを使うなどして回避すること。

■echoのオプション反応問題を回避する例（printfで代用）

```
#! /bin/sh
for arg in "$@"; do
  printf '%s\n' "$arg"
done
```

3-7 env コマンド

今の環境変数の影響を一切受けずにコマンドを呼び出すために、「env -i <コマンド名>」のように -i オプションを使って起動したい場合があるが、ここで注意が必要だ。

たいていの実装は、呼び出すコマンドパスを見つけるまで環境変数PATHを覚えていてくれる。しかし一部の実装は、-iオプションを付けると、コマンドパスを見つける前に環境変数PATHの内容を消してしまい、指定したコマンドの起動に失敗してしまうことがある。

```
多くの実装（外部コマンドのパスを見つけてから環境変数消去）
$ env -i awk 'BEGIN{print "OK";}' ⏎
OK
$

一部の実装（外部コマンドのパスを見つける前に消去し、エラーになる）
$ env -i awk 'BEGIN{print "OK";}' ⏎
env: awk: No such file or directory
$
```

この問題を防ぐには、既存の環境変数PATHを-iオプションの後ろで改めて指定するとよい。もちろんこの場合、環境変数PATHの値は呼び出し先のコマンドに引き継がれることになるので注意すること。

```
$ env -i PATH="$PATH" awk 'BEGIN{print "OK";}' ⏎
OK
$
```

3-8 exec コマンド

注意すべきは、exec コマンド経由で呼び出すコマンドに環境変数を渡したいときだ。たとえば、exec コマンドを経由しない場合、コマンドの直前で環境変数を設定し、コマンドに渡すことができる。

```
$ name=val awk 'BEGIN{print ENVIRON["name"];}' ⏎
val
$
```

しかし、exec コマンドを環境変数の直後にはさむと、何も表示されないシェルがある。

```
$ name=val exec awk 'BEGIN{print ENVIRON["name"];}' ⏎

$
```

一部の環境の exec コマンドは、このようにして設定された環境変数を渡してくれないからだ。もし exec コマンド越しに環境変数を渡したいのであれば、事前に export で設定しておくこと。

```
$ export name=val ⏎
$ exec awk 'BEGIN{print ENVIRON["name"];}' ⏎
val
$
```

あるいは、exec のあとに env コマンドを経由させるのでもよい。

```
$ exec env name=val awk 'BEGIN{print ENVIRON["name"];}' ⏎
val
$
```

3-9 fold コマンド

一般的に、ファイル名として「-」を指定すると標準入力の意味と解釈されるが、本コマ

ンドに対しては使わないほうがよい。POSIXには、foldコマンドでも「-」は標準入力だと解釈されると確かに書いてあるのだが、BSDの実装では真面目に「-」というファイルを開こうとしてエラーになってしまう。

3-10 grep コマンド

俺は*BSDを使っているから、grepだってGNU拡張されていないBSD版のはず。ここで使えるメタ文字はどこでも使えるでしょ。と思っているアナタ。果たして本当にそうか確認してもらいたい。

■アナタのgrepはホントにBSD版？

```
$ grep --version ↵
grep (GNU grep) 2.5.1-FreeBSD ↵

Copyright 1988, 1992-1999, 2000, 2001 Free Software Foundation, Inc.
This is free software; see the source for copying conditions. There is NO warranty; no
t even for MERCHANTABILITY or FITNESS FOR A PARTICULAR PURPOSE.

$
```

なんと、GPLソフトウェア排除に力を入れているFreeBSDでも、grepコマンドはGNU版だ。関係者によれば、主に速さが理由で、grepだけは当面GNU版を提供するのだという。よって、POSIX標準だと思っていたメタ文字が実はGNU拡張だったということがある。代表的なものは「\+」や「?」や「\|」である。

POSIX標準grepで使える正規表現メタ文字セットは、-Eオプションなしの場合にはBRE（基本正規表現）だけ。-Eオプション付きの場合にはERE（拡張正規表現）で規定されているものだけだ。詳しくは、第2章を参照のこと。

3-11 head コマンド

たいていの環境のheadコマンドは、-cオプション（ファイルの先頭をバイト単位で切り出す）に対応している。しかし実は、**POSIXではheadコマンドに-cオプションは規定されていない**。現に、正しく実装されていない環境も存在する[注5]。

ちなみに、POSIXでもtailコマンドでは-cオプションがきちんと規定されているので、headにだけ規定されていないのはちょっと不思議だ。

注5：AIXでは最後に余計な改行コードが付く。

■ **対策**

それでは -c オプションが使えない環境で何とかして同等のことができないものか……。大丈夫、dd コマンドでできる。

試しに「12345」という 5 バイト（改行コードを加えれば 6 バイト）の文字列から先頭の 3 バイトを切り出してみよう。bs（ブロックサイズ）を 3 バイトとして、それを 1 つ（count）と指定すればよい。

```
$ echo 12345 | dd bs=3 count=1 2>/dev/null ⏎
123$
```

これは標準入力のデータを切り出す例だったが、if キーワードを使えば実ファイルでもできる。

```
$ echo 12345 > /tmp/hoge.txt ⏎
$ dd if=/tmp/hoge.txt bs=3 count=1 2>/dev/null ⏎
123$
```

なお、dd コマンドは標準エラー出力に動作結果ログを吐き出すので、head -c 相当にするなら dd コマンドの最後に 2>/dev/null などと書いて、ログを捨てること。

3-12　iconv コマンド

POSIX に明記されているコマンドなのだが、POSIX 文書の初版より後に登場した新しいコマンドであり、一部の OS では後から別途インストールしないと使えない場合がある。比較的新しい実装としては、FreeBSD 9.0 未満などがこれに該当する。

古い UNIX 系 OS で動かされる可能性も考慮したうえで、どの環境でも使えるシェルスクリプトにしたければ、iconv コマンドを使わないという方法を取らざるを得ない。とはいえ、さすがに POSIX のコマンドだけあって、（たとえば FreeBSD なら ports などにより）たいていパッケージとして用意されているので、コメントやドキュメントで iconv コマンドをインストールするように促すのも手であろう。

あるいは POSIX 中心主義の考え方に従い、日本語テキストの相互変換が可能な nkf コマンドとの交換可能性を担保し、どちらかがあれば動くようにプログラミングするという方針もありだろう。

3-13 ifconfig コマンド

これも POSIX で規定されていないコマンドだし、最近の Linux などでは使われない傾向にあるコマンドであるが、すべての環境で動くことを目指すならまだまだ外せないコマンドである。

さて、実行中のホストに振られている IP アドレスを調べたいときにこのコマンドを使いたいことがあるが、各環境での互換性を確保するには次に示す 2 つのことに注意しなければならない。

■ パスが通っているとは限らない

たいていの場合、ifconfig は /sbin の中にある。しかし**多くの Linux のディストリビューションでは一般ユーザーに sbin 系のパスが通されていない**。だから、このコマンドを互換性を確保しつつ使いたい場合は、環境変数 PATH に sbin 系ディレクトリー（/sbin、/usr/sbin）を追加しておく必要がある。

■ フォーマットがバラバラ

ifconfig から返される書式は環境によってバラバラである。そこで、IP アドレスを取得するためのレシピを用意したので参照されたい。
→「レシピ 4-7　IP アドレスを調べる（IPv6 も）」を参照。

3-14 kill コマンド

kill コマンドで送信シグナルを指定する際は名称でも番号でもよいが、番号で指定する場合は気を付けなければならない。POSIX の kill コマンドの man ページ[注6]によれば、どの環境でも使える番号は**表 3.1** に記したもの以外保証されていない。

表 3.1 POSIX で番号が約束されているシグナル一覧

Signal No.	Signal Name
0	0
1	SIGHUP
2	SIGINT
3	SIGQUIT
6	SIGABRT
9	SIGKILL
14	SIGALRM
15	SIGTERM

注6：http://pubs.opengroup.org/onlinepubs/9699919799/utilities/kill.html

「え、たったこれだけ!?」と思うだろうか。もちろんシグナルの種類がこれだけしかないわけではない。**その他のシグナルは名称と番号が環境によってまちまちなのだ。**たとえば「SIGBUS」は、FreeBSDでは10だが、Linuxでは7、といった具合である。したがって、上記以外のシグナルを指定したい場合は名称(接頭辞「SIG」を略した文字列)で行うこと。使える名称自体は、POSIXのsignal.hに関する項[注7]にも記されているとおり、豊富にある。

■ -l オプションは避ける

killコマンドで-lオプションを指定すれば、使えるシグナルの種類の一覧が表示されるのはご存知のとおり。しかし、番号と名称の対応がこれで調べられるわけではない。Linuxだと丁寧に番号まで表示されるが、FreeBSDでは単に名称一覧しか表示されない(一応、順番と番号は一致してはいるのだが)。

3-15 mktemp コマンド

mktempコマンドもやはりPOSIXで規定されたものではない。よって、実際に使えない環境がある。シェルスクリプトを本気で使いこなすには一時ファイルが欠かせず、そんなときに便利なコマンドがmktempなのだが……。どうすればいいだろうか。簡易的な対処と本格的な対処の2種類を用意した。

■ 簡易的な mktemp

一意性のみでセキュリティーは保証しない簡易的なもの[注8]なら、下記のようなコードを追加しておけば作れる。

■mktempコマンドがない環境で、その「簡易版」を用意するコード

```
type mktemp >/dev/null 2>&1 || {
  mktemp_fileno=0
  mktemp() {
    (
      filename="/tmp/${0##*/}.$$.$mktemp_fileno"
      touch  "$filename"
      chmod 600 "$filename"
      printf '%s\n' "$filename"
    )
    mktemp_fileno=$((mktemp_fileno+1))
  }
}
```

注7:http://pubs.opengroup.org/onlinepubs/9699919799/basedefs/signal.h.html
注8:もしセキュリティーを確保したい場合は良質な乱数源が必要となる。→「1-15 乱数」を参照。

簡単に解説しておこう。最初にmktempコマンドの有無を確認し、なければコマンドと同じ使い方ができるシェル関数を定義するものだ。ただし引数は無視され、必ず/tmpディレクトリーに生成されるので、それでは都合が悪い場合は適宜書き換えておくこと。それから、「mktemp_fileno」という変数をグローバルで利用しているので書き換えないように注意すること。

■ 本格的な mktemp

POSIX版mktempコマンド[注9]を作ってしまったので、これをダウンロードして使えばよい。書式はCoreutils版[注10]に似せてある。ただし動作パフォーマンス確保のため、/binや/usr/binの中に元々のmktempが存在すればそちらを使う（execする）ようにしてあるので、**あまり一般的でないオプションは使わないほうがよい**。

3-16 nl コマンド

■ -w オプション

POSIXでも規定されている-wオプションであるが、環境によって挙動が異なるので注意（なお、-wオプションはPOSIXでデフォルト値が設定されているため、**このオプションを記述しなくても同様の問題が起こるので注意！**）[注11]。

-wオプションは行番号に割り当てる桁数を指定するものであるが、問題は指定した桁数よりも桁があふれてしまったときである。あふれた場合の動作はPOSIXでは定義されていないので、実装によって解釈が異なってしまったようだ。2つの実装を例にとるが、まずBSD版のnlコマンドでは、あふれた分の上位桁は消されてしまう。

■ BSD版nlコマンドの場合

注9：https://github.com/ShellShoccar-jpn/misc-tools/blob/master/mktemp
注10：https://www.gnu.org/software/coreutils/manual/html_node/mktemp-invocation.html#mktemp-invocation
注11：POSIXの範囲ではないのだが、catコマンドの-nオプションではこの問題は起こらないようだ。

一方、GNU版のnlコマンドでは、あふれたとしても消しはせず、全桁を表示する。

■GNU版nlコマンドの場合

行番号数字の直後に付くのはデフォルトではタブ（\t）なので、GNU版では桁数が増えるとやがてズレることになる。BSD版はズレることはない代わりに上位桁が見えないので、何行目なのかが正確にはわからない。

● 対応方法

AWKコマンドの組み込み変数である「NR」を使うとよい。さらに、次のようにしてprintf関数を併用すれば、GNU版nlコマンドと同等の動作をする。

■GNU版nlコマンドのデフォルトと同じ動作をする

```
awk '{printf("%6d\t%s\n",NR,$0);}'
```

■ 標準入力指定の「-」

一般的に、ファイル名として「-」を指定すると標準入力の意味と解釈されるが、本コマンドに対してはこの方法を使わない方がよい。POSIXには、nlコマンドでも「-」は標準入力の意味に解釈されると確かに書いてあるのだが、BSDの実装では真面目に「-」という名前のファイルを開こうとしてエラーになってしまう。

3-17 odコマンド

一般的に、ファイル名として「-」を指定すると標準入力の意味と解釈されるが、本コマ

ンドに対してはこの方法を使わない方がよい。POSIX には、od コマンドでも「-」は標準入力の意味に解釈されると確かに書いてあるのだが、BSD の実装では真面目に「-」という名前のファイルを開こうとしてエラーになってしまう。

3-18 printf コマンド

■ キャラクターコードによる即値指定（16 進数）

互換性を重視するなら、\x*HH*（「*HH*」は任意の 16 進数）という 16 進数表記によるキャラクターコード指定をしてはいけない。これは一部の printf の独自拡張だからだ。代わりに *OOO*（「*OOO*」は任意の 8 進数）という 3 桁の 8 進数表記を用いること。これは、AWK コマンドの printf 関数、sprintf 関数についても同様である。

■ キャラクターコードによる即値指定（8 進数）

Mac OS X など一部の OS 上の printf では、*OOO*（「*OOO*」は任意の 8 進数）と同等の表現として \0*OOO*（3 桁の数字の左側に数字の 0 が付いている）という表現も認められている。しかしこれが厄介な問題を引き起こす。

たとえば、「\040」に続いて数字の「1」を与えたかったら「\0401」と記述したいところだ。しかしそうすると、一部の環境では 8 進数で 401 に相当するコード（実際には 0x01 の Start Of Heading）を指定したものと解釈されてしまう。環境によって結果が変わってしまうのだ。

```
FreeBSDの場合（問題なし）
$ printf '\0401\n' ⏎
 1
$
```

```
Mac OS Xの場合（数字の1が表示されない）
$ printf '\0401\n' ⏎

$
```

この問題を回避するには、8 進数表記によるキャラクターコードの直後に半角数字が続く場合、その半角数字自体も「\061」のようにエスケープするのが無難だろう。

■ 負の 16 進数

負の値を 16 進数に変換すると環境によって結果が異なる。たとえば -1 を 16 進数に変換すると次のようになる。

■32ビット実装の場合

```
$ printf '%X\n' -1 ⏎
FFFFFFFF
$
```

■64ビット実装の場合

```
$ printf '%X\n' -1 ⏎
FFFFFFFFFFFFFFFF
$
```

したがって、負の値を16進数に変換するのはあまり勧められないが、どうしてもしたいなら下8桁のみを取り出すべきだろう。もちろんその場合、-2147483648より小さい値は扱えない。

3-19 ps コマンド

現在のpsコマンドは、オプションにハイフンを付けないBSDスタイルなど、いくつかの流派が混ざっているので厄介だ。

■ -x オプションは避ける

-xオプションは「制御端末を持たないプロセスを含める」という働きを持つが、このオプションは使わないほうがいい。そもそもPOSIXにおけるpsコマンドのmanページ[注12]には記載されていないし、少なくともGNU版とBSD版では解釈が異なるようだ。たとえば、CGI (httpd) によって起動されたプロセス上で自分に関するプロセスのみを表示しようとした場合、GNU版では-aオプションも-xオプションも付けずに表示されるものが、BSD版では-xを付けた場合にのみ表示されるなどの違いがある。

結局のところ、互換性を重視するなら、大文字である-Aオプションを用いてとにかくすべてを表示（-axに相当）させるほうがよいだろう。

■ -l オプションも避ける

-lオプションは、lsコマンドの同名オプションのように多くの情報を表示するためのものである。これはPOSIXのpsコマンドのmanページにも記載されているし、実際主要な環境でサポートされているので問題なさそうだが、使うべきではない。理由は、表示される項目や順序がOSやディストリビューションによってバラバラだからだ。

注12：http://pubs.opengroup.org/onlinepubs/9699919799/utilities/ps.html

■ -o オプションはほぼ必須

-l オプションを付けた場合の表示項目や順序がバラバラだと言ったが、実は**付けない場合もバラバラ**だ。どの環境でも期待できる表示内容と言えば、

◎ 1 列目に PID が来ること
◎ 行のどこかにコマンド名が含まれていること

くらいなものだ。互換性を維持しながらそれ以上の情報を取得しようとするなら、表示させたい項目と順序を -o オプションを使って明確に指定しなければならない。-o オプションで指定できる項目の一覧については、POSIX の ps コマンドの man ページにある「STDOUT セクション」後半に記されている（太小文字で列挙されている項目で、現在のところ「ruser」から「args」までが記されている）。

■ 補足 1：親プロセス ID（PPID）

Linux では、親プロセス ID が 0 になるのは PID が 1 の「init」だけだ。しかし、FreeBSD などでは他のさまざまなシステムプロセスの親も 0 になることがある。これは、ps コマンドの違いというよりカーネルの違いであるが、互換性のあるプログラムを書くときには注意すべきところだ。

■ 補足 2：Cygwin の ps コマンド

2016 年 10 月現在、Cygwin や gnupack で用意されている ps コマンドは、残念ながら POSIX 非互換である。Windows 配下で使うという事情により特別なものになっているようで、-A オプションも -o オプションもサポートされていない。man には記述があるのに使えないというのは酷いと思うのだが、仕方がない。

Cygwin は POSIX 環境ではないので切り捨てるという方針もあるのだが、対応するのであれば、uname コマンドを使い、Cygwin で動いていることを検出した場合は個別に対応するコードを書くしかない。

3-20　readlink コマンド

このコマンドは、与えられた引数がシンボリックリンクだった場合にその実体のパスを教えてくれるという便利なコマンドだ。しかし、残念ながら POSIX のコマンド群には存在しない。

直接的な答えではないが、シンボリックリンクの実体を求めるシェルスクリプトのコードを「レシピ 4-4　一時ファイルを作らずファイルを更新する」で紹介しているので参考にしてもらいたい。

3-21 sed コマンド

sed にもまた、AWK と同様に複数の注意すべき点がある。

■ 最終行が改行コードでないテキストの扱い

試しに printf 'Hello,\nworld!' | sed '' というコードを実行してみてもらいたい。

■BSD 版 sed の場合

```
$ printf 'Hello,\nworld!' | sed '' ↵
Hello,
world!
$
```

■GNU 版 sed の場合

```
$ printf 'Hello,\nworld!' | sed '' ↵
Hello,
world!$
```

と、このように挙動が異なる。最終行が改行コードで終わっていない場合、BSD 版は改行を自動的に挿入するが、GNU 版はしないようだ。

純粋なフィルターとして振る舞ってもらいたい場合には GNU 版のほうが理想的ではあるが、すべての環境で動くことを目標にするなら BSD 版のような実装の sed とて無視するわけにはいかない。このような sed をはじめ、AWK や grep など、最終行に改行コードがなければ挿入されてしまうコマンドでの対処法を別のレシピとして記した。「レシピ 4-6 改行なし終端テキストを扱う」を参照してもらいたい。

■ 使用可能なコマンド・メタ文字

これも、GNU 版は独自拡張されているので注意。sed の中で使えるコマンドに関して迷ったら、POSIX の sed コマンドマニュアル[注13] を見るとよい。また、sed が対応している正規表現メタ文字セットは BRE（基本正規表現）であり、第 2 章にその一覧を記してあるので参照してもらいたい。

注13：http://pubs.opengroup.org/onlinepubs/9699919799/utilities/sed.html

■ **標準入力指定の「-」**

　一般的に、ファイル名として「-」を指定すると標準入力の意味と解釈されるが、本コマンドに対しては使わないほうがよい。POSIX には、sed コマンドでも「-」は標準入力だと解釈されると確かに書いてあるのだが、BSD の実装では真面目に「-」というファイルを開こうとしてエラーになってしまう。

■ **ロケール**

→「1-16　ロケール」を参照。

3-22) sleep コマンド

　多くの環境は、sleep 0.5 などの指定による 1 秒未満（1 秒未満の分解能）のスリープに対応している。しかしこれは POSIX の仕様ではなく、実際、AIX など対応していない環境もあるので、このような指定を用いると互換性が失われてしまう。もし 1 秒未満のスリープをしたいなら、次のレシピを参照してもらいたい。POSIX の範囲に含まれる C 言語プログラムを書くことで、1 秒未満のスリープに対応するという方法を提案している。
→「レシピ 5-13　1 秒未満の sleep をする」を参照。

3-23) sort コマンド

→「レシピ 7-4　sort コマンドの基本と応用と落とし穴」を参照。

3-24) tac コマンド／ tail コマンド+ -r オプションによる逆順出力

　ファイルの行を最後の行から順番に（逆順に）並べたいときは tac コマンドを使うか、tail コマンドの -r オプションのお世話になりたいところであろう。しかし、どちらも一部の環境でしか使えないし、もちろん POSIX にも載っていない。

　ではどうするか……。AWK で行番号を行頭に付けて、数値を降順ソートし、最後に行番号を削除するという方法が無難だろう。

■ 逆順出力するサンプルコード

```
#! /bin/sh

# 逆順に並べたいテキストファイル
cat <<TEXT > foo.txt
a
  b
c
```

```
TEXT

cat foo.txt           |
awk '{print NR,$0}'   |   ← 行頭に行番号を付ける
sort -k 1nr,1         |   ← 行番号で降順にソート
sed 's/^[0-9]* //'        ← 行番号を削除
```

また、ソート対象のテキストデータが標準入力ではなくファイルであることがわかっているのであれば、ex コマンドを使うという芸当もあるそうだ注14。

3-25 test（[ ]）コマンド

どんな内容が与えられるかわからない文字列（シェル変数など）の内容を確認するとき、最近の test コマンドなら

■シェル変数 $str の内容が「!」ならば「Bikkuri!」を表示

```
[ "$str" = '!' ] && echo 'Bikkuri!'
```

と書いても問題ないものが多い注15。しかし、古来の環境では

```
`[: =: unexpected operator`
```

というエラーメッセージが表示され、正しく動作しないものが多い。これは $str に格納されている「!」が、評価すべき文字列ではなく否定のための演算子と解釈され、そうすると後ろに左辺なしの「=」が現れたとみなされてエラーになるというわけだ。

test コマンドを用いて、すべての環境で安全に文字列の一致、不一致、大小を評価するには、文字列評価演算子の両辺にある文字列の先頭に無難な1文字を置く必要がある。

■両辺にある文字列の先頭に無難な1文字を置けば、どこでも正しく動く

```
[ "_$str" = '_!' ] && echo 'Bikkuri!'
```

注14：bsdhack 氏のブログ記事「ファイルの逆順出力」参照（http://blog.bsdhack.org/index.cgi/Computer/20100513.html）
注15：さすがに $str の中身が「(」だった場合はダメなようだが。

もっとも、単に文字列の一致、不一致を評価したいだけなら、test コマンドを使わずに下記のように case 文を使うほうがよい。上記のような配慮は必要ないし、外部コマンド（シェルが内部コマンドとして持っている場合もあるが）の test コマンドを呼び出さなくてよいので軽い。

■case 文で同等のことをする

```
case "$str" in '!') echo 'Bikkuri!';; esac
```

3-26 tr コマンド

このコマンドは各 UNIX の系譜に基づく方言が強く残るコマンドの一種で、どこでも動くプログラムを無難に作るならなるべく使用を避けたいコマンドだ。たとえばアルファベットのすべての大文字を小文字に変換したい場合、

◎ tr '[A-Z]' '[a-z]'　← System V 系での書式（運よくどこでも動く）
◎ tr 'A-Z' 'a-z'　　　← BSD 系、POSIX での書式

という 2 つの書式がある。範囲指定の際にブラケット（[、]）が必要かどうかだ。BSD 系の場合、ブラケットは通常文字として解釈されるので、これを用いると置換対象文字として扱われてしまう。しかしながら System V 系の書式にあるブラケットは置換前も置換後も全く同一の文字なので幸いにしてどこでも動く。したがって、このようなケースでは前者の記述をとるべきだろう。

しかし、-d オプションで文字を消したい場合はそうはいかない。

◎ tr -d '[a-z]'　← System V 系での書式（これは BSD 系、POSIX 準拠実装では NG）
◎ tr -d 'a-z'　　← BSD 系、POSIX での書式

POSIX に準拠していない System V 実装が悪いと言ってしまえばそれまでなのだが、歴史の上では POSIX よりも古いので、それを言うのもまた理不尽というもの。ではどうすればいいか。答えは、「sed で代用する」だ。上記のように、すべての小文字アルファベットを消したい場合はこう書けばよい。

```
sed 's/[a-z]//g'
```

しかしながら、改行コードで終わっていないテキストデータを与えると改行を付け足してしまう sed 実装があるので、そういう可能性のあるデータを扱いたい場合はさらに対策が必要だ（「レシピ 4-6　改行なし終端テキストを扱う」を参照）。

そこまでやるくらいだったら、範囲指定ではなく全部書いてしまえばいいと思うかもしれないが、もちろんそれでもいい。

```
tr -d 'abcdefghijklmnopqrstuvwxyz'
```

3-27　trap コマンド
■ シグナル受信時の動作をデフォルトに戻す場合

次に示す例のように、第 1 引数は「-」（ハイフン）として、デフォルトに戻す意図を明確にすべきである。

```
trap - EXIT INT
```

POSIX 文書の trap コマンドに関する説明を読むと、省略してもよいように解釈できるもののいまいち曖昧であり、実際 bash を「sh」という名前で起動させて（/bin/sh が /bin/bash へのリンクになっている環境など）POSIX 版 sh に近い動作モードにした場合にはエラー扱いされてしまうからだ。

■ シグナルの名称と番号
→「3-14　kill コマンド」を参照。

3-28　which コマンド

コマンドが存在すれば（パスが通っていれば）そのパスを返してくれるため、コマンドがなければないなりにどの環境でも動くようなシェルスクリプトを書きたいときなどに重宝するコマンドだ。ところが、この which コマンドが POSIX 標準ではないというオチが待っている。

しかし諦めることはない。POSIX に存在する command という名のコマンドに -v オプションを付けると似た動きをするのでこれを使うとよい。

次のコードをシェルスクリプトの冒頭に追記しておけば、which コマンドが存在しない場合のみ、command コマンドに基づいたシェル関数版 which が登録される。

■whichコマンドがなければ同等品を追加するコード

```
which which >/dev/null 2>&1 || {
  which() {
    command -v "$1" 2>/dev/null |
    awk 'match($0,/^\//){print; ok=1;}
         END {if(ok==0){print "which: not found" > "/dev/stderr"; exit 1}}'
  }
}
```

command -vは、組み込みコマンドが指定された場合でもコマンド名自身を返して正常終了するという点がwhichと異なるので、後ろのAWKで挙動を揃えている。

3-29 xargsコマンド

■ 改行なし終端データの扱い

次の例を見てもらいたい。

```
$ printf 'one two three' | xargs echo ⏎
one two
$
```

単語が3つあるのだから、xargsはechoの後ろに「one」と「two」はもちろん、「three」も付けて実行してくれることを期待するが、最後の「three」が無視されてしまっている。実はこのxargs実装、最後の単語のあとにも改行や空白などの列区切り文字を必要とするのである。こういうxargs実装であっても確実に動作させるようにするには、たとえばxargsの直前にgrep ^などをはさんでデータの終端に確実に改行が付くようにしてやることだ。

```
$ printf 'one two three' | grep ^ | xargs echo ⏎
one two three
$
```

■ **空ループの有無**

標準入力から入ってきた文字列を引数にしてコマンドに渡すためのコマンドであるが、標準入力から空白以外が含まれた行が1行も渡ってこなかった場合、引数なしでコマンドを実行する xargs 実装もあれば、コマンドを実行しない xargs 実装もある。

■BSD 版の場合

```
$ printf ' \n\n' | xargs echo 'foo' ⏎
$
```

■GNU 版（多くの Linux）の場合

```
$ printf ' \n\n' | xargs echo 'foo' ⏎
foo
$
```

xargs で呼び出される側のコマンドは引数 0 個で呼ばれるなど想定していない（Usage を表示したり戻り値 0 以外にしたりする）ものが多いので、前者の挙動のほうが好ましいとは思うのだが、引数なしでコマンドを実行する xargs 実装もあるのだから仕方ない。

一応、前者の動作に揃える -r オプションというものがある（最近の FreeBSD 版もこれを認識する）のだが、そんなオプションは POSIX では規定されていないため、それを付けて互換性を向上させようとすると逆にすべての環境で動く保証がなくなってしまうのが皮肉なところ。

■ **対応方法**

さてどうするか……。これは対症療法しかない。すなわち、

1) 引数 0 個で実行されてもエラー扱いしないようなコマンドにする。
2) コマンドがエラー動作することを想定するような後続の処理にする。
3) 標準入力に必ず有効かつ無害な行が入るようにする。
4) 呼び出されるコマンドに無害な引数を付けておく。

などを行う。

1 番目の対処は、たとえば呼び出すコマンドが rm なら -f オプションを付けてエラー扱いを抑止するという方法だ。

■対処方法 1)の例「rm コマンドをいちいちエラーで騒がせないようにする」

```
find . -name '*.tmp' | xargs rm -f
```

2番目の対処は、たとえば戻り値が 0 以外でも即エラー扱いしないとか、標準エラーに流れてくるエラーメッセージや Usage を /dev/null に捨てるというものだ。

■対処方法 2)の例「rm コマンドがエラーで騒いでも無視する」

```
(find . -name '*.tmp' | xargs rm) 2>/dev/null
```

3番目の対処は、たとえば呼び出すコマンドが grep などファイルを読み込むだけのものであれば使える方法だ。たとえば /dev/null を読み出しファイルとして、標準入力の最初に付加すればよい（最後に付加すると改行なし終端テキストだった場合に不具合が起こる）。

■対処方法 3)の例「grep に無害なファイル /dev/null を読み込ませる」

```
# grepの場合は後述の4番目の対処方法をお勧めする
find . -name '*.txt' | awk 'BEGIN{print "/dev/null"} 1' | xargs grep '検索キーワード'
```

4番目の対処は、手段が若干異なるだけで目的は 3 番目と同じだ。先ほどの grep の例ならこう書き直す。短く書けるし、先ほど紹介した対処方法よりもお勧めだ。

■対処方法 4)の例「grep に無害なファイル /dev/null を読み込ませる（推奨）」

```
find . -name '*.txt' | xargs grep '検索キーワード' /dev/null
```

grep コマンドの場合は特にこちらを勧める。理由は、grep コマンドは、検索対象のファイルが 1 個だけ指定された場合と複数指定された場合で挙動を変えるからだ。具体的には、検索キーワードが見つかったとき、1 個だけだった場合はファイル名を表示しないのに対し、複数個だった場合には行頭にファイル名を併記する。

上記のように記述しておけば、grep コマンドは常に複数個指定されたとみなすので、find コマンドで見つかったファイルの数が 1 個であっても 2 個以上であっても、必ず行頭にファイル名を併記するようになり、動作が統一される。

■ **引数文字列の扱い**

xargs に \\\' という文字列を与えると、たとえば FreeBSD の xargs と Linux の xargs では異なった結果を返す。

■FreeBSD の場合

```
$ printf '\\\\\\'"'" | xargs printf ⏎
'
$
```

■GNU 版（多くの Linux）の場合

```
$ printf '\\\\\\'"'" | xargs printf ⏎
\'
$
```

実は FreeBSD の xargs コマンドは、引数文字列を $@（ダブルクォーテーションなし）のように渡してシェルのエスケープ処理を受けるのに対し、Linux の（GNU 版の）xargs コマンドは "$@"（ダブルクォーテーションあり）のように渡すので、シェルのエスケープ処理を受けない。だから結果として、Linux 上ではバックスラッシュが 1 個残るのだ。

ではどうするか。確実な方法は、エスケープ処理される文字を使わないことだ。バックスラッシュはいたしかたないとして、たとえばシングルクォーテーションは \047 などと表現した文字列が printf に渡るようにすればよい。ただしバックスラッシュも、引数としてシェルに解釈されるときや printf に解釈されるときなどにエスケープ処理を受けるので十分注意すること。

3-30　zcat コマンド

zcat は、gunzip | cat 相当だと思っている人も多いかもしれないが違う！ それは GNU 拡張であり、**本来の zcat は uncompress | cat 相当**である。したがって、次のようにして gzip 圧縮されたデータを与えるとエラーを返す zcat コマンド実装がある。

```
$ echo hoge | gzip | zcat ⏎
stdin: not in compressed format
$
```

すべての環境の zcat コマンドを想定するなら、compress コマンドで圧縮したデータを与えること。

```
$ echo hoge | compress | zcat ↵
hoge
$
```

■ ファイルを経由する場合の注意点

compress コマンドは元データがファイルの場合、圧縮してもサイズが小さくならないと判明すると圧縮をしないという性質がある。そのため、普通に使うと次のような事故が起きるおそれがある。

```
$ echo 1 > hoge.txt ↵
$ compress hoge.txt ↵
 -- file unchanged   ← サイズが小さくならないので圧縮ファイルは作られなかった
$ zcat hoge.txt.Z ↵
hoge.txt.Z: No such file or directory
$
```

これを防ぐためには、-f オプションを付ければよい (compress -f とする)。

COLUMN　truncate コマンド

　FreeBSD 4.2 以降や CentOS 6 以降には truncate というコマンドがある。これは、今ある実ファイルのサイズを切り詰めたり、あるいは実際のデータを書き込まずに一瞬でファイルサイズを増やしたりする truncate システムコールをコマンド化したものだ。特に、ファイルサイズを切り詰めるという芸当はこのコマンドにしかできないので便利なのだが、POSIX には存在しない。悔しい。

　しかし、「レシピ 4-4　一時ファイルを作らずファイルを更新する」を応用すれば、POSIX の範囲でもこれを疑似的に行うことができる。今、ファイルサイズを元のサイズよりも小さい n バイトに切り詰めたいとして、その対象ファイルがシェル変数 file に入っているものとすると、

```
(rm "$file" && dd count=1 bs=n of="$file") < "$file"
```

と書けばよい。これで、先頭の n バイト分の内容はそのままでサイズが切り詰められる。もちろん、このやり方にはレシピ 4-4 と同様の制約はあるのだが……。

第4章
chapter.4

Hors d'oeuvre:
ちょっとうれしいレシピ

第1章から第3章でどのUNIXでも動く（＝POSIX互換）シェルスクリプトの書き方を知ってもらったところで、本章からは実践に移る。まずはオードブルをご賞味いただこう。普段の作業の痒いところに手が届く、ちょっとうれしいレシピだ。POSIXの本領を発揮するメインディッシュは次章以降で振る舞うのでお楽しみに。

recipe 4-1 sedによる改行文字への置換を、キレイに書く

Q 問題

sedコマンドで任意の文字列（ここでは説明のため「\n」とする）を改行コードに置換したい場合、GNU版でないsedでも通用するように書くには

```
sed 's/\\n/\
/g'
```

と書かねばならない。しかし、これはキレイな書き方ではないので何とかしたい。

A 回答

シェル変数に改行コードを代入しておき、置換後の文字列の中で改行を入れたい場所にそのシェル変数を書けばキレイに書ける。ただし、末尾に改行コードのある文字列をシェル変数に代入するには一工夫が必要だ。

まとめると、次のように書ける。

■改行コードへの置換をキレイに書く

```
# --- sedにおいて改行コードを意味する文字列の入ったシェル変数を作っておく ---
LF=$(printf '\\\n_')
LF=${LF%_}

# --- 標準入力テキストデータに含まれる「\n」を改行コードに置換する ---
sed 's/\\n/'"$LF"'/g'
```

解説 Description

たとえば入力テキストに含まれる「\n」という文字列を置換して実際の改行にしたい

という場合、sedでもちゃんとできるといえばできるのだが、記述が少々汚くなってしまう[注1]。インデントがない場合はまだしも、インデントがある場合の見た目の汚さは最悪だ。

```
# --- インデントのない場合はまだマシ ---
cat textdata.txt |
sed 's/\\n/\
/g'              |
wc -l

# --- インデントのある場合は汚いったらありゃしない ---
find /TARGET/DIR |
while read file; do
    cat "$file" |
    sed 's/\\n/\
/g'              |
    wc -l
done
```

これをキレイに書くには、「回答」で示したとおり、「\」と改行コード（<0x0A>）の入ったシェル変数を作り、それを置換後の文字列の中で使用すればよい。

■ **改行で終わる文字列の入ったシェル変数を作る**

そのシェル変数を作る際、次のように即値で記述することもできる。

```
LF='\
'
```

しかしこれでは結局、ソースコードをキレイに書くという目的は達成できていない。printfコマンドを使って「\」と改行コード（<0x0A>）の文字列を動的に生成し、それをシェル変数に代入すればキレイになるのだが、直接代入しようとすると失敗する。実行結果の最後に改行があると、コマンドの実行結果を返す「$(～)」あるいは「`～`」という句がそれを取り除いてしまうからだ。取り除かれないようにするには、改行コードの後ろにとりあえずそれ以外の文字を付けた文字列を生成して代入してしまえばよい。そして、

注1：GNU版sedなら、独自拡張により置換後の文字列指定にも「\n」という記述が使えるが、それはsed全般に通用する話ではない。

シェル変数のトリミング機能（この場合は右トリミングの「%」）を使い、先ほど付けていた文字列を取り除いて再代入する。この場合は「$(～)」句を使っていないから、文字列の末尾が改行であっても問題なく代入できる。

■ シェル変数を sed に混ぜて使う場合の注意点

ここで作ったシェル変数を用いて今回の置換処理を記述するとき、

```
sed 's/\\n/'$LF'/g'
```

と書いてはいけない。「$LF」をダブルクォーテーションで囲まなければならない。シェル変数がダブルクォーテーションで囲まれていない場合、その中に半角空白やタブ、改行コードがあると、それらで分割された複数の引数があるものと解釈される。この場合は、s/\\n/\ と /g が別々の引数であると解釈されてエラーになってしまう。これは sed に限った話ではないので、コマンド引数をシェル変数と組み合わせて生成するときは常に注意する必要がある。

recipe 4-2 grep に対する fgrep のような素直な sed

Q 問題

テキストファイルの中に自分で定義したマクロ文字列を置き、そのマクロ文字列をシェル変数内の文字列で置換したい。文字列の置換には sed コマンドを使おうと思うのだが、シェル変数にどんな文字が入っているのかわからない。シェル変数には sed の正規表現で使うメタ文字が入っている可能性もあるので、単純にはいかない。

A 回答

sed がメタ文字として解釈しうる文字をあらかじめエスケープしてから sed にかける。具体的には、次のコードを通すことで安全にそれができる。置換前の文字列（マクロなど）が入っているシェル変数を「$fr」、置換後の文字列が入っているシェル変数を「$to」とする。

```
# メタ文字をエスケープ
fr=$(printf '%s' "$fr"           |
     sed 's/\([].\*/[]\)/\\\1/g' | # ・「^」「$」以外の正規表現メタ文字をエスケープ
     sed 's/^\^/\\^/'            | # ・文字列先頭にあるメタ文字「^」をエスケープ
     sed 's/\$$/\\$/'            ) # ・文字列末尾にあるメタ文字「$」をエスケープ
to=$(printf '%s' "$to"           |
     sed 's/\([\&/]\)/\\\1/g'    | # ・後方参照として意味を持つメタ文字をエスケープ
     sed 's/$/\\/'               | # ・文字列中の改行コードをエスケープ
     sed 's/\\$//'               ) # 　（ただし最終行を除く）

# あとは普通にsedに掛ければよい
cat template.txt | sed "s/$fr/$to/g"
```

このような「素直な sed」を「fsed」という名前で GitHub に公開した[注2]ので、よかったら

注2：https://github.com/ShellShoccar-jpn/misc-tools/blob/master/fsed

使ってもらいたい。まぁ、grep に対しての fgrep が軽いのとは違って、**この fsed は sed より軽いというわけではないのだが**……。

解説 Description

このレシピはもともと、HTML テンプレートにマクロ文字を置きたいという要望があってまとめたレシピだ。たとえば、

```
<input type="text" name="string" value="###COMMENT###" />
```

という HTML テンプレート（の一部）があるとする。###COMMENT### の部分を CGI 経由で受け取って、今 **$comment** というシェル変数に入っている任意の文字列で置換したいと思ったとき、

```
sed "s/###COMMENT###/$comment/g"
```

とは書けないのだ。なぜか？

「わかった。『"』をエスケープしないと HTML が不正になるからでしょ」と、気が付いたかもしれない。確かにそれもそうなのだが、**むしろそのエスケープが原因で sed が誤動作**してしまう。ダブルクォーテーションを HTML 的にエスケープすると " となるが、ここに含まれている「&」は sed の後方参照文字である。$comment の部分に、「\」「&」という後方参照用のメタ文字や、正規表現の仕切り文字である「/」が入っていると sed は誤動作する。さらに、###COMMENT### の部分が正規表現のメタ文字や仕切り文字「/」になっていてもやはり誤動作する。これらは sed に与える前にエスケープしなければならないのだ。

正規表現のメタ文字を熟知している人なら、「回答」で示したコードを見て、「あれ？ (、)、{、}、+ とか、他にもいろいろメタ文字あるんじゃないの？」と思うかもしれないが、sed はこれで大丈夫。なぜなら sed は BRE（基本正規表現）にしか対応していないからだ[注3]。

注3：「第2章 どの環境でも使えるシェルスクリプトを書く …… 正規表現編」を参照。

recipe 4-3 mkfifo コマンドの活用

  問題

他人の書いたシェルスクリプトを見ていたら mkfifo というコマンドが出てきたが、これの使い方がわからないので知りたい。

  回答

mkfifo コマンド、もとい名前付きパイプ（FIFO）は技術的にはとてもオモシロい。使い方を解説しよう。

▶ mkfifo コマンド入門

まずは同じホストでターミナルを2つ開いておいてもらいたい。そして最初に、片方のターミナル（ターミナル A）で次のように打ち込む。すると hogepipe という名前のちょっと不思議なファイルができるので、次のように、ls -l コマンドでその内容を確認してみる。

■ ターミナル A. #1

```
$ mkfifo hogepipe ⏎
$ ls -l ⏎
prw-rw-r-- 1 richmikan staff 0 May 15 00:00 hogepipe
$
```

行頭を見ると、「-」（通常ファイル）でもなく「d」（ディレクトリー）でもない、「p」という珍しいフラグが立っている。「p」とは一体何なのか……。とりあえず cat コマンドで中身を見てみる。

■ ターミナル A. #2

```
$ cat hogepipe ⏎
```

すると、まるで引数なしでcatコマンドを実行したかのように（どこにもつながっていない標準入力を読もうとしているかのように）固まってしまった。だが Ctrl + C で止めるのはちょっと待ってもらいたい。ここで先ほど立ち上げておいたもう1つのターミナル（ターミナルB）から、今度はhogepipeに対してechoで何か書き込んでみてもらいたい。こんな具合に……。

■ ターミナル B. #1

```
$ echo "Hello, mkfifo." > hogepipe ⏎
$
```

今度は、何事もなかったかのように終了してしまった。今書いた文字列はどこへ行ったんだろうかと思って、ターミナルAを見てみると……

■ ターミナル A. #3

```
$ cat hogepipe
Hello, mkfifo.
$
```

先ほど実行していたcatコマンドがいつの間にか終了して、ターミナルBに打ち込んだ文字列が表示されている。実は、これがmkfifoコマンドで作った不思議なファイル、「名前付きパイプ」の挙動なのだ。名前付きパイプには、

(1) 名前付きパイプから読み出そうとすると、誰かがその名前付きパイプに書き込むまで待たされる。
(2) 名前付きパイプへ書き込もうとすると、誰かがその名前付きパイプから読み出すまで待たされる。

という性質があるのだ。今は(1)の例を挙げたが、ターミナルBのechoコマンドをターミナルAのcatコマンドよりも先に打ち込めば、echoがcatの読み出しを待つので、試してみてもらいたい。

▶ mkfifo の応用例

こんな面白い性質を持つ名前付きパイプだが、いざ用途を考えてみるとなかなか思いつかない。あえて提案するなら、たとえばこういうのはどうだろうか。

◎ 外部 Web サーバー上に、定点カメラ映像を**プログレッシブ JPEG 画像ファイル**[注4] として配信するサーバーがある。
◎ ただし、その Web サーバーは人気があって帯域制限が激しく、JPEG 画像を**最後までダウンロードするのに相当時間がかかる**。
◎ 上記のファイルがダウンロードでき次第、3 人のユーザーの public_html ディレクトリーにコピーして共有したい。でも、できれば**ぼんやりした画像の段階から見せられるようにしたい**。

このような要求があったとしたら、次の 2 つのシェルスクリプトを書けば解決してあげられるだろう。

■画像を読み込んでくるシェルスクリプト

```
#! /bin/sh

[ -p /tmp/hogepipe ] || mkfifo /tmp/hogepipe  # 名前付きパイプを作る

# 30分ごとに最新画像をダウンロードする
while [ 1 ]; do
  curl 'http://somewhere/beautiful_sight.jpg' > /tmp/hogepipe
  sleep 1800
done
```

■名前付きパイプからデータが到着し次第、3 人のディレクトリーにコピーするシェルスクリプト

```
#! /bin/sh

# 名前付きパイプからデータが到着し次第、3人のディレクトリーにコピー
while :; do
  cat /tmp/hogepipe                                              \
   | tee /home/user_a/public_html/img/beautiful_sight.jpg \
   | tee /home/user_b/public_html/img/beautiful_sight.jpg \
   > tee /home/user_c/public_html/img/beautiful_sight.jpg
done
```

1 つ目のシェルスクリプトが 30 分ごとにループするのに対し、2 つ目のシェルスクリプトは sleep せずにループする。とはいえ、ループの大半は、cat コマンドのところで先のシェルスクリプトがデータを送り出してくるのを待っている。もしも、この作業に名前付きパイ

注4：最初はぼんやり表示され、データが読み進められると次第にクッキリ表示される JPEG ファイルである。

プを使わずに一時ファイルで同じことをしようとしたらかなり大変である。なぜなら、一時ファイルで行おうとする場合、2つ目のシェルスクリプトは、画像ファイルが最後までダウンロードし終わったことを何らかの手段で確認しなければならないからだ。

■▶ 使用上の注意

気を付けなければならないこともある。まず1つは、書き込む側のシェルスクリプトが

```
echo 1 >  /tmp/hogepipe
echo 2 >> /tmp/hogepipe
echo 3 >> /tmp/hogepipe
```

のように、1つのデータを間欠的に（オープン・クローズを繰り返しながら）送ってくる場合、読み出し側は単純に cat /tmp/hogepipe としてもうまく受け取れないということだ。このような場合は、

```
while :; do cat /tmp/hogepipe; done
```

というようにして名前付きパイプを繰り返し読み出すか、あるいは書き込み側で、

```
(while :; do sleep 1; done) > /tmp/hogepipe &
```

のような1行をあらかじめ実行しておき、書き込み側の接続が閉じてしまうのを阻止するように工夫しなければならない。

もう1つの注意点は、何らかのトラブルで読み書きを終える前にプロセスが終了してしまったときの問題だ。一時ファイルで受け渡しをしていたのなら途中経過が残るが、名前付きパイプだとすべて失われてしまう。

名前付きパイプは面白い仕組みではあるものの、こういった問題もあって、使いどころが限られてしまう。

一時ファイルを作らずファイルを更新する

Q 問題

sed や nkf など一部のコマンドには、一時ファイルを使わずに内容を直接上書きする機能があるが、他のコマンドやシェルスクリプトではできないのか？ いちいち一時ファイルに書き出してから元のファイルに再び書き戻すのは面倒だ。

A 回答

できる（たいていのファイルは）。ただし、できないファイルもあるので、まずは次を参考にして可否を確かめること。

◎ ハードリンクが他に存在するファイル　→　できない
◎ 他人が所有するファイル　→　できない
◎ シンボリックリンク　→　実体を探し、それが上記に該当しないファイルならばできる
◎ ACL 付きファイル　→　ACL 情報を保存し、復元すればできる
◎ デフォルトと違うパーミッションを持つファイル　→　パーミッション情報を保存し、復元すればできる
◎ 上記に該当しないファイル　→　できる

確認の結果、一時ファイルを使わずに内容を直接上書きできるファイルであったとする。今、対象ファイルのパスがシェル変数 $file に入っていて、更新のために通したいコマンドが CMD1 | CMD2 | ……である場合、次のように記述すればよい。これで一時ファイルを使わずに上書き更新ができる。

```
(rm "$file" && CMD1 | CMD2 | …… >"$file") <"$file"
```

■▶ シンボリックリンクであった場合に実体を探す方法

シンボリックリンクであった場合、リンク元である実体ファイルを探し、それに対して前記のコードを実行しなければならない。もしシンボリックリンクに対してコードを実行してしまうと、元のファイルは更新されずに残り、シンボリックリンクは更新された内容で実体化してしまう。POSIXの範囲を超えるのがアリなら、次のようにreadlinkコマンドを使えば実体のパスを簡単に得ることができる。

```
file=$(readlink -f "対象シンボリックリンクへのパス")
```

「-f」オプションは、リンク先がまたリンクであった場合に再帰的に実体を探すためのものである。これでシェル変数 $file に実体が（存在すれば）代入されるので、この後先ほどと同様に (rm "$file" && CMD1 ……を実行すればよい。

だが、本書はPOSIX原理主義者のためのものであるから、もちろんそれで済ませはしない。readlink -f に相当するコードをPOSIXの範囲で書くとこうなる。

■readlink -f 相当を、POSIXの範囲で実装する

```
while :; do
  # 1) lsコマンドで、属性とファイルサイズを取ってくる
  s=$(ls -adl "$file" 2>/dev/null) || {
    printf '%s: cannot open file "%s" (Permission denied)\n' "${0##*/}" "$file" 1>&2
    exit 1
  }
  # 2) lsが返した文字列を要素ごとに分割
  set -- $s  # 属性は$1に格納、ファイルサイズは$5に格納される
  # 3) 実ファイルを見つけるためのループ
  #   ・そもそも見つからなければエラー終了
  #   ・通常ファイルならそのファイル名でループ終了
  #   ・リンクならリンク元のパスを調べて再度ループ
  #   ・それ以外のファイルならエラー終了
  case "$1" in
    '') printf '%s: %s: No such file or directory\n' "${0##*/}" "$file" 1>&2
        exit 1
        ;;
    -*) break
        ;;
    l*) s=$(printf '%s' "$file"          |
```

```
                sed 's/\([].\*/[]\)/\\\1/g'   |
                sed 's/^\^/\\^/'              |
                sed 's/\$$/\\$/'              )
        srcfile=$(file "$file"                                |
                  sed 's/^.\{'"$s"'\}: symbolic link to //'   |
                  sed 's/^`\(.*\)'"'"'$/\1/'                  )
        case "$srcfile" in                    # fileコマンドが上の行の書式で
          /*) file=$srcfile              ;;   # 返してくることは
           *) file="${file%/*}/$srcfile";;    # POSIXで保証されている
        esac
        continue
        ;;
    *) printf '%s\n' "${0##*/}: \`$file' is not a regular file." 1>&2
       exit 1
       ;;
  esac
done
```

先ほどと同じくシェル変数 $file に実体が（存在すれば）代入されるので、あとは同じである。

ACL 付きやパーミッションが変更されているファイルへの対応

ACL 付きやパーミッションが変更されているファイルの場合は、上書き更新を実施する前にそれらの情報を保存しておかなければならない。次のコードはパーミッションと ACL を維持するための例だ。

■元のパーミッションと ACL を維持しつつ上書き更新する

```
file=対象ファイルのパス # シンボリックリンクなら実体を探しておくこと

# パーミッションと、ACL情報（あれば）の保存
perm=$(ls -adl "$file" | awk '{print substr($0,1,11)}')
case "$perm" in
  [!-]*) echo "Not a regular file" 1>&2;exit 1;;
    *'+') acl=$(getfacl "$file")          ;;
      *) acl=''                           ;;
esac
```

```
# パーミッションをchmodで使える形式（4桁0埋め8進数）に変換
perm=$(echo "$perm"                                                         |
       sed 's/.\(..\)\(.\)\(..\)\(.\)\(..\)\(.\)./\2\4\6 \1\2\3\4\5\6/'     |
       awk '{gsub(/[x-]/,"0",$1);gsub(/[^0]/,"1",$1);print $1 $2;}'         |
       tr 'STrwxst-' '00111110'                                             |
       xargs printf 'ibase=2;%s\n'                                          |
       bc                                                                   |
       xargs printf '%04o'                                                  )

# 一時ファイルを作らず上書き更新
(rm "$file" && CMD1 | CMD2 | ... > "file") < "$file"

# パーミッション・ACL（あれば）の復元
chmod $perm "$file"
case "$acl" in '') :;; *) printf '%s' "$acl" | setfacl -M - "$file";; esac
```

lsコマンドの -l オプションによって第1列に出力される文字列を見ている。それに基づいてパーミッション文字列を chmod コマンド用に8進数化して保存・復元すると共に、ACL 情報の有無を確認し、あればそれも保存・復元している。

解説 Description

■ 一時ファイルなしで上書きするトリック

そもそも、(rm "$file" && CMD1 ……というコードを書くと、なぜ一時ファイルなしで上書きができるのだろうか？

UNIX において、rm コマンドなどによるファイルの削除（unlink）は、ファイルの実体を消すのではなく inode と呼ばれる見出しを消すだけであることはご存知のとおり。つまり、ファイルが直ちに消滅するわけではない。

もし、誰かがファイルをオープンしている途中に削除したらどうなるかというと、それ以後は誰もファイルを二度とオープンできなくなるものの、そのファイルをすでにオープンしているプロセスではクローズするまで使い続けることができる。つまり、ファイルをオープンして中身を読み出している間にそのファイルを削除してしまっても、読み出しは最後まで行えるのだ。そこですかさず読み出されたデータを受け取って好きな加工を施したうえで、同名（2代目）のファイルを新規作成する。同名のファイルなど作れないように思うが、初代のファイル実体はすでに inode を失っているために名前がない。よって、2代目のファイ

ルを全く同じ名前で作成できるのである。

■ **ハードリンク付きファイル／所有者が他人のファイルが不可な理由**

　ハードリンク付きかどうか、あるいは所有者が他人であるかどうかは、どちらも ls コマンドの -l オプションを使えばわかる。

　たとえば、ls -l を実行した結果、次のように表示されたとする。

```
$ ls -l readme.txt ↵
-rw-rw-r--+ 3 mikan    staff    3513 Jun  1 18:43 readme.txt
$
```

　ここで、第 2 列の数字は、自分を含めて同じ実体を共有しているハードリンクの数である。これが 1 でないと本レシピは使えない。理由は、共有している他のハードリンクの名前を知る術がなく、本レシピの方法で一旦ファイルを削除してしまうと、リンクし直せなくなってしまうからである。一方、第 3 列、第 4 列にはファイルの所有者と所有グループが表示されているが、これらが自分でなければ本レシピは使えない。理由は、一般ユーザー権限ではファイルの所有者と所有グループを自分以外に変更することができず、元の状態に戻せないからである。

recipe 4-5 テキストデータの最後の行を消す

Q 問題

あるメールシステムから取得したテキストデータがある。その最終行には必ずピリオドがあるのだが、邪魔なので取り除きたい。しかし、「行数を数えて最後の行だけ出力しない」というのも大げさだ。簡単にできないものか。

A 回答

「最後の1行」と決まっているなら、行数を数えなくとも sed コマンド1個で非常に簡単に取り除ける。メール(に見立てたテキスト)の最終行を sed コマンドで取り除く例を次に示す。

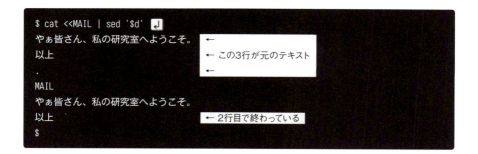

解説 Description

たとえば標準入力から送られてくるテキストデータの場合、普通に考えれば、一度一時ファイルに書き落として行数を数えなければならない。あるいは、「1行先読みして……、読み込みに成功したら先読みしていた行を出力して……」とやらなければならない。どちらにしても、これを自分で実装するとなったら面倒くさい。

しかし sed コマンドは、始めからその先読みを内部的にやってくれている。だから最終

行に何らかの加工を施す「$」という指示が可能なのである。今は最終行を出力したくないのだから、sed の中で削除を意味する「d」コマンドを使う。つまり、sed で「$d」と記述すれば最終行が消えるのである。

これを応用すれば、次のようにして最後の 2 行を削除することも可能だ。

```
$ cat <<MAIL | sed '$d'| sed '$d' ⏎
やぁ皆さん、私の研究室へようこそ。
以上
・
MAIL
やぁ皆さん、私の研究室へようこそ。
$
```

同様にすれば、3 行でも 4 行でも……。まぁ、だんだんとカッコ悪いコードになっていくが。

recipe 4-6 改行なし終端テキストを扱う

Q 問題

標準入力から与えられるテキストデータから、見出し行（インデントなしで大文字1単語だけの行と定義）を除去するフィルターを作りたい。ただ、それ以外の加工をされると困る。たとえば、入力テキストデータの最後が改行で終わっていない場合は、出力テキストデータも最終行は改行なしのままであってもらいたい。
つまり、次のような動きをする FILTER.sh を作りたい。

```
$ printf 'PROLOGUE\nA long time ago...\n'  | FILTER.sh
A long time ago...
$
$ printf 'PROLOGUE\nA long time ago...'    | FILTER.sh
A long time ago...$    ← 元データの終端に改行がないので改行せずに
                          プロンプトが表示されている
```

A 回答

`grep -v '^[A-Z]\{1,\}$'` というフィルターを作り、これを通せば見出し行を除去することはできる。だが、最終行が改行で終わっていない場合は最後に改行コードが付いてしまうので、一工夫する必要がある。どのように一工夫すればよいか？

答えはこうだ。まず目的のフィルターを通す前に、入力データの最後に改行コードを1つ付加する。そしてフィルターを通したあとで、データの最後の改行コードを取ってしまえばいい。具体的には次のようなコードを書けばよい。

■データの末端に余分な改行を付けないフィルター

```
printf 'PROLOGUE\nA long time ago...' |
(cat -; echo)                         |
grep -v '^[A-Z]\{1,\}$'                |
awk 'BEGIN{
```

```
        ORS="";
        OFS="";
        getline line;
        print line;
        dlm=sprintf("\n");
        while (getline line) {
          print dlm,line;
        }
      }'
```

ただし、目的のフィルターが sed コマンドを使ったものであった場合は注意が必要だ。BSD 版の sed コマンドは最終行の末端が改行でなければ改行コードを付加するが、GNU 版の sed コマンドは改行コードを付加しない。この違いを吸収するため、sed コマンドを使ったフィルターだった場合には、次の例のように最後の AWK コマンドの前に改行を付ける grep ^ などのコマンドをはさむ必要がある。

■データの末端に余分な改行を付けないフィルター（sed の場合）

```
printf 'PROLOGUE\nA long time ago...' |
(cat -; echo)                          |
sed '/^[A-Z]\{1,\}$/d'                 |
grep ^                                 | # この行が必要
awk 'BEGIN{
        ORS="";
        OFS="";
        getline line;
        print line;
        dlm=sprintf("\n");
        while (getline line) {
          print dlm,line;
        }
      }'
```

解 説 *Description*

多くの UNIX コマンドは、ファイルの末端に改行がないと途中のコマンドが勝手に改行を付けてしまうが、純粋なフィルターとして見た場合それでは困る。どうすればこの問題を回避できるだろうか。まず、先に改行を付けてしまう。そうすれば途中で通すコマンド

が勝手に改行を付けることはなくなる。その後に、末端の改行を取り除けばいいというわけだ。では、改行を末端に付けたり、末端から取り除いたりするには具体的にどうすればいいのだろうか。

まず、改行を末端に付けるほうは簡単だ。「回答」に示したコードを見れば特に説明する必要もないだろう。一方、最後に改行を除去しているコードはどのようにしているのか。これは AWK コマンドの性質を 1 つ利用している。AWK コマンドには、printf で改行記号 \n を付けなかったり、組み込み変数 ORS（出力行区切り文字）を空にしたりすれば、行末に改行コードを付けずにテキストを出力できるという性質がある。上の例で後ろに追加した AWK はこの性質を利用し、普段なら改行コードを出力した時点で行ループを区切るところを、行文字列を出力して改行コードを出力する手前で行ループを一区切りさせるようにしている。そうすると一番最後の行のループだけが不完全になり、最後の行の文字列の後ろには改行コードが付かない。しかし、あらかじめ余分に改行を 1 個（つまり余分な 1 行）を付けておいたので、不完全になるのはその余分な 1 行ということになる。結果、元データの末端に改行が含まれていなければ末端には改行が付かないし、改行があれば付くということになる。

言葉ではわかりにくいかもしれないが、図にするとこんな感じだ（図 4.1）。

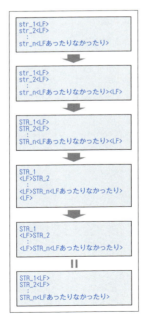

図 4.1 改行の付加と削除の概念

ちょっと不思議な気もするが、こういうことだ。

IP アドレスを調べる（IPv6 も）

Q 問題

現在自分が動いているホストの IP アドレスをすべて抜き出し、ファイルに書き出したい。ただし、知りたいのはグローバル IP アドレスだけである。

A 回答

一部の Linux では古いコマンド扱いされるようになった ifconfig コマンド[注5]だが、UNIX 全体の互換性を考えればまだまだ不可欠だ。とりあえず、下記のコードをコピペすればたいていの環境では動くだろう。

■ifconfig から IP アドレスを抽出 (IPv4)

```
/sbin/ifconfig -a                                    | # ifconfigコマンドを実行
grep inet[^6]                                        | # IPv4アドレスの行だけを抽出
sed 's/.*inet[^6][^0-9]*\([0-9.]*\)[^0-9]*.*/\1/'    | # IPv4アドレスの文字列だけを抽出
grep -v '^127\.'                                     | # lookbackアドレスを除去
grep -v '^10\.'                                      | # private (classA) を除去
grep -v '^172\.\(1[6-9]\|2[0-9]\|3[01]\)\.'          | # private (classB) を除去
grep -v '^192\.168\.'                                | # private (classC) を除去
grep -v '^169\.254\.'                                | # link localを除去
cat                                                  > IPaddr.txt
```

■ifconfig から IP アドレスを抽出 (IPv6)

```
/sbin/ifconfig -a                                    | # ifconfig実行
grep inet6                                           | # IPv6行抽出
sed 's/.*[[:blank:]]\([0-9A-Fa-f:]*:[0-9A-Fa-f:]*\).*/\1/'  | # IPv6抽出
grep -v '^::1$'                                      | # loopback除去
```

注5：このコマンドは POSIX で規定されているものではないこともあり、中には後から追加インストールしないと存在しない Linux ディストリビューションもある。

```
grep -v   '^\(0\+:\)\{7\}0*1$'                          | # loopback除去
grep -vi '^fd00:'                                        | # private除去
grep -vi '^fe80:'                                        | # link local除去
cat                                                      > IPaddr.txt
```

解説 Description

ifconfigの出力をループ文やif文などを使って1つ1つパースするようなコードを書くと、長く複雑になりがちだ。しかしパイプと複数のコマンドを駆使すればご覧のとおり、短くてわかりやすくなる。**パイプを使えば「スモール・イズ・ビューティフル」というわけだ！**

シェル変数で受け取りたい場合は？

上記のコードはファイルに出力する場合のものだが、シェル変数で受け取りたいこともあるだろう。その場合、方法は2つある。ただし、取得できたIPアドレスがIPv4、IPv6それぞれ複数ある場合でも1つの変数に入るので、後で適宜分離すること。

(1) 全体を $(～) で囲む

方法その1は、全体を $(～) で囲み、サブシェル化してしまうというものだ。パイプ（|）でつながっている一連のコマンドを囲めばよい。IPv6の場合も同様だ。

■グローバル IPv4 アドレスを取得後、変数に代入

```
ipv4addrs=$(/sbin/ifconfig -a                            |
        grep inet[^6]                                    |
        sed 's/.*inet[^6][^0-9]*\([0-9.]*\)[^0-9]*.*/\1/' |
        grep -v '^127\.'                                 |
        grep -v '^10\.'                                  |
        grep -v '^172\.\(1[6-9]\|2[0-9]\|3[01]\)\.'      |
        grep -v '^192\.168\.'                            |
        grep -v '^169\.254\.'                            )
```

(2) シェル関数にしてしまう

方法その2は、シェル関数化してあたかも外部コマンドであるかのように用いるというものだ。シェル関数化した後に、方法その1と同様にそれを $(～) で囲めば、シェル変数に代入もできる。あちこちで使い回したい場合はシェル関数化するのがよいだろう。

■ グローバル IPv4 アドレス取得のためのシェル関数

```
get_ipv4addrs() {
  /sbin/ifconfig -a                                      |
  grep inet[^6]                                          |
  sed 's/.*inet[^6][^0-9]*\([0-9.]*\)[^0-9]*.*/\1/'      |
  grep -v '^127\.'                                       |
  grep -v '^10\.'                                        |
  grep -v '^172\.\(1[6-9]\|2[0-9]\|3[01]\)\.'            |
  grep -v '^192\.168\.'                                  |
  grep -v '^169\.254\.'
}

num_ipv4=$(get_ipv4addrs | wc -l)
echo "現在持っているグローバルIPv4アドレスの数:" $num_ipv4
```

補足

このレシピで紹介したコードでは、ifconfig コマンドが /sbin にあることを前提として絶対パスを指定している。これは Linux で使う場合の対策である。多くの Linux ディストリビューションでは、一般ユーザーに /sbin へのパスを設定していない。そのため、たいてい /sbin の中に置かれている ifconfig コマンドが見つからないのだ。ifconfig コマンドが /sbin にはないかもしれない環境も考慮するのであれば、環境変数 PATH に、/sbin、/usr/sbin、/etc[注6] あたりを追加しておくとよいだろう。

注6：AIX など、ifconfig コマンドが /etc に置いてある OS なんてものもあるのだ。

YYYYMMDDhhmmss を年月日時分秒に簡単に分離する

Q 問題

「20160919190454 → 2016 年 9 月 19 日 19 時 4 分 54 秒」というように、「年月日時分秒」を表す 14 桁の数字を任意のフォーマットに変換したいが、AWK で substr() 関数を 6 回も呼ぶことになり、長ったらしくなるし面倒くさい！ 簡単に書けないのか。

A 回答

まず、正規表現で数字 2 桁ずつに半角空白で分離し、さらに先頭の 2 組（4 桁）だけを結合し直す。すると「年月日時分秒」の各要素が空白区切りになるので、AWK で各列を取り出せば任意の形にフォーマットできる。

たとえば、次のコードを実行すると、20160919190454 という文字列を「2016 年 9 月 19 日 19 時 4 分 54 秒」という文字列に簡単に変換できる。

```
echo 20160919190454                                          |
sed 's/[0-9][0-9]/ &/g'                                      |
sed 's/ \([0-9][0-9]\) /\1/'                                 |
awk '{printf("%d年%d月%d日 %d時%d分%d秒\n",$1,$2,$3,$4,$5,$6);}'
```

AWK コマンド 1 つで行うことも可能だ。

```
echo 20160919190454          |
awk '
  gsub(/[0-9][0-9]/, "& ");
  sub(/ /, "");
  split($0, t);
  printf("%d年%d月%d日 %d時%d分%d秒\n",t[1],t[2],t[3],t[4],t[5],t[6]);
}'
```

解説 *Description*

ちょっと頭を捻ってみよう。アイデアとしては、正規表現で2桁ずつの数字に空白区切りで分解した後、先頭の2組（4桁）を結合し直せばいいわけだ。つまり正規表現フィルターに2回掛けるわけだが、1つ目はグローバルマッチで、2つ目は1回だけマッチさせるようにすると、西暦だけを都合よく4桁にできる。これで「年月日時分秒」の各単位に対応する2桁の数字が各々空白区切りになるので、AWKで受け取れば自動的に $1～$6に格納される。1個のAWKの中で加工していたのであれば、split()関数を使って配列変数に入れる。

このテクニックを知らないうちは、

```
echo 20160919190454 |
awk '
  Y = substr($0, 1,4);
  M = substr($0, 5,2);
  D = substr($0, 7,2);
  h = substr($0, 9,2);
  m = substr($0,11,2);
  s = substr($0,13,2);
  printf("%d年%d月%d日 %d時%d分%d秒\n",Y,M,D,h,m,s);
'
```

と書かざるを得なかったのだから、カッコいいコードになったと思う。

4-9 祝日を取得する

Q 問題

平日と土日祝日でログを分けたい。土日は計算で求められても、祝日については、春分の日や秋分の日など計算で求められないものもある。どうすればいいか?

A 回答

祝日を教えてくれるWeb APIに問い合わせて教えてもらう。Googleカレンダーを使うのが便利なので、ここではGoogleカレンダーから祝日を取得するシェルスクリプトの例を示す。

■get_holidays.sh

```
#! /bin/sh

# このURLは
# Googleカレンダーの「カレンダー設定」→「日本の祝日」→「ICAL」から取得可能 (2016/09/01現在)
url='https://www.google.com/calendar/ical/ja.japanese%23holiday%40group.v.calendar.google.com/public/basic.ics'

if   type curl >/dev/null 2>&1; then    #
  curl -s      "$url"                    #
elif type wget >/dev/null 2>&1; then    #
  wget -q -O - "$url"                    #
fi                                       |
sed -n '/^BEGIN:VEVENT/,/^END:VEVENT/p' |
awk '/^BEGIN:VEVENT/{                    # === iCalendar(RFC 5545)形式から ===
       rec++;                            # === 日付と名称だけ抽出 ===
     }                                   #
     match($0,/^DTSTART.*DATE:/){        # DTSTART行は日付であるから
       print rec,1,substr($0,RLENGTH+1); # 「レコード番号 "1" 日付」にする
     }                                   #
```

```
        match($0,/^SUMMARY:/){       # SUMMARY行は名称であるから
          s=substr($0,RLENGTH+1);    # 「レコード番号 "2" 名称」にする
          gsub(/ /,"_",s);           #
          print rec,2,s;             #
        }'                           |
sort -k 1n,1 -k 2n,2                 | # レコード番号>列種別 にソート
awk '$2==1{printf("%d ",$3);}        # # 1レコード1行にする
     $2==2{print $3;        }        #
    '                                |
sort                                 # 日付順にソートして出力
```

■ **実行例**

試しに、平成 28 年度の祝日一覧を求めてみる。

■ 実行結果

```
$ get_holidays.sh ⏎
20150101 元日
   :
   (途中省略)
   :
20161123 勤労感謝の日
20161223 天皇誕生日
   :
   (途中省略)
   :
20171223 天皇誕生日
$
```

Google カレンダーは、当年とその前後 1 年の祝日一覧を教えてくれる。ご覧のとおり、振替休日が発生する場合は元の日付に加えて振替休日も示してくれる。日付だけが欲しくて名称が不要な場合は、最後の sort コマンドの後に | awk {print $1} などを付け足せばよいので簡単だ。

解説 Description

問題文にもあるが、日本の祝日は、そのすべてを計算で求めることができない[注7]。春分の日、秋分の日の2祝日は毎年2月1日、国立天文台から翌年の月日が発表されることになっているからだ。明らかに計算で求められないのであれば、知っている人に聞くしかない。そこでWeb APIを叩くというわけだ。いくつかのサイトが提供してくれているが、Googleカレンダーを使うのが最も手軽だろう。

■ iCalendar 形式

祝日情報をどういう形式で教えてくれるかというと、**iCalendar (RFC 5545) 形式**である。Googleカレンダー自体は独自のXML形式やHTML形式でも教えてくれるのだが、iCalendar形式はシンプルだし、きちんと規格化されているので、情報源を他サイトに切り替える可能性を考慮するならこの形式を選択しておくべきである。iCalendar形式の詳細についてはもちろんRFC 5545のドキュメントを見れば載っているし、日本語の解説が必要であれば、野村氏が公開している「iCalendar仕様」[注8]が参考になる。

例示したソースコードの説明に必要な項目だけはここに示しておこう。まず、この形式はHTMLタグと同様に、セクションの階層構造になっている。ただし、HTMLのようなタグのインデントは許されず、タグ（HTMLと同様、こう呼ぶことにする）名は必ず行頭に来る。

今回注目すべきセクションは「VEVENT」であり、ここに祝日情報が入っているため、まずこのセクションの始まり（BEGIN:VEVENT）と終わり（END:VEVENT）でフィルタリングする。今回は祝日の日付と名称が欲しいだけなので、それらが収められているタグ（「DTSTART」と「SUMMARY」）行だけになるよう、さらにフィルタリングする。あとは、VEVENTセクションの中にあるこれらの日付と名称の値を取り出して、1つ1つのVEVENTごとに横に並べれば目的のデータが得られる。

■ Google カレンダーの URL

ソースコードの中にもメモしているが、祝日一覧を返してくるWeb APIのURLは2016/09/01現在、次のように辿れば見つけることができる。Googleの都合によって将来移動する可能性もあるので、参考程度にとどめておいてもらいたい。

1）ログインしてGoogleカレンダーを開く（ただし最終的に得られたURL自体はログインせず利用可能）

注7：天文学データを入れれば「予測」することは可能だが、サーバー管理者にとって現実的な話ではない。
注8：http://www.asahi-net.or.jp/~ci5m-nmr/iCal/ref.html

2) (歯車マークアイコンの中の)「設定」メニュー
3) 画面上部に「全般」「カレンダー」とある「カレンダー」タブ
4) 「日本の祝日」リンク
5) 「カレンダーのアドレス」行にある「ICAL」アイコン

> 参照

→ RFC 5545 文書[注9]

COLUMN ▶ **ヒストリーを残さずログアウト**

以下で紹介するレシピは、不作法だとして異論が出るかもしれない。筆者個人としては、何か致命的なことが起こるとは思わないものの、**ここで紹介するコマンドを打って何か不具合が出たとしても苦情は受け付けない**のであらかじめご了承いただきたい。

Q 問題

今、`rm -rf ~/public_html/*` というコマンドで公開 Web ディレクトリーの中身をごっそり消した。こんなおっかないコマンドのヒストリーは残したくないので、今回だけはヒストリーを残さずにログアウトしたい。

A 回答

ログインする前に、次のコマンドを打てばよい。

```
$ kill -9 $$ ⏎
```

⇔ 解説

`kill -9 プロセスID` は、指定したプロセスを強制終了するためのコマンド書式だ。変数「$$」は今ログインしているシェルのプロセス ID を持っている特殊な変数であるため、今ログインしているシェルを強制終了することを意味する。強制終了とは、対象プロセスに終了の準備をさせる余地を与えず瞬殺することであるから、シェルに対してそれを行えば、ヒストリーファイルを更新する余地を与えずにログアウトできるというわけだ。
簡単でしょ。

注9：https://tools.ietf.org/html/rfc5545

ブラックリスト入りした100件を1万件の名簿から除去する

Q 問題

今、約1万人の会員名簿 (members.txt) と、諸般の事情によりブラックリスト入りしてしまった約100人の会員名一覧 (blacklist.txt) がある。会員名簿からブラックリストに登録されている会員のレコードをすべて除去した「キレイな会員名簿」を作るにはどうすればよいか。
ただし、各々の列の構成は次のようになっている。

◎ members.txt ── **1列目**：会員ID、**2列目**：会員名
◎ blacklist.txt ── **1列目**：会員名 (1列のみのデータ)

A 回答

SQLのJOIN句と同様に考え、UNIXコマンドでそれに相当する「join」を活用する。この場合、「会員名」で外部結合 (OUTER JOIN) し、結合できなかった行だけを残せばよい。

■ブラックリスト会員を除去するシェルスクリプト (del_blmembers.sh)

```
#! /bin/sh

# 結合に使う列はあらかじめソートしておかなければならない（ここでは「会員名」）
sort -k1,1 blacklist.txt > blacklist1.tmp

cat members.txt                                   |
sort -k 2,2                                       | # 「会員名」でソート
join -1 1 -2 2 -a 2 -e '*' -o 1.1,2.1,2.2 blacklist1.tmp - | # B.L.を右外部結合
awk '$1=="*"{print $2,$3;}'                       # null相当値のある行だけ抽出
rm blacklist1.tmp
```

解説 Description

　もしjoinコマンドを知らなかったら、どのようにプログラミングするだろう。恐らくwhile文でループを回し、全会員のテキストから1行ずつスキャン（grep -v）してブラックリスト会員を探していくのではないだろうか。だが、それではあまりにも効率が悪すぎる。

　あまり知られていないかもしれないが、UNIXにはjoinコマンドというものがあり、リレーショナルデータベースと同様の作業ができるのだ。リレーショナルデータベースを使ってSQL文でこの作業をやってよいと言われれば、外部結合（OUTER JOIN）を用いるという発想はすぐに出てくると思う。ここから先は、joinコマンドのチュートリアルを行いながら解説を進めていくことにする。

▶ join コマンドチュートリアル

　実際にデータを作ってJOINすることで、joinコマンドの使い方を見ていこう。

■ まずはデータを作る

　さすがに1万人分のサンプルネームを生成するのは大変だ。そこで/dev/urandomを用いた4桁の16進数を便宜上の名前として、会員名簿を作ってみる。こんなふうにしてワンライナーでササっと作ろう。

■ダミーの会員リスト（members.txt）を作る

■ダミーのブラック会員リスト（blacklist.txt）を作る

```
ブラックリスト入りした（便宜上の）「名前」が入ったデータを作る
$ dd if=/dev/urandom bs=1 count=200 2>/dev/null  | ↵
> od -A n -t x2 -v                                | ↵
> tr ' ' '\n'                                    | ↵
> grep -v '^$'                       > blacklist.txt
$
```

members.txt と blacklist.txt ができたら、データの中に 16 進数 4 桁があることを確認しておこう。これがダミーの名前である。ただし members.txt は、次のように名前の前に会員 ID が振られているはずだ。

```
ID00001 9fc6
ID00002 e13d
ID00003 6575
ID00004 1594
ID00005 1629
  ⋮
```

■ **ブラック会員を除去する**

これらのファイルを冒頭のシェルスクリプト（del_blmembers.sh）に掛ければよい。結果をファイルに保存して、元のファイルと行数を比較してみよう。

```
$ ./del_blmembers.sh > cleanedmembers.txt ↵
$ wc -l cleanedmembers.txt ↵
    9988 cleanedmembers.txt
$ wc -l members.txt ↵
   10000 members.txt
$
```

cleanedmembers.txt の行数は members.txt の行数よりも 12 行少ない。したがって、この例では 1 万人の会員のうち 12 人がブラックリストに登録されていたことがわかった。これで、join コマンドのチュートリアルは終わりだ。

▶ join コマンドの解説

チュートリアルも済んだところで、join コマンドの解説に移る。
del_blmembers.sh の join の意味を説明していこう。

```
join -1 1 -2 2 -a 2 -e '*' -o 1.1,2.1,2.2 blacklist1.tmp -
```

まず、最後の2つの引数を見てもらいたい。これは結合しようとしている2つのテキストデータを指示している。2つのテキストのうち左に記したもの（この例ではblacklist1.tmp）が左から、右に記したもの（この例では標準入力）が右から結合されることになるが、それぞれ「1番」「2番」という表番号が与えられることを頭に入れておいてもらいたい。

さて、以降はオプションを先頭から順番に説明していく。

-1、-2というオプションは、JOINしようとする2つの表のそれぞれ何番目の列を見るかを指定するものだ。1番の表は1列目を、2番の表は2列目を見て、それらの値が等しい行同士をJOINせよという意味である。

-aというオプションは外部結合のためのものであり、JOINできなかった行についても出力する場合はその表番号を指定する。-a 1とすれば左外部結合（LEFT OUTER JOIN）を意味し、-a 2とすれば右外部結合（RIGHT OUTER JOIN）を意味する。もし、完全外部結合（FULL OUTER JOIN）にしたければ-a 1 -a 2というように-aオプションを2度記述する。

-eというオプションも外部結合のためのものである。JOINできずにNULLになった列に詰める文字列を指定する。テキスト表記の場合はNULLを表現できない[注10]ので、このオプションによってNULL相当の文字列を定義する。

-oというオプションは、出力する列の並びを指定するためのものである。SQLでは、出力する列の並びをSELECT句の直後で指定するが、あれと同じものだ。何番の表の何列目を出力するのかを、カンマ区切りで列挙していく。

この他にも-vオプションというものがあり、これが指定された場合は**JOINできなかった行だけ表示**するようになる。たとえば-v 1と書けば、JOINできなかった1番の表の行だけが表示される。

勘のいい読者なら気付くと思うが、例示したシェルスクリプトは、実は次のようにもっと簡単に書けるのだ。

```
join -1 1 -2 2 -a 2 -e '*' -o 1.1,2.1,2.2 blacklist1.tmp - |
awk '$1=="*"{print $2,$3;}'
```

↓

```
join -1 1 -2 2 -v 2 blacklist1.tmp - |
```

ちなみに、もしSQLのSELECT文で同じことをするなら、次のように書ける。

注10：厳密に言えば、できないわけではない。-eオプションを指定しなかった場合はNULLになった列に詰めるものが何もないので、半角空白が連続して入る。だがそれはわかりにくい。

```
SELECT
  MEM."会員ID",
  MEM."会員名"
FROM
  blacklist AS MEM
    RIGHT OUTER JOIN
  members   AS BL
    ON BL."会員名" = MEM."会員名"
WHERE
  BL."会員名" IS NOT NULL
ORDER BY
  MEM."会員ID" ASC;
```

このように、SELECT 文でできることは、join を始め、sed、AWK、grep などを使えば UNIX コマンドでもたいていできる。ついでに言うと、SELECT 文でデータの流れを追えば、FROM 句→（RIGHT OUTER JOIN 句）→ WHERE 句→ ORDER BY 句→（最初に戻って）SELECT の直後となるが、シェルスクリプトの場合はデータの流れが上から下へほぼ一直線に並ぶところが個人的には好きだ。

▶ join コマンド使用上の注意

join コマンドを利用するときに1つ注意しなければならない点がある。日本語ロケールになっている場合、join コマンドは**デフォルトで全角空白も列区切り文字として解釈**してしまうという点だ。たとえば、姓名が全角空白で区切られている人名列などでは注意が必要である。そのような場合は、export LC_ALL=C などとして C ロケールにしておくか、-t オプションを使って列区切り文字をしっかり定義しておくことが必要である。

参照

→ **1-16** ロケール
→レシピ **7-4** sort コマンドの基本と応用と落とし穴

第5章
chapter.5

POSIX 原理主義テクニック

「一体 POSIX の範囲で何ができる?」と言っているそこのアナタ、POSIX を見くびらないでいただきたい。たくさんのコマンドに支えられているおかげで、POSIX の範囲でも実にいろいろなことができる。そもそも、そんなコマンドの1つである AWK や sed はチューリングマシンの要件を満たしているのだから、入出力がファイルの世界で閉じている作業であれば何でもできるのである。

というわけで本章では、POSIX の範囲で仕事をこなすさまざまなテクニックを紹介する。**機能を求めて他言語に手を出すなど百年早い!**

recipe 5-1 PIPESTATUS さようなら

Q 問題

bash上で動いていたシェルスクリプトを、他のシェルでも使えるように書き直している。しかし、組込変数のPIPESTATUSを参照している箇所があり、これを書き換えられずに悩んでいる。PIPESTATUS相当の変数を用意する方法はないか？

A 回答

方法はあるので安心してもらいたい。まず、次に示すシェル関数「run()」をシェルスクリプトの中で定義する。

■PIPESTATUS相当の機能を実現するシェル関数「run()」

```
run() {
  local a j k l com      ← ここはPOSIXの範囲外なんだけど……
  j=1
  while eval "\${pipestatus_$j+:} false"; do
    unset pipestatus_$j
    j=$(($j+1))
  done
  j=1 com= k=1 l=
  for a; do
    if [ "x$a" = 'x|' ]; then
      com="$com { $l "'3>&-
                echo "pipestatus_'$j'=$?" >&3
              } 4>&- |'
      j=$(($j+1)) l=
    else
      l="$l \"\${$k}\""     ← 修正した箇所はここ（「解説」を参照）
    fi
    k=$(($k+1))
```

```
    done
    com="$com $l"' 3>&- >&4 4>&-
                echo "pipestatus_'$j'=$?"'
    exec 4>&1
    eval "$(exec 3>&1; eval "$com")"
    exec 4>&-
    j=1
    while eval "\${pipestatus_$j+:} false"; do
      eval "[ \$pipestatus_$j -eq 0 ]" || return 1
      j=$(($j+1))
    done
    return 0
}
```

 そして、この「run」を頭に付ける形で、パイプに繋がれた一連のコマンドを実行する。ただし、このシェル関数に引数を渡すにあたって、シェルが別の意味に解釈するおそれのある文字はすべて、エスケープするかシングルクォーテーションなどで囲むこと（詳細は「解説」を参照）。

```
run command1 \| command2 '2>/dev/null' \| ……
```

 各コマンドの戻り値は、pipestatus_n（n はコマンドの順番で、1 から始まる）に格納されている。

解説 Description

 このシェル関数はもともと Web 上で公開されているもの[注1]である。

 しかしながら、引数が 10 個以上になると動作しなくなる不具合を抱えていたため、若干の修正を加えた（上記のコード中の 2 番目に出てきたコメント部分）。また、シェル関数内で使われている変数をローカルスコープにするために、関数の冒頭で local 宣言をしているが、これは POSIX の範囲を逸脱しているため、使えなければ外しつつ、中で使っている 5 つのシェル変数のスコープに気を付けること。

注 1：The UNIX and Linux Forums の「return code capturing for all commands connected by "|" ...」というスレッドである。URL は http://www.unix.com/302268337-post4.html だ。

■ 実際に使ってみる

ここでは次のコマンドを試してみる。

```
printf 1                        |
awk '{print $1+1}END{exit 2}' |
cat                             |
awk '{print $1+1}END{exit 4}' |
cat
```

これは、次のような動作シナリオになっている。1行目で値「1」が渡される。2行目と4行目のAWKを通るたびに1が加算され、最後は「3」と表示される。ただし、途中のAWKは戻り値としてそれぞれ2と4を返す。もしPIPESTATUSが使えるなら、先頭から順に、0、2、0、4、0という戻り値が得られるわけだ。

さて、先のシェル関数run()を使って前述のコマンドを書き直したシェルスクリプトを用意してみる。

■run()関数のテスト用シェルスクリプト pipestatus_test.sh

```
#! /bin/sh

# 1) シェル関数run()の定義
run() {
    :      # ここに、前述のシェル関数run()の中身を書く
}

# 2) run()を使って実行する
run                              \
printf 1                         \| \
awk '{print $1+1}END{exit 2}' \| \
cat                              \| \
awk '{print $1+1}END{exit 4}' \| \
cat

# 3) pipestatusの内容を列挙してみる
set | grep '^pipestatus_'
```

run()を使った書き方に注意が必要だ。このコードのように、可読性を確保するために改行をさせている場合は、行末にバックスラッシュを付けておかねばならない。この時点

で注意すべきことは、次のようにまとめられる。

◎ パイプでつなぐ一連のコマンド列の先頭にはキーワード「run」をつける。
◎ コマンドを繋ぐパイプ記号「|」はエスケープする。
◎ その他、シェルにエスケープされては困る文字(「|」はもちろん、「&」「>」「<」「(」「)」「{」「}」など)もすべてエスケープする、あるいはシングルクォーテーションで囲む。
◎ 可読性を確保するために改行を入れたい場合は、行末にバックスラッシュ「\」を付ける。

書き終えたら実行してみよう。

```
$ sh pipestatus_test.sh ⏎
3
pipestatus_1=0
pipestatus_2=2
pipestatus_3=0
pipestatus_4=4
pipestatus_5=0
$
```

各コマンドの戻り値をきちんと拾えていることがわかる。

■▶ シェル関数を使わない方法もある

もしシェル関数を使いたくないということであれば、それもできないわけではない。その場合は、run() 関数を使って書いたシェルスクリプトを、実行ログが出力される形[注2]で実行してみるとよい。

すると、eval している箇所が見つかるはずだ。上記のシェルスクリプトで例を示すとこうなる。

```
$ sh -x pipestatus_test.sh ⏎    ← -xオプションを付けて実行
  :
+ eval ' {    "${1}" "${2}" 3>&-
              echo "pipestatus_1=$?" >&3
         } 4>&- | {    "${4}" "${5}" 3>&-
              echo "pipestatus_2=$?" >&3
```

注2：sh コマンドに -x オプションを付けて実行する。

```
        } 4>&- | {    "${7}" 3>&-
          echo "pipestatus_3=$?" >&3
        } 4>&- | {    "${9}" "${10}" 3>&-
          echo "pipestatus_4=$?" >&3
        } 4>&- |    "${12}" 3>&- >&4 4>&-
    echo "pipestatus_5=$?"'
```

run() コマンドはこのようにして、シェルスクリプトを動的に生成して実行しているに過ぎない。だからこれを参考にして自分で作ったものが次のシェルスクリプトだ。

```
#! /bin/sh

exec 4>&1
eval "$(
        exec 3>&1
        { printf 1                         3>&-       ; echo pipestatus_1=$? >&3; } 4>&- |
        { awk '{print $1+1}END{exit 2}'    3>&-       ; echo pipestatus_2=$? >&3; } 4>&- |
        { cat                              3>&-       ; echo pipestatus_3=$? >&3; } 4>&- |
        { awk '{print $1+1}END{exit 4}'    3>&-       ; echo pipestatus_4=$? >&3; } 4>&- |
          cat                              3>&- >&4 4>&-; echo pipestatus_5=$?
    )"
exec 4>&-

set | grep '^pipestatus_'
```

ファイルディスクリプターの 4 番を最終的な標準出力の出口にして、3 番を pipestatus_n 作成のための出口にするという実に巧妙な技を使っている。たとえ、これがよく理解できなかったとしても、どう書けばよいかという規則性は見えてきたのではないだろうか。

recipe 5-2 Apache の combined 形式ログを扱いやすくする

Q 問題

Apache のログファイル（combined 形式）がある。しかし、これは単純な空白区切りのファイルではなく、角括弧（[〜]）やダブルクォーテーションで囲まれている区間が1つの列とされている。それゆえ、アクセス日時の列や User-Agent の列など、任意の列を抽出することがとても面倒だ。簡単に取り出せるようにならないものか。

A 回答

sed コマンドを 4 回、tr コマンドを 2 回通せばできる。これらのコマンドを通すと、各列内の空白文字がアンダースコアに置換され、列区切りとしての空白だけが残るので、以後は AWK などで簡単に列を抽出できるようになる。

■Apache ログを正規化するシェルスクリプト（apacomb_norm.sh）

```
#! /bin/sh

# --- その前に、ちょっと下ごしらえ ---
RS=$(printf '\036')              # 元々の改行位置を退避するための記号定義
LF=$(printf '\\\n_');LF=${LF%_}  # sedで改行コードを挿入するための定義
c='_'                            # ここに空白の代替文字（今はアンダースコアにしている）

# --- 本番 ---
cat "$1"                                  | # 第一引数でApacheログを指定しておく
sed 's/^\(.*\)$/\1'"$RS"'/'               |
sed 's/"\([^"]*\)"/'"$LF"'"\1"'"$LF"'/g'  |
sed 's/\[\([^]]*\)\]/'"$LF"'"\1"'"$LF"'/g' |
sed '/^["[]/s/[[:blank:]]/'"$c"'/g'       |
tr -d '\n'                                |
tr "$RS" '\n'
```

このシェルスクリプトを通した後、日時列が欲しければ awk '{print $4}'、同様に HTTP リクエストパラメーター列が欲しければ awk '{print $5}'、User-Agent 列が欲しければ awk '{print $9}' をパイプ越しに書き足せばよいわけだ。

解説 *Description*

ご承知のとおり、Apache で一般的に使われている combined という形式のログは次のような内容になっている。

```
192.168.0.1 - - [17/Apr/2016:11:22:33 +0900] "GET /index.html HTTP/1.1" 200 43206 "https://www.google.co.jp/" "Mozilla/5.0 (Windows NT 6.1; WOW64) AppleWebKit/537.36 (KHTML, like Gecko) Chrome/34.0.1847.116 Safari/537.36"
```

その中の User-Agent 列("Mozilla/5.0 (Windows NT 6.1 …… Safari/537.36" の部分)が欲しいと思って、AWK で抽出しようとしても

```
$ awk '{print $12}' httpd-access.log
"Mozilla/5.0
$
```

となってしまって、全然使い物にならない。

しかし、そこは我らが UNIX。シェルスクリプトとパイプと標準コマンドである sed と tr さえあればお手のものだ。他言語に走る必要など全くない。「回答」で示したシェルスクリプトにかけてみれば次のようになる。

```
$ cat httpd-access.log | apacomb_norm.sh
192.168.0.1 - - [17/Apr/2016:11:22:33_+0900] "GET_/index.html_HTTP/1.1" 200 43206 "https://www.google.co.jp/" "Mozilla/5.0_(Windows_NT_6.1;_WOW64)_AppleWebKit/537.36_(KHTML,_like_Gecko)_Chrome/34.0.1847.116_Safari/537.36"
$
```

■ apacomb_norm.sh 内の sed と tr は何をやっているのか?

1つ1つ説明していこう。

- **sed #1**

（加工の都合により、途中で一時的に改行をはさむので）元の改行を別の文字 <0x1E> で退避させておく。

- **sed #2**

ダブルクォーテーションで囲まれている区間（" 〜 "）があったら、その前後に改行をはさみ、その区間を単独の行にする。

- **sed #3**

ブラケットで囲まれている区間（[〜]）も同様に、前後に改行をはさんで、その区間を単独の行にする。

- **sed #4**

ダブルクォーテーションまたはブラケットで始まる行は、先ほど行を独立させた区間なので、これらの行にある空白を、空白以外の文字（今回の例では「_」）に置換する。

- **tr #1**

改行を全部取り除く。

- **tr #2**

退避させていた元々の改行を復活させる。

■ 全部 sed でやることもできる

ちなみに tr コマンドを使わずに、すべて sed でやることもできる。

```
cat "$1"                              |
sed 's/^\(.*\)$/\1'"$RS"'/'           |
sed 's/"\([^"]*\)"/'"$LF"'"\1"'"$LF"'/g'  |
sed 's/\[\([^]]*\)\]/'"$LF"'"[\1]"'"$LF"'/g' |
sed '/^["[]/s/[[:blank:]]/'"$c"'/g'   |
sed 'N;$s/\n//g'                      |
sed 's/'"$RS"'/'"$LF"'/g'
```

tr コマンドの方が速いので、意味のあることではないが……。

コマンド化したものを GitHub にて提供中

いちいち本書を読んで書き写すのも面倒であろうし、少し改良したものを GitHub 上(https://github.com/ShellShoccar-jpn/gist/blob/master/apalognorm)に公開した。よければ使ってもらいたい。空白の代替文字が _ では気に入らない人向けに、オプションで指定できるようにしてある本格派だ。Apache サーバー管理者は、これで少し幸せになれるかもしれない。

参照

→レシピ 4-1　sed による改行文字への置換を、キレイに書く

 ### 38 年動き続けているプログラム

2016 年現在、もう 38 年もの間、何のメンテナンスもなしに動き続けているプログラムが存在することを知っているか？　「K&R」と称されるあの有名な「The C Programming Language」に掲載された「Hello, World!」プログラムだ。
1978 年に出版された初版に記された「Hello, World!」プログラムの内容は次のとおりだ。

```
main( ) {
        printf("hello, world");
}
```

現代の C コンパイラーでコンパイルすると「stdio.h が定義されていない」という旨の警告は出るものの、無事にコンパイルが通り、そしてきちんと「hello, world」というメッセージが表示されて終了する。なに、「バカにするな」って？　いやいや、何故こんなにこのプログラムは長持ちしているのかを、一度冷静に考えてみた方がいい。答えは「基本的な機能しか使っていないから」だ。
「便利だから」といって日々登場する新しい機能に次々手を出すのはいいが、それらのうちの一体どれだけが長生きするだろうか。短命なものに手を出してしまうと、後々痛い目を見ることになる。

シェルスクリプトで時間計算を一人前にこなす

Q 問題

日常使っている日時（YYYYMMDDhhmmss）とUNIX時間（UTC時間による1970/01/01 00:00:00からの秒数）の相互変換さえできれば、シェルスクリプトでも日付計算や曜日の算出ができるようになるのだが……。どうすればできるだろうか。

A 回答

AWKで頑張って実装する。

■ 日常の時間 → UNIX時間

日常使っている日時からUNIX時間への変換は、**フェアフィールドの公式**から導出される変換式にあてはめるだけなので簡単だ。

■日常の時間からUNIX時間に変換するシェルスクリプト

```
echo "ここにYYYYMMDDhhmmss" | # date '+%Y%m%d%H%M%S'の出力文字列などを流し込んでもよい
awk '{
  # 年月日時分秒を取得（レシピ4-8を参考にすればもっと簡単に書ける）
  Y = substr($1, 1,4)*1;
  M = substr($1, 5,2)*1;
  D = substr($1, 7,2)*1;
  h = substr($1, 9,2)*1;
  m = substr($1,11,2)*1;
  s = substr($1,13  )*1;

  # 計算公式に流し込む
  if (M<3) {M+=12; Y--;} # 公式を使うための値調整
  print (365*Y+int(Y/4)-int(Y/100)+int(Y/400)+int(306*(M+1)/10)-428+D-719163)*86400+(h*3600)+(m*60)+s;
}'
```

■▶ UNIX 時間 → 日常の時間

これは少し複雑だ。一発で変換できる公式はないようだ。glibc の gmtime 関数を参考に作ったコードを記す。

■UNIX 時間から日常の時間に変換するシェルスクリプト

```
echo "ここにUNIX時間" |
awk '{
  # 時分秒と、1970/1/1からの日数を求める
  s = $1%60;   t = int($1/60);   m =  t%60;   t = int(t/60);   h = t%24;
  days_from_epoch = int( t/24);

  # 年を求める
  max_calculated_year = 1970;              # 各年の元日は1970/01/01から何日後なのかを
  days_on_Jan1st_from_epoch[1970] = 0;    # ← 記憶しておくための変数
  Y = int(days_from_epoch/365.2425)+1970+1;
  if (Y > max_calculated_year) {
    i = days_on_Jan1st_from_epoch[max_calculated_year];
    for (j=max_calculated_year; j<Y; j++) {
      i += (j%4!=0)?365:(j%100!=0)?366:(j%400!=0)?365:366;
      days_on_Jan1st_from_epoch[j+1] = i;
    }
    max_calculated_year = Y;
  }
  for (;;Y--) {
    if (days_from_epoch >= days_on_Jan1st_from_epoch[Y]) {
      break;
    }
  }

  # 月日を求める
  split("31 0 31 30 31 30 31 31 30 31 30 31", days_of_month); # 各月の日数 (2月は未定)
  days_of_month[2] = (Y%4!=0)?28:(Y%100!=0)?29:(Y%400!=0)?28:29;
  D = days_from_epoch - days_on_Jan1st_from_epoch[Y] + 1;
  for (M=1; ; M++) {
    if (D > days_of_month[M]) {
      D -= days_of_month[M];
    } else {
      break;
    }
  }
```

```
  }

  # 結果出力
  printf("%04d%02d%02d%02d%02d%02d\n",Y,M,D,h,m,s);
}'
```

解説 Description

シェルスクリプトが敬遠される理由の1つは、時間の計算機能が弱いところだろう。たとえば、

◎ 今から1週間前の年月日時分秒は？（それより古いファイルを消したいときなど）
◎ Ya 年 Ma 月 Da 日と Yb 年 Mb 月 Db 日の差は何日あるか？（ログを整理したいときなど）
◎ この日付は何曜日？（ファイルを曜日ごとに仕分けしたいときなど）

といった計算が簡単にはできない。date コマンドの拡張機能を使えばできるものもあるが、できるようになることが中途半端なうえに、OS 間の互換性がなくなる。

前述のような日時の加減算や2つの日時の差を求めるなどの計算をしたいときは、一旦 UNIX 時間に変換して計算し、必要に応じて戻せばよいことはご存知のとおり。曜日を求めるときも、UNIX 時間に変換した値を一日の秒数（86400）で割って得られた商を、さらに7で割って余りを見ればよい、ということもおわかりだろう。

だが、その UNIX 時間との相互変換が面倒だった。そこで変換アルゴリズムを調査したうえで POSIX の範囲で実装したものが「回答」で示したコード、というわけである。できないからといって、安易に他言語に頼ろうとする発想は改め、「**ないものは作れ！**」と言っておきたい。自分で作れば理解も深まるし、自由も利く。

■ コマンド化したものを GitHub にて提供中

いちいち本書を読んで書き写すのも面倒であろうから、少し改良したものを GitHub 上（https://github.com/ShellShoccar-jpn/misc-tools/blob/master/utconv）に公開した。よければ使ってもらいたい。こちらはかなりきっちりやっており、**タイムゾーンを考慮した相互変換**にまで対応している。

ちなみに、この時間計算ができるようになると、find コマンドだけでは不十分だったタイムスタンプ比較も自在にできるようになり、シェルスクリプトでも**自力で Cookie が焼けるようになり**、そしてさらに **HTTP のセッション管理ができるようになる**。詳しくはこの後の「参照」に示したそれぞれのレシピを見てもらいたい。

参照

→レシピ 5-4　find コマンドで秒単位にタイムスタンプ比較をする
→レシピ 6-8　シェルスクリプトおばさんの手づくり Cookie（書き込み編）
→レシピ 6-14　シェルスクリプトによる HTTP セッション管理

COLUMN　コラム　同じ文字が連続した文字列を作る

プログラムを書いているととときどき、「?」という文字が 100 個連続した文字列を作りたいというように、同じ文字が複数連続した文字列を生成したいことがある。そのときに使える小技を紹介しよう。

(1) 半角文字 1 つを連続させる場合

「*****……」とか「xxxxx……」のように半角文字の連続を作りたい場合には、printf コマンドと tr コマンドを活用するとよい。たとえば、「+」という文字が 100 個並んだ文字列を作って、シェル変数 dummy を作りたければ次のように書けばよい。

```
n=100
dummy=$(printf "%0${n}d" 0 | tr 0 '+')
```

printf コマンドを使うと 0 という文字の連続を簡単に作れるので、必要な数だけ生成した後、tr コマンドで一気に置換する。ちなみにこの技は AWK の中でも応用できる。printf コマンドを sprintf 関数に置き換えて、tr コマンドを gsub 関数に代えればよい。

(2) 全角文字や単語を連続させる場合

「あああ……」や「looklooklook……」のように複数バイトの文字列を連続させたい場合には、printf コマンドは使えない。そこで今度は、yes コマンドと head コマンド、そして tr コマンドを使う。たとえば、「hoge」が 100 個並んだ文字列を作って、シェル変数 dummy を作りたければ次のように書けばよい。

```
n=100
dummy=$(yes 'hoge' | head -n $n | tr -d '\n')
```

yes コマンドは指定された単語を 1 行ずつひたすら繰り返すコマンドなので、これで目的の単語を繰り返させ、head コマンドで必要な回数だけ切り出して、再度に tr コマンドで改行を取り去ってしまえばよい。

recipe 5-4 findコマンドで秒単位にタイムスタンプ比較をする

Q 問題

さまざまな条件でファイルの絞り込みができるfindコマンドだが、タイムスタンプでの絞り込み機能が弱い。POSIX標準では日（=86400秒）単位でしか絞り込めない。実装によっては分単位まで指定できるものもあるが、独自拡張なのでできない場合もあるし、記述方法もバラバラだ。次のような絞り込みはできないものか。

◎ 指定した年月日時分秒より新しい、より古い、等しい
◎ n秒前より新しい、より古い、等しい

A 回答

比較したい日時のタイムスタンプをもつファイルを生成し、そのファイルを基準として -newer オプションを使えば可能である。

■ (1) 指定した日時との比較

指定した日時「YYYY/MM/DD hh:mm:ss」よりも新しいファイルを抽出したいなら、次のようなシェルスクリプトを書けばよい。

```
touch -t YYYYMMDDhhmm.ss thattime.tmp
find /TARGET/DIR -newer thattime.tmp
rm thattime.tmp
```

touchコマンドの書式の事情により、mmとssの間にピリオドを入れないといけない点に注意してもらいたい。

次に「より古い」ものを抽出したい場合はどうするか。それには基準となる日時の1秒前（YYYYMMDDhhmms1とする）のタイムスタンプを持つファイルを作り、-newerオプションの否定形を使えばよい。

```
touch -t YYYYMMDDhhmm.s1 1secbefore.tmp  # 基準日時の1秒前
find /TARGET/DIR \( \! -newer 1secbefore.tmp \)
rm 1secbefore.tmp
```

それでは、「等しい」ものを抽出したい場合はどうすればよいか。それには、基準日時のファイルとその1秒前のファイルの2つを作り、「基準日時の1秒前より新しい」かつ「基準日時を含むそれ以前」という条件にすればよい。

```
touch -t YYYYMMDDhhmm.ss thattime.tmp
touch -t YYYYMMDDhhmm.s1 1secbefore.tmp
find /TARGET/DIR -newer 1secbefore.tmp \( \! -newer thattime.tmp \)
rm 1secbefore.tmp thattime.tmp
```

■ (2) n 秒前より新しい、古い、等しい

基準日時との新旧比較のやり方がわかったのだから、あとは現在日時の n 秒前、および n-1 秒前という計算ができれば秒単位のタイムスタンプ比較が実現できることになる。どうすればよいかというと、「レシピ 5-3 シェルスクリプトで時間計算を一人前にこなす」を活用すればよい。つまり、日常の時間（YYYYMMDDhhmmss）を UNIX 時間に変換して引き算し、再び日常の時間に戻せばよいのだ。こういう需要を想定して、utconv というコマンドが用意されたのである（もちろんシェルスクリプトで）。

それでは、例として 1 分 30 秒前より新しいファイル、1 分 30 秒前より古いファイル、ぴったり 1 分 30 秒前のファイルを抽出するシェルスクリプトを紹介する。

■1 分 30 秒前より新しいファイルを抽出

```
now=$(date '+%Y%m%d%H%M%S')
t0=$(echo $now                    |
     utconv                       |
     awk '{print $0-60*1-30}'     |
     utconv -r                    |
     sed 's/..$/.&/'              )
touch -t $t0 thattime.tmp
find /TARGET/DIR -newer thattime.tmp
rm thattime.tmp
```

■1分30秒前より古いファイルを抽出

```
now=$(date '+%Y%m%d%H%M%S')
t1=$(echo $now              |
     utconv                 |
     awk '{print $0-60*1-31}' |
     utconv -r              |
     sed 's/..$/.&/'        )
touch -t $t1 1secbefore.tmp
find /TARGET/DIR \( \! -newer 1secbefore.tmp \)
rm 1secbefore.tmp
```

■ぴったり1分30秒前のファイルを抽出

```
now=$(date '+%Y%m%d%H%M%S')
t0=$(echo $now              |
     utconv                 |
     awk '{print $0-60*1-30}' |
     utconv -r              |
     sed 's/..$/.&/'        )
t1=$(echo $now              |
     utconv                 |
     awk '{print $0-60*1-31}' |
     utconv -r              |
     sed 's/..$/.&/'        )
touch -t $t0 thattime.tmp
touch -t $t1 1secbefore.tmp
find /TARGET/DIR -newer 1secbefore.tmp \( \! -newer thattime.tmp \)
rm thattime.tmp 1secbefore.tmp
```

解説 *Description*

findコマンドはさまざまな条件でファイル抽出ができて便利だが、時間の新旧で絞り込む機能は弱いと言わざるを得ない。

通常のタイムスタンプ（m:ファイルの中身を修正した日時）において、POSIXで規定されているのは-mtimeオプションだけであり、しかも後ろには単純な数字しか指定できない。つまり、現在から1日（=86400秒）単位での新旧比較しかできない。その代わり-newerというオプションが用意されており、これを使うとそのファイルより新しいかどうかという条件指定ができるため、これで辛うじて新旧比較ができるようになる。タイムスタンプ

はどの環境でも秒単位まではあるから、これで秒単位まで新旧比較ができることになる。

　ただ、-newerというオプション自体は「より新しい（等しいものは含まない）」かどうかの判定しかできないので、いろいろと工夫が必要である。「より古い」を判定したければ否定演算子を併用して「目的の日時の1秒前より新しくない」とすることになるし、「等しい」にしたければ「目的の日時の1秒前より新しく、かつ、目的の日時より新しくない」というように1秒ずらして前後からはさみ込む。

　現在日時から相対的に指定したい場合は、前に紹介したレシピを活用し、時間の計算をして絶対日時を求め、同様に比較すればよいというわけだ。

> 参照

→レシピ 5-3　シェルスクリプトで時間計算を一人前にこなす

recipe 5-5 CSVファイルを読み込む

Q 問題

ExcelからエクスポートしたCSVファイルの任意の行の任意の列を読み出したい。しかし実際読み出すとなると、「列区切りとしてのカンマ」と「値としてのカンマ」を区別しなければいけなかったり、「行区切りとしての改行」と「値としての改行」を区別しなければいけなかったり、さらに値としてのカンマや改行を区別するためのダブルクォーテーション記号を意識しなければいけなかったりして、大変だ。どうすればよいか。

A 回答

sedやAWKを駆使すれば、POSIXの範囲でパーサー（解析プログラム）の作成が可能である。原理の解説は後回しにするが、そうやって制作したCSVパーサー「parsrc.sh」があるので、それをダウンロード[注3]して用いる。

たとえば、次のようなCSVファイル（sample.csv）があったとする。

```
aaa,"b""bb","c
cc",d d
"f,f"
```

これを、次のようにしてparsrc.shにかけると、第1列は元の値のあった行番号、第2列は元の値のあった列番号、第3列は値、という3つの列から構成されるテキストデータに変換される。

注3：https://github.com/ShellShoccar-jpn/Parsrs/blob/master/parsrc.sh にアクセスし、そこにあるソースコードをコピー＆ペーストしてもよいし、あるいは「RAW」と書かれているリンク先を「名前を付けて保存」してもよい。

```
$ ./parsrc.sh sample.csv
1 1 aaa
1 2 b"bb
1 3 c\ncc     ← 値としての改行は「\n」に変換される(オプションで変更可能)
1 4 d d
2 1 f,f
$
```

よって、後ろにパイプ越しにコマンドを繋げば「任意の行の任意の列の値を取得」できるし、「すべての行について指定した列の値を抽出」などということもできる。

```
(a) 1行目の3列目の値を取得
$ ./parsrc.sh sample.csv | grep '^1 3 ' | sed 's/^[^ ]* [^ ]* //'
c\ncc
$

(b) すべての行の1列目を抽出
$ ./parsrc.sh sample.csv | grep -E '^[^ ]+ 1 ' | sed 's/^[^ ]* [^ ]* //'
aaa
f,f
$
```

解説 Description

CSVファイルは、Excelとデータのやり取りをするには便利なフォーマットだが、AWKなどの標準UNIXコマンドで扱うのはかなり面倒だ。しかしできないわけではない。先ほど利用したparsrc.shというプログラムのソースコードは長すぎて載せられないが、どのようにしてデータの正規化[注4]をしたのかについて、概要を説明することにする。

▶ CSVファイル (RFC 4180) の仕様を知る

その前に、加工対象となるCSVファイルのフォーマットの仕様について知っておく必要がある。CSVファイルの構造にはいくつかの方言があるのだが、最も一般的なものがRFC 4180で規定されている。Excelで扱えるCSVもこの形式に準拠したものだ。主な特徴は次のとおりである。

注4：都合の良い形式に変換すること。今回の例の場合、UNIXコマンドで扱い易いように「行番号、列番号、値」という並びに変換した作業を指す。

（1）列はカンマ「,」で区切り、行は改行文字で区切る。
（2）値としてこれらの文字が含まれる場合は、その列全体をダブルクォーテーション「"」で囲む。
（3）値としてダブルクォーテーションが含まれる場合は、その列全体をダブルクォーテーション「"」で囲んだうえで、値としてのダブルクォーテーション文字については 2 つのダブルクォーテーションの連続「""」で表現する。

この（3）の仕様が、CSV パーサーを作るうえで重要である。この仕様があるおかげで、値としての改行を見つけだすことができる。最初に示した CSV ファイルの例をもう一度見てみよう。

```
aaa,"b""bb","c      ← ダブルクォーテーションが奇数個
cc",d d             ← ダブルクォーテーションが奇数個
"f,f"               ← ダブルクォーテーションが偶数個
```

最初の 2 行はダブルクォーテーションの数がそれぞれ奇数個である。これは列を囲んでいるダブルクォーテーションがその行単独では閉じていないということを意味している。つまり本来は同一行なのだが、値としての改行が含まれているために分割されてしまっているのだ。値としてのダブルクォーテーションは 2 つ連続したダブルクォーテーションで表現しているから、偶数奇数の判断に影響を及ぼさない。よって、**ダブルクォーテーションが奇数個の行が出現したら、次に奇数個の行が出現するまでは同一行**と判断することができる。

▶ 仕様に基づき、CSV パーサー「parsrc.sh」を実装する

● 1）値としての改行の処理

ここからは先ほど紹介した parsrc.sh のソースコードを眺めながら読んでもらいたい。

この性質がわかれば正規化の作業も見通しがつく。AWK で 1 行ずつダブルクォーテーションの文字数を数え、奇数個の行が出てきたら、次にまた奇数個の行が出てくるまで行を結合していけばいい。ただし、単純に結合するとそこに値としての改行文字があったことがわからなくなってしまうので、通常のテキストファイルには用いられないコントロールコード（ここでは SI: <0x0F> を選んだ）をはさんだうえで結合していく。

● 2）値としてのダブルクォーテーションの処理

次は、値としてのカンマに反応しないように気を付けながら、行の中に含まれる各列を単独の行へと分解していく。基本的には行の中にカンマが出現するたびに改行に置換し

ていけばいいのだが、2つの点に気を付けなければならない。1つは、値としてのカンマを無視することである。先にダブルクォーテーションが出現していた場合は、次のダブルクォーテーションが出現するまでに存在するカンマを無視するように正規表現置換をすればいい。ただ、値としてのダブルクォーテーションがあると失敗してしまうので、上の1)の前でそれ（2つ連続したダブルクォーテーション文字）を別のコントロールコード（ここではSO: <0x0E>とした）にエスケープしておくのだ。そしてもう1つ気を付けなければならないのが、元々の改行と列区切りカンマを置換して作った改行を区別できるようにしなければならないということだ。そのために、元々の改行が出現した時点でさらに第3のコントロールコード（ここでは行区切りを意味するRS: <0x1E>を選んだ）をはさむようにした。

● 3) 列と行の数を数えて番号を付ける

あとは、改行の数を数えれば作業はおおかた終了だ。改行が来るたびに列番号を1増やしてやればよいが、元々の改行の印として付けた第3のコントロールコードが来たら列番号を1に戻してやる。最後は、そうやって出力したコードに残っている第2のコントロールコードを戻す。これは何だったかというと、値としてのダブルクォーテーションであった。最初に変換した時点では2個のダブルクォーテーションで表現されていたが、元々は1個のダブルクォーテーションを意味していたのだから1個に戻してやればよい。

概要は掴めただろうか。掴めなかったとしても、とにかくPOSIXの範囲のコマンドだけでできるんだということがわかれば十分だ。

> **参 照**

→レシピ 5-6　JSONファイルを読み込む
→レシピ 5-7　XML、HTMLファイルを読み込む

JSONファイルを読み込む

Q 問題

Web APIを叩いて得られたJSONファイルの任意の箇所の値を読み出したい。しかし、先ほど解説されたCSVファイルとは比較にならないほど構造が複雑だ。それでもできるのか？

A 回答

JSONであっても、sedやAWKを駆使すれば、やはりPOSIXの範囲でパーサーが作れる。解説は後回しにして、制作したJSONパーサー「parsrj.sh」をダウンロード[注5]して使ってもらいたい。

たとえば、次のようなCSVファイル（sample.json）があったとする。

```
{"会員名" : "文具 太郎",
 "購入品" : [ "はさみ",
            "ノート(A4,無地)",
            "シャープペンシル",
            {"取寄商品" : "替え芯"},
            "クリアファイル",
            {"取寄商品" : "6穴パンチ"}
          ]
}
```

これを次のようにしてparsrj.shにかけると、第1列は元の値のあった場所（JSONPath形式[注6]）、第2列は値、という2つの列から構成されるテキストデータに変換される。

注5：https://github.com/ShellShoccar-jpn/Parsrs/blob/master/parsrj.sh にアクセスし、そこにあるソースコードをコピー＆ペーストしてもよいし、あるいは「RAW」と書かれているリンク先を「名前を付けて保存」してもよい。
注6：JSONデータは階層構造になっているので、同様に階層構造をとるファイルパスのようにして1行で書き表せる。その記法がJSONPathである。詳細は http://goessner.net/articles/JsonPath/ を参照すること。

```
$ ./parsrj.sh sample.json ⏎
$.会員名 文具 太郎
$.購入品[0] はさみ
$.購入品[1] ノート(A4,無地)
$.購入品[2] シャープペンシル
$.購入品[3].取寄商品 替え芯
$.購入品[4] クリアファイル
$.購入品[5].取寄商品 6穴パンチ
$
```

よって、後ろにパイプ越しにコマンドを繋げば「任意の場所の値を取得」できる。たとえば次のような具合だ。

```
(a) 購入品の2番目(番号1)を取得する
$ ./parsrj.sh sample.json | grep '^\$\.購入品\[1\]' | sed 's/^[^ ]* //' ⏎
ノート(A4,無地)
$

(b) すべての取寄商品名を抽出
$ ./parsrj.sh sample.json | awk '$1~/取寄商品$/' | sed 's/^[^ ]* //' ⏎
替え芯
6穴パンチ
$
```

■ JSONにエスケープ文字が混ざっている場合

JSONは、コントロールコードや、ときにはマルチバイト文字をエスケープして格納していることがある。たとえば「\t」や「\n」はそれぞれタブと改行文字だし、「\u$XXXX$」(XXXXは4桁の16進数)はUnicode文字である。このような文字を元に戻すフィルターコマンド「unescj.sh」も同じ場所にリリースした[注7]。

parsrj.shで解読したテキストファイルをパイプ越しにunescj.shに与えれば解読してくれる。もちろんunescj.shもPOSIXの範囲で書かれている。詳細な説明は割愛するので、parsrj.shとunescj.shのソースコード冒頭に記したコメントを見てもらいたい。

注7 : https://github.com/ShellShoccar-jpn/Parsrs/blob/master/unescj.sh

解説 Description

　CSV がパースできたのと同様に、JSON も POSIX の範囲でパースできる。本章の冒頭で述べたことだが、POSIX に含まれる sed や AWK はチューリングマシンの要件を満たしているのだから、それらを使えば理論的にも可能なのだ。CSV のときと同様、JSON にも値の位置を示すための記号と、同じ文字ではあるものの純粋な値としての記号があるが、冷静に手順を考えればきちんと区別・解読することができるのだ。とはいうものの、具体的にどのようにして実現したのかを解説するのは大変なので、ここでの説明は割愛する。どうしても知りたい人は parsrj.sh のソースコードを読んでもらいたい。

　しかし、JSON パーサーとしては「jq」という有名なコマンドがすでに存在する。にもかかわらず、私はなぜ車輪の再発明をしたのか。確かに、拙作のコマンドなら POSIX 原理主義に基づいているため、「どこでも動く」「10 年後も 20 年後も、たぶん動く」「コピー一発デプロイ完了」の三拍子が揃っているという利点があるのだが、真の理由はまた別のところにあるので、ここで語っておきたい。この後のレシピで XML パーサーを作った話を述べるが、それも同様の理由なので、ここでまとめて語ることにする。

▶ JSON & XML パーサーという「車輪の再発明」の理由
■ jq や xmllint などは、UNIX 哲学に染まりきっていない

　シェルスクリプトで JSON を処理したいといえば jq コマンド、XML を処理したいといえば xmllint や hxselect（html-xml-utils というユーティリティーの 1 コマンド）、あるいは OS X の xpath といったコマンドを思い浮かべるかもしれない。そして、それらは「便利だ」という声をちらほら聞くのだが、私はちっとも便利に思えない。試しに使ってみても「なぜこれで満足できる？」とさえ思う。理由はこうだ。

● **理由 1 ── 1 つのことをうまくやっていない**
　UNIX 哲学の 1 つとしてよく引用されるマイク・ガンカーズの提唱する定理に

（定理 1）小さいものは美しい。
（定理 2）1 つのプログラムには 1 つのことをうまくやらせよ。

というものがある。しかし、まずこれができていない。jq や xmllint などは、データの正規化（都合の良い形式に変換する）機能とデータの欲しい部分だけを抽出する部分抽出機能を分けていない。むしろ前者をすっ飛ばして後者だけやっているように思う。

　UNIX 使いとしては、**部分抽出といったら grep や AWK** を使い慣れているわけで、それらでできるようにしてもらいたいと思う。部分抽出をするために、**jq や xmllint など独自の**

文法をわざわざ覚えたくないし。

だから、正規化だけをやるようなコマンドであってほしかった。

● 理由 2 ── フィルターとして振る舞うようになりきれていない

同じく定理の 1 つに、

（定理 9）すべてのプログラムはフィルターとして振る舞うように作れ。

というものがある。フィルターとは、入力されたものに何らかの加工を施して出力するものをいうが、jq や xmllint などは、出力の部分に注目するとフィルターと呼ぶには心もとない気がする。なぜなら、これらのプログラムはどれも **JSON や XML 形式のまま出力**されるからだ。AWK、sed、grep、sort、head、tail、……などなど、**標準 UNIX コマンドの多くは行単位あるいは列単位（空白区切り）のデータを加工するのに向いた仕様**になっているため、JSON や XML 形式のままだと結局扱いづらい。

だから、行や列の形に正規化するコマンドであってほしかった。

■ ないものは作る。UNIX コマンドとパイプを駆使して。

そうして作ったパーサーが、このレシピやこの後のレシピ 5-7 で紹介したものだ。GitHub に置いてあるソースコード[注8]を見れば明白だが、これらのパーサーもまた、シェルスクリプトを用い、AWK、sed、grep、tr などをパイプで繋ぐだけで実装した。

これまた UNIX 哲学の定理だが、

（定理 6）ソフトウェアは「てこ」。最小の労力で最大の効果を得よ。
（定理 7）効率と移植性を高めるため、シェルスクリプトを活用せよ。

というものがある。その定理に従って実際に作ってみると、シェルスクリプトや UNIX コマンド、パイプというものがいかに偉大な発明であるか思い知らされた。

なければ自分で作る。由緒正しい UNIX の教本にも、「置いてあるコマンドは見本みたいなものだから、ないものは自分たちで作りなさい」と書かれているそうだ。それに、自分で作れば、対象概念の理解促進にもつながる。

参照

→レシピ 5-5　CSV ファイルを読み込む
→レシピ 5-7　XML、HTML ファイルを読み込む

注 8：https://github.com/ShellShoccar-jpn/Parsrs

XML、HTMLファイルを読み込む

Q 問題

Web APIを叩いて得られたXMLファイルの任意の箇所の値を読み出したい。CSV、JSONと来たらやっぱりXMLもできるんでしょ？ もしそれができるなら、HTMLのスクレイピングもできるのだろうか。

A 回答

　XMLのパースももちろん可能だ。sedやAWKを駆使すれば、やはりPOSIXの範囲でパーサーが作れる。ただ、HTMLのスクレイピングに流用することはあまり期待しない方がいい。HTMLは文法が間違っていてもWebブラウザーが許容するおかげでそのままになっているものがあるし、さらには
など、閉じタグがないことが文法的に認められているものがあるが、それらはXML的には文法違反である。そのようなものにはXML風のパースが通用しないからだ。

　さて解説は後回しにして、XMLパーサー「parsrx.sh」をダウンロード[注9]して使ってもらいたい。たとえば、次のようなXMLファイル（sample.xml）があったとする。

```
<文具購入リスト 会員名="文具 太郎">
  <購入品>はさみ</購入品>
  <購入品>ノート(A4,無地)</購入品>
  <購入品>シャープペンシル</購入品>
  <購入品><取寄商品>替え芯</取寄商品></購入品>
  <購入品>クリアファイル</購入品>
  <購入品><取寄商品>６穴パンチ</取寄商品></購入品>
</文具購入リスト>
```

注9：https://github.com/ShellShoccar-jpn/Parsrs/blob/master/parsrx.sh にアクセスし、そこにあるソースコードをコピー＆ペーストしてもよいし、あるいは「RAW」と書かれているリンク先を「名前を付けて保存」してもよい。

これを次のようにしてparsrx.shにかけると、第1列は元の値のあった場所（XPath形式[注10]）、第2列は値、という2つの列から構成されるテキストデータに変換される。

```
$ ./parsrx.sh sample.xml ⏎
/文具購入リスト/@会員名 文具 太郎
/文具購入リスト/購入品 はさみ
/文具購入リスト/購入品 ノート(A4,無地)
/文具購入リスト/購入品 シャープペンシル
/文具購入リスト/購入品/取寄商品 替え芯
/文具購入リスト/購入品
/文具購入リスト/購入品 クリアファイル
/文具購入リスト/購入品/取寄商品 6穴パンチ
/文具購入リスト/購入品
/文具購入リスト \n  \n  \n  \n  \n  \n  \n
$
```

よって、後ろにパイプ越しにコマンドを繋げば「任意の場所の値を取得」できる。たとえば次のような具合だ。

```
(a) 購入品の2番目を取得する
$ ./parsrx.sh sample.xml | awk '$1~/取寄商品$/' | sed '2s/^[^ ]* //' ⏎
ノート(A4,無地)
$

(b) すべての取寄商品名を抽出
$ ./parsrx.sh sample.xml | awk '$1~/取寄商品$/' | sed 's/^[^ ]* //' ⏎
替え芯
6穴パンチ
$
```

解説 Description

POSIXの範囲内で実装したCSV、JSONパーサーを作ったのなら、次は当然XMLパーサーであるが、これももちろん作れた。ただ、XMLはプロパティーとしての値とタグ

注10：XMLデータは階層構造になっているので、JSONのときと同様に階層構造をとるファイルパスのようにして値の格納場所を1行で書き表せる。その記法がXPathである。詳細はhttp://www.w3.org/TR/xpath-31/を参照。

で囲まれた文字列としての値というように値が 2 種類あったり、コメントが許されていたりするため、さらに複雑であった。その複雑さのため、こちらも説明は割愛する。どのようにして実現したのかをどうしても知りたい人は parsrx.sh のソースコードを読んでもらいたい。

■ HTML テキストへの流用

最初でも触れたが、HTML テキストのパーサーとして使えるかどうかは場合による。厳密に書かれた XHTML になら使えるが、すでに述べたように、多くの Web ブラウザーはいい加減な HTML を許容するうえ、HTML の規格自体が閉じタグなしを許したりするので、そのような HTML テキストが与えられるとうまく動かないだろう。

ただし、「いい加減な記述が混ざっている HTML ではあるが、中にある正しく書かれた <table> の中身だけ取り出したい」といった場合、sed コマンドなどを使ってあらかじめその区間だけ切り出しておけば流用可能である。

> 参 照
>
> →レシピ 5-5　CSV ファイルを読み込む
> →レシピ 5-6　JSON ファイルを読み込む

recipe 5-8 JSONファイルを生成する

Q 問題

手元に表データ（行と列から構成された）形式の会員マスターがある。このデータをとある Web API にインポートしたいのだが、指定された JSON 形式のデータしか受け取ってくれない。どうすればよいか？

A 回答

表データは2次元のデータ構造であるのに対し、JSON データはより複雑な階層構造を表現できる。よってたいていの場合、受け入れる JSON 側が要求してくるデータの構造は階層構造になっていて、表データを素直には変換できない。しかし、表データの何行何列目を JSON のどの階層に当てはめるかという方針さえ決められれば、その規則に従って sed や AWK スクリプトなどを書くだけだ。

とはいうものの、それを毎回1から書くのは相当な労力を要するので、生成を補助するコマンドを作成した。これを用い、JSON データ生成作業を体系化する方法を次のチュートリアルで示そう。

▶ Step (0/4) 必要なコマンド

JSON の生成を助ける目的で「makrj.sh」というコマンド[注11]を作ったので、まずはこれをダウンロードし、使える状態にしておかなければならない。

必要なものは以上だ。完全な POSIX 原理主義に基づいて作られているため、何か依存ライブラリーなどが必要ということもない。ただ手元にコピーして実行パーミッションを付けて、パスを通すだけだ。

▶ Step (1/4) 元データとその形式

今、会員マスターが次のような内容であったとする。

注11：https://github.com/ShellShoccar-jpn/Parsrs/blob/master/makrj.sh

■ とある会員データ　member_info.txt

```
TR03  飯山_満    1986/04/27 男性 false TR09 KS14
OM02  下神_明    1927/07/06 男性 true
G12   石狩_太美  1934/11/20 女性 false A21  A28  N13  H07
ST06  武蔵_大和  1930/01/23 男性 true  SI12 SW05 KO23
```

ご覧のとおり、列は半角空白で区切られている。これらの列の意味は次のとおりである。

◎列1：主キー
　　1　　　会員ID
◎列2〜5：会員基本情報
　　2　　　姓名（姓名は「_」で区切る）
　　3　　　生年月日
　　4　　　性別
　　5　　　有料会員フラグ（trueまたはfalse）
◎列6以降：友人会員一覧（列数可変）
　　6　　　友人1会員ID
　　7　　　友人2会員ID
　　：　　　　：

1列目が主キーとなる会員IDで、2〜5列目はその会員の基本情報であり列数は4種類で固定、6列目以降はその会員に友人会員がいればその会員のIDを列数可変で持つという仕様になっている。

Step (2/4)　求められる JSON データ構造

一方、インポートする側の Web API が求める JSON データの仕様は次のようになっていたとする。

```
{ "member": [
            {"ID"    : <1:会員ID>                ,
             "prof"  : {"name"   : <2:姓名>       ,    ←ただし姓と名の区切りは
                       "birth"  : <3:生年月日>   ,         半角空白にする
                       "gender" : <4:性別>       ,
                       "paid"   : <5:有料会員flag>  },
```

```
            "friends": {"members"  : [<6:友人会員ID1>,
                                      <7:友人会員ID2>,
                                           :
                                                      ],
                       "n_friends": <友人数>           }    ←新規追加
        },
        {"ID"
            ~~~
        },
                :
           (会員の数だけ繰り返される)
                :
    ]
}
```

「member」という連想配列（オブジェクト）の中に会員の数だけの要素数を持つ配列変数があり、各要素の中には主キーに相当する「ID」、会員基本情報に相当する「prof」、友人会員一覧に相当する「friends」という連想配列がそれぞれある。表データの何列目がどこに割り当てられるかわかりやすいように「<1: 会員 ID>」のように対応を示してある。

おおむね元の表データの値が当てはまるが、会員氏名の姓名の区切りが半角空白に変わっている点と、友人数というパラメーターが追加されている点に違いがあるという想定だ。

▶ Step（3/4） 変換シェルスクリプトを書く

入力元の表データを出力先の JSON にどのように割り当てればよいかが把握できたら、変換シェルスクリプトを書く。どのように書けばよいのか解説する前に、作ったシェルスクリプトを先に示す。

```
#! /bin/sh

cat /PATH/TO/DATA/member_info.txt                              |
awk '{n=NR-1;                                                  #
      # ----- ID -----                                         #
      print "$.member[" n "].ID",$1;                           #
      # ----- 会員基本情報 -----                                  #
      name=$2; gsub(/_/," ",name);       # ここで姓名の区切りを変更  #
```

```
      print "$.member[" n "].prof.name"   ,name;              #
      print "$.member[" n "].prof.birth" ,$3;                 #
      print "$.member[" n "].prof.gender",$4;                 #
      print "$.member[" n "].prof.paid"   ,$5;                #
      # ----- 友人会員 -----                                    #
      n_friends=0;                      # 友人数を数える変数      #
      for(i=6;i<=NF;i++){                                     #
        print "$.member[" n "].friends.members[" (i-6) "]",$i; #
        n_friends++;                                          #
      }                                                       #
      # (友人がいない場合は空の要素を作る)                         #
      if(n_friends==0){print "$.member[" n "].friends.members[0]";} #
      # (ここで友人数を出力)                                      #
      print "$.member[" n "].friends.n_friends",n_friends;   }' |
makrj.sh
```

元の表データファイル（member_info.txt）を開いた後、少々長めの AWK スクリプトで加工を行ってから、JSON ジェネレーターの makrj.sh に流し込んでいる。逆に言うと、元データを makrj.sh コマンドに直接流し込んでも JSON は生成できない。なぜなら、元の表データには、それぞれのセルが JSON のどの階層にマッピングされるかという情報が含まれていないからだ。

そのマッピングのための情報を与えているのがこの AWK スクリプトである。具体的には、表データを JSONPath-value 形式という中間形式に変換することで情報を与えている。

■ JSONPath-value 形式

実はこの形式は、「レシピ 5-6　JSON ファイルを読み込む」で触れていたものである。JSON に格納される値の 1 つ 1 つを 1 行にし、各行の先頭に JSONPath という JSON 内での位置情報を（半角空白 1 文字区切りで）付加している。

このチュートリアルで題材にしている元データを、先ほどの AWK スクリプトに通して出てきた JSONPath-value 形式（先頭部分の抜粋）は次のとおりだ。

```
$.member[0].ID TR03
$.member[0].prof.name 飯山 満
$.member[0].prof.birth 1986/04/27
$.member[0].prof.gender man
$.member[0].prof.paid false
```

```
$.member[0].friends.members[0] TR09
$.member[0].friends.members[1] KS14
$.member[0].friends.n_friends 2
$.member[1].ID OM02
$.member[1].prof.name 下神 明
    :
    :
```

たとえば、「飯山 満」という会員名(姓名区切りを半角空白に変換済)は、「member 連想配列(オブジェクト)の中の、配列 0 番目の中の、prof 連想配列の中の、name 連想配列の中に格納する」という具合である。

この状態になっていれば、makrj.sh コマンドはそれを受け取って JSON を生成することができる。

▶ Step(4/4)　変換シェルスクリプトを実行する

最後に、そのシェルスクリプトを実行する。すると次のような JSON データが得られる。

■ JSON に変換されたとある会員データ

```
{ "member": [{ "ID"      : "TR03"                ,
             "prof"    : { "name"     : "飯山 満"       ,
                          "birth"    : "1986/04/27",
                          "gender"   : "男性"          ,
                          "paid"     : false        },
             "friends" : { "members"  : ["TR09",
                                         "KS14" ]     ,
                          "n_friends": 2           }
            },
            { "ID"      : "OM02"                ,
             "prof"    : { "name"     : "下神 明"       ,
                          "birth"    : "1927/07/06",
                          "gender"   : "男性"          ,
                          "paid"     : true         },
             "friends" : { "members"  : []             ,
                          "n_friends": 0           }
            },
            { "ID"      : "G12"                 ,
             "prof"    : { "name"     : "石狩 太美"    ,
```

```
                         "birth"    : "1934/11/20",
                         "gender"   : "女性"        ,
                         "paid"     : false       },
              "friends": {"members"  : ["A21",
                                       "A28",
                                       "N13",
                                       "H07"  ]   ,
                          "n_friends": 4           }
             },
             {"ID"      : "ST06"                                ,
              "prof"    : {"name"    : "武蔵 大和",
                           "birth"   : "1930/01/23",
                           "gender"  : "男性"        ,
                           "paid"    : true        },
              "friends": {"members"  : ["SI12",
                                       "SW05",
                                       "K023" ]   ,
                          "n_friends": 3           }
             }                                                 ]
}
```

実際に makrj.sh から出力されるデータはこのように整形された状態ではない[注12] が、JSON データとしては等価である。

なお、このデータに出てくる名称は架空のものであり、実在のものとは一切関係がないことを断っておく。:-)

▶ 補足——makrj.sh 使用上の注意

実際に makrj.sh コマンドを使ってみようと思ったら、次に記す点に注意してもらいたい。

■ 確実に文字列とみなされたい値は "" で囲む

makrj.sh コマンドは、実数や true、false、null などのデータ型をある程度臨機応変に認識する。つまり、1.5 という値が与えられれば数値（実数）として、null が与えられればnull 値として、true や false が与えられればブール値として扱うように作ってある。もし、それらを純粋に文字列と扱うようにしたければ、ダブルクォーテーションで囲むこと。

注12：機械が利用することを想定していて、人間にとっての可読性確保のためにリソースを無駄遣いしないため。

■ キー名に半角空白やピリオド、角括弧は使わない

それらはJSONPathで特別な意味を持つ文字であったり、JSONPath文字列と後続の値の文字列を区切る文字であったりするので、キー名としては使わないこと。もともと、JSONの母体となったJavaScriptでもそれらの文字には特別な意味が与えられており、それらを含むとコードが書きづらくなることからあまり使われていない。

どうしても必要ならば、半角空白は「\u0020」、ピリオドは「\u002e」、角括弧は「\u005b」と「\u005d」というようにユニコードエスケープされた状態で表現するとよいだろう。

■ JSONPath 列と値列の間は半角空白1つ

中間データ（JSONPath-value 形式）において、JSONPath の列と値の列の区切りは必ず半角空白1つにすること。

■ JSONPath-value 形式の正しい例

```
$.member[0].ID TR03
$.member[0].prof.name 飯山 満
$.member[0].prof.birth 1986/04/27
$.member[0].prof.gender 男性
$.member[0].prof.paid false
        :
```

■ JSONPath-value 形式の間違った例

```
$.member[0].ID         TR03
$.member[0].prof.name  飯山 満
$.member[0].prof.birth 1986/04/27
$.member[0].prof.gender 男性
$.member[0].prof.paid  false
        :
```

後者（悪い例）の場合、たとえばIDは「　　　TR03」とみなされてしまう。

makrj.sh コマンドは、実数や true、false、null などのデータ型はある程度臨機応変に認識するが、前後に余分な空白が含まれていたら容赦なく文字列型とみなすようにしている。よって後者の例だと paid の値も false ではなく「　false」という文字列であるとみなされる。

■ 行の順番を守る

　makrj.sh コマンドは、行を読み込むごとに JSONPath がどのように変化するかを見ながら JSON の文字列を生成している。したがって、本来隣り合って配置されるべきデータは、中間データでも行として隣り合っていなければならない。隣り合っていなかった場合は、無駄に個々のデータが別々の括弧で独立した、意図せぬデータが生成されてしまうので注意。

解説 Description

　おおかたのことは、ここまでですでに説明した。JSON データの生成も POSIX の範囲のコマンドだけ（狭義の POSIX 原理主義）でできる。JSON もテキストデータの1種だからだ。ただ、理屈の上でできるとはいっても JSON は少々大変だ。データ構造を示すための括弧やカンマなどの記号の置き方が厳密でなければならず、どうしてもプログラムが複雑になるからだ。「レシピ 6-10　HTML テーブルを簡単キレイに生成する」で示すようなテンプレートにハメ込んでいくだけのアルゴリズムでは対応できない。そこで作成したのが makrj.sh コマンドである。

■ JSON ができれば Web における応用の幅が広がる

　本レシピの「問題」では、Web API へデータを送るという想定で JSON データの生成を行った。だが、Web アプリケーション開発では、他にもたくさんの応用がある。

　1つは、D3.js（グラフ作成ライブラリー）[注13] などを用いてシェルスクリプト（サーバー側）のデータをビジュアル化するという応用だ。それらのライブラリーは JavaScript でできているため、ほとんどのものが JSON でデータを要求している。ライブラリーの使用をフロントエンド側の開発を得意とする人に任せ、分業することもできるようになる。

　他に、クライアント側のデバッグが楽になる応用もある。たとえば Selenium WebDriver[注14] というテスト自動化ツールが存在するが、これとのやりとりにも JSON が用いられる。WebDriver に対し、今からターゲットにする Web ブラウザーを操作するのに必要なセッション ID を取得するためのリクエストの JSON データを作成して送ると、発行された ID の詰まった JSON データが返される。その ID を用いて、今度は Web ブラウザーの自動操作を要求する JSON データを作成・送信するという具合だ。

参照

→レシピ 5-6　JSON ファイルを読み込む
→レシピ 6-10　HTML テーブルを簡単キレイに生成する

注13：https://d3js.org/
　　　同種のライブラリーは数あるが、D3.js は、W3C 勧告の範囲で描ける種類のグラフもあるので、本書が推奨する W3C 原理主義を遵守することも可能。
注14：http://www.seleniumhq.org/projects/webdriver/

recipe 5-9 全角・半角文字の相互変換

Q 問題

大文字・小文字を区別せず、さらに全角・半角も区別せずにテキスト検索したいが、どうすればよいか？ 全角文字を半角に変換することさえできれば、あとは簡単なのだが……。

A 回答

下記のような正直な処理を行うプログラムを書けばよい。

◎ テキストデータを1バイトずつ読み、各文字が何バイト使っているのかを認識しながら読み進めていく。
◎ その際、半角文字に変換可能な文字に遭遇した場合は置換する。

■ 全角文字→半角文字変換コマンド「han」

とはいえ、毎回それを書くのも大変だ。しかし例によってPOSIXの範囲で実装し、コマンド化したものがGitHubに公開されている。「han」という名のコマンドだ。これはシェルスクリプト開発者向けコマンドセット「Open usp Tukubai」にある同名コマンドを、POSIX原理主義に基づいたシェルスクリプトで書き直した互換コマンドである。これをダウンロード[注15]して用いる。

たとえば、次のようなテキストファイル（enquete.txt）があったとする。

注15：https://github.com/ShellShoccar-jpn/Open-usp-Tukubai/blob/master/COMMANDS.SH/hanにアクセスし、そこにあるソースコードをコピー＆ペーストしてもよいし、あるいは「RAW」と書かれているリンク先を「名前を付けて保存」してもよい。

```
#name         ans1  ans2
Ｍｏｇａｍｉ    yes   no
Kaga          no    yes
fubuki        yes   yes
ｍｕｔｓｕ     no    no
Ｓｈｉｍａｋａｚｅ no  yes
```

アンケート回答がまとまっているのだが、回答者によって自分の名前を全角で打ち込んだり半角で打ち込んだり、まちまちというわけだ。回答者名で検索したいとなったとき、検索する側はいちいち大文字・小文字や全角・半角を区別したくない。このようなときに、hanコマンドを使うのである。次のようにしてhanコマンドにかけたあと、trコマンドで大文字をすべて小文字に変換する(その後でAWKにかけているのは見やすさのためだ)。

```
$ ./han enquete.txt | tr A-Z a-z | awk '{printf("%-10s %-4s %-4s\n",$1,$2,$3);}'
#name      ans1 ans2
mogami     yes  no
kaga       no   yes
fubuki     yes  yes
mutsu      no   no
shimakaze  no   yes
$
```

こうしておけば、半角英数字で簡単に回答者名のgrep検索ができる。

なお、この**hanコマンドはUTF-8のテキストにしか対応しておらず**、JISやShift_JIS、EUC-JPテキストには対応していない。そのような文字を扱いたい場合は、iconvコマンドやnkfコマンド(こちらはPOSIXではないが)を用いてあらかじめUTF-8に変換しておくこと。

■ 半角文字→全角文字変換コマンド「zen」

今回の問題では必要なかったが、hanコマンドとは逆に、文字を全角に変換するコマンドもある。「zen」という名のコマンドだ。これについても、Open usp Tukubaiに存在する同名コマンドをPOSIX原理主義シェルスクリプトで書き直した互換コマンドが存在する。必要に応じてダウンロード[注16]して用いてもらいたい。

通常はすべての文字を全角文字に変換するのだが、-kオプションを付けると半角カタカ

注16: https://github.com/ShellShoccar-jpn/Open-usp-Tukubai/blob/master/COMMANDS.SH/zenにアクセスし、そこにあるソースコードをコピー＆ペーストしてもよいし、あるいは「RAW」と書かれているリンク先を「名前を付けて保存」してもよい。

ナのみ全角に変換することができる。

```
$ echo 'ﾊﾝｶｸ文字はe-mailでは使えません。' | ./zen -k ⏎
ハンカク文字はe-mailでは使えません。
$
```

これは e-mail 送信用のテキストファイルを作る際に有用だ。なお、zen コマンドもやはり UTF-8 専用である。

解説 Description

全角混じりのテキストだって取り扱いを諦めることはない。一文字一文字愚直に、変換可能なものを変換していけばいいだけだ。ただ、その際に問題になるのはマルチバイトの扱いである。1 バイトずつ読んだ場合、それがマルチバイト文字の終端なのか、それとも途中なのかということを常に判断しなければならない。

han、zen コマンドは文字エンコードが UTF-8 前提で作られているが、そのためには UTF-8 の各文字のバイト長を正しく認識しなければならない。その情報は、Wikipedia 日本語版の「UTF-8」のページにも記載されている。1 文字読み込んでみてそのキャラクターコードがどの範囲にあるかということを判定していくと、1 バイトから 6 バイトの範囲で長さを決定することができる。han、zen にはそのようなルーチンが実装されている。

そして 1 文字分読み取った結果、それと対になる半角文字あるいは全角文字が存在するときは、元の文字ではなく用意していた対の文字を出力すればよい。このときも POSIX 版 AWK がやっていることはとても単純だ。対になる文字をすべて AWK の連想配列に登録しておき、要素が存在すれば代わりに出力しているに過ぎない。ただし、半角カタカナから全角カタカナへの変換のときには注意するべきことがある。それは濁点、半濁点の処理だ。たとえば、半角の「ﾊ」の直後に半角の「ﾟ」が連なっていたら「バ」ではなくて「パ」に変換しなければならないので、「ﾊ」が来た時点ですぐに置換処理するのではなく、次の文字を見てからにしなければならないのだ。

このようなやり方を聞いて「なんてベタな書き方だ」と笑うかもしれない。しかし**速度の問題が生じない限り、プログラムはベタに書く方がいい**。その方が、他人にとっても、そして将来の自分にとっても、メンテナンスしやすいプログラムになる。UNIX 哲学の定理その 1「Small is beautiful.」のとおりだ。

参照

→レシピ 5-10　ひらがな・カタカナの相互変換

ひらがな・カタカナの相互変換

Q 問題

名簿入力フォームで名前とふりがなが集まったのだが、ふりがなが人によってひらがなだったりカタカナだったりするので統一したい。どうすればよいか。

A 回答

全角・半角の相互変換と方針は似ていて、基本方針は

◎ テキストデータを1バイトずつ読み、各文字が何バイト使っているのかを認識しながら読み進めていく。
◎ その際、対になるひらがなあるいはカタカナに変換可能な文字に遭遇した場合は置換する。

である。なお、ひらがなは全角文字にしか存在しない[注17]ため、全角文字という前提での話とする。半角カタカナを扱いたい場合は、「レシピ5-9 全角・半角文字の相互変換」によって全角に直してからこのレシピを参照すること。

■ ひらがな→カタカナ変換コマンド「hira2kata」

例によってPOSIXの範囲で実装し、コマンド化したものがGitHubに公開されている。「hira2kata」という名のコマンドだ。これは「レシピ5-9 全角・半角文字の相互変換」で紹介したhan、zenコマンドのインターフェースに似せる形で作られている。これをダウンロード[注18]して用いる。

たとえば、次のようなテキストファイル（furigana.txt）があったとする。

注17：MSXなど半角ひらがなを持っているコンピューターはあるのだけど一般的ではない。
注18：https://github.com/ShellShoccar-jpn/misc-tools/blob/master/hira2kataにアクセスし、そこにあるソースコードをコピー&ペーストしてもよいし、あるいは「RAW」と書かれているリンク先を「名前を付けて保存」してもよい。

```
#No.  フリガナ
い    もがみ
ろ    カガ
は    ふぶき
に    ムツ
ほ    ぜかまし
```

　問題文にもあったように、回答者によってふりがなをひらがなで入力したりカタカナで入力したりまちまちになっている。回答者名で検索したいとなったとき、検索する側はいちいちひらがなかカタカナかを区別したくない。このようなとき、次のようにして hira2kata を使うのである。

```
$ ./hira2kata 2 furigana.txt ⏎
#No.  フリガナ
い    モガミ
ろ    カガ
は    フブキ
に    ムツ
ほ    ゼカマシ
$
```

　こうしておけば、全角カタカナで簡単に回答者名の grep 検索が可能になるし、50 音順ソートもできるようになる。注意すべきは、この例では hira2kata コマンドの第 1 引数に「2」と書いてあるところである。これは、第 2 列だけ変換せよという意味である。よって、第 1 列の数字はそのままになっている。仮に「2」という引数を付けずにファイル名だけ指定すると、列という概念なしに、テキスト中にあるすべてのひらがなを変換しようとする。よって、その場合は第 1 列の「いろは……」もカタカナになる。

　なお、この **hira2kata コマンドは UTF-8 のテキストにしか対応しておらず**、JIS や Shift_JIS、EUC-JP テキストには対応していない。そのような文字を扱いたい場合は、iconv コマンドを用いたり、nkf コマンド（こちらは POSIX ではないが）を用いてあらかじめ UTF-8 に変換しておくこと。

■ カタカナ→ひらがな変換コマンド「kata2hira」

　上の例ではカタカナに統一したが、逆にひらがなに統一してもよい。その場合は

「kata2hira」という名のコマンドを使う。これも、POSIX の範囲内で han、zen コマンドのインターフェースに似せる形で作ったものである。併せてダウンロード[注19]しておくとよいだろう。

解説 Description

前のレシピで全角文字を半角文字に変換するコマンドが作れたのだから、半角文字に変換する代わりにひらがな・カタカナの変換をするのも大したことはない。

マルチバイト文字なので、半角・全角変換と同様に、1 バイトずつ読んだ場合、それがマルチバイト文字の終端なのか、それとも途中なのかということを常に判断しなければならないのだが、その後の置換作業に一工夫してある。

半角全角変換の際は完全に連想配列に依存していたが、ひらがな・カタカナ変換においては、高速にするために使用を控えている。その代わりに、キャラクターコードを数百番ずつシフトするような計算を行っている。UTF-8 においては、ひらがなとカタカナは Unicode 番号が数十バイト離れたところにそれぞれマッピングされている[注20]ので、それを見ながら Unicode 番号を数百番ずらして目的の文字を作っているというわけだ。

参照

→レシピ 5-9　全角・半角文字の相互変換

注19：https://github.com/ShellShoccar-jpn/misc-tools/blob/master/kata2hira にアクセスし、そこにあるソースコードをコピー＆ペーストしてもよいし、あるいは「RAW」と書かれているリンク先を「名前を付けて保存」してもよい。
注20：『オレンジ工房』さんの UTF-8 の文字コード表「全角ひらがな・カタカナ」というページが参考になる（http://orange-factory.com/sample/utf8/code3-e3.html）。

recipe 5-11 バイナリーデータを扱う

Q 問題

バイナリーデータをAWKやreadコマンドで読み込むとデータが壊れてしまう。バイナリーデータをシェルスクリプトで扱うことはできないのか？

A 回答

頑張ればできないことはないが、基本的には**シェルスクリプトではバイナリーデータを扱えない**。AWK（GNU版除く）の変数やシェル変数（zsh除く）には、NULL文字<0x00>を格納することができないからだ。

■AWK（非GNU版）変数にNULL文字を読ませると

```
$ printf 'This is \000 a pen.\n' | awk '{print $0;}'
This is          ← NULL終端扱いされて、「a pen.」がなかったことに
$
```

■シェル変数（zsh以外）にNULL文字を読ませる

```
$ str=$(printf 'abc\000def')
$ echo "$str"
abcdef           ← NULL文字以降が切れていないので成功したように見えるが
$ echo ${#str}
6                ← NULL文字が無視されて6文字になっていた
$
```

しかし「できない」終わらせてしまうとレシピにならないので、頑張って扱う方法を解説する。

解説 Description

まず現状を整理しなければならない。「バイナリーデータは基本的には扱えない」とはいうものの、厳密に言えば扱えるコマンドと扱えないコマンドがある。主なものを列挙すると次のとおりだ。

表 5.1 主要コマンドのバイナリーデータ取り扱い可否

バイナリーデータ取り扱い不可	バイナリーデータ取り扱い可
awk bash cut echo grep sed sh sort xargs	cat dd head od printf tail tr wc

取り扱い可能なコマンドの中に od と printf があることに注目してもらいたい。od はバイナリーデータをテキストに変換するコマンドであり、printf はテキストからバイナリーデータを出力するのに使えるコマンドである。よって、バイナリーデータをどうしてもシェルスクリプトで扱いたければ、**od コマンドでテキスト化し、テキストデータで処理し、printf でバイナリーデータに戻す**という方針をとればよい。

■ バイナリーデータを扱うシェルスクリプト

前述の方針に基づいて作った、バイナリーデータを扱うシェルスクリプトを次に記す。「データ加工パート」と記した箇所には、標準入力から1行ずつ、16進数で表現された1バイト分のアスキーコードが到来する。これを加工して、16進数表現された1バイト分のアスキーコードを標準出力に送ればよい。

■バイナリーデータを読んでそのまま書き出すシェルスクリプト

```
#! /bin/sh

# === バイナリー→テキスト変換パート ================================
LF=$(printf '\\\n_'); LF=${LF%_}    # 0) 準備
od -A n -t x1 -v                    | # 1) 16進ダンプ（アドレスなし）
tr -Cd '0123456789abcdefABCDEF\n'   | # 2) 空白は削除（でも改行コードは残すべし）
sed "s/../&$LF/g"                   | # 3) 1バイト1行に（しなくてもよいけど）
grep -v '^$'                        | # 4) sedでできた空行を削除
#
# === データ加工パート ============================================
#  （1行ごとに16進数表現された1バイト分のアスキーコードが得られるので
#    ここで煮るなり焼くなりいろいろやる）
#
# === テキスト→バイナリー変換パート ================================
awk -v ARGMAX=$(getconf ARG_MAX) '                                  #
```

5-11 バイナリーデータを扱う 161

```awk
BEGIN{                                                              #
  # 0) --- 定義 ------------------------------------------          #
  ORS    = "";                                  # 引数の            #
  LF     = sprintf("\n");                       # 最大許容文字列長は #
  maxlen = int(ARGMAX/2) - length("printf ");   # ←ARG_MAXの約半分とする #
  arglen = 0;                                                       #
  # 1) --- バイナリー変換用のハッシュテーブルを作る --------         #
  # 1-1) すべての文字が素直に変換できるものとして一旦作る            #
  for (i=1; i<256; i++) {                                           #
    hex = sprintf("%02x",i);                                        #
    fmt[hex]  = sprintf("%c",i);                                    #
    fmtl[hex] = 1;                                                  #
  }                                                                 #
  # 1-2) printfで素直には変換できない文字をエスケープ表現で上書きする #
  fmt["25"]="%%"       ; fmtl["25"]=2; # "%"                        #
  fmt["5c"]="\\\\\\\\"; fmtl["5c"]=4; # (back slash)                #
  fmt["00"]="\\\\000"  ; fmtl["00"]=5; # (null)                     #
  fmt["0a"]="\\\\n"    ; fmtl["0a"]=3; # (Line Feed)                #
  fmt["0d"]="\\\\r"    ; fmtl["0d"]=3; # (Carriage Return)          #
  fmt["09"]="\\\\t"    ; fmtl["09"]=3; # (tab)                      #
  fmt["0b"]="\\\\v"    ; fmtl["0b"]=3; # (Vertical Tab)             #
  fmt["0c"]="\\\\f"    ; fmtl["0c"]=3; # (Form Feed)                #
  fmt["20"]="\\\\040"  ; fmtl["20"]=5; # (space)                    #
  fmt["22"]="\\\""     ; fmtl["22"]=2; # (double quot)              #
  fmt["27"]="\\'"'"'"  ; fmtl["27"]=2; # (single quot)              #
  fmt["2d"]="\\\\055"  ; fmtl["2d"]=5; # "-"                        #
  for (i=48; i<58; i++) {                       # "0"~"9"           #
    fmt[sprintf("%02x",i)]  = sprintf("\\\\%03o",i);                #
    fmtl[sprintf("%02x",i)] = 5;                                    #
  }                                                                 #
}                                                                   #
{                                                                   #
  # 2) --- 出力文字列をprintfフォーマット形式で生成 ------           #
  linelen = length($0);                                             #
  for (i=1; i<=linelen; i+=2) {                                     #
    if (arglen+4>maxlen) {print LF; arglen=0;}                      #
    hex = substr($0, i, 2);                                         #
    print      fmt[hex];                                            #
    arglen += fmtl[hex];                                            #
  }                                                                 #
}                                                                   #
END {                                                               #
  # 3) --- 一部のxargs実装への配慮で、最後に改行を付ける ---         #
```

```
   if (NR>0) {print LF;}                                              #
  }                                                                   #
'                                                                     |
xargs -n 1 printf
```

たかがバイナリーデータの入出力だけでこれだけの行数になったのは、それなりにノウハウが詰まっているからである。それぞれを大ざっぱに解説する。

● バイナリーデータの取り込み

こちらは比較的簡単である。od コマンドでダンプし、テキスト化すればおおかたの作業は終わる。

ダンプすると通常はアドレスが付くが、取り込みという作業では不要なので付けない。すると、データの本体である 16 進数文字と位置取りの空白などが来るので、これを 2 文字ずつ改行すれば、1 行 1 バイト分の 16 進数アスキーコード列になる。

● バイナリーデータの書き出し

こちらは大変である。printf のフォーマット文字列部分に書き出したい文字列を指定すれば、制御文字も含めてすべての文字を出力することができる。

とはいえ、1 バイトごとに printf コマンドを起動するのはあまりにも非効率なので起動回数を抑えたい。そこで、printf に渡す前に、アスキーコードから元の文字に変換しても差し支えないものを AWK で変換してしまう。ただし、AWK や printf やシェル、それぞれで特殊な意味を持つ文字が多数あるので注意が必要だ。書き出し部分のコードが長い原因は主にこのせいである。

そして、ARG_MAX（コマンド 1 行の最大文字列長）を見ながら printf のフォーマット文字列をできるだけ長く作り、これを xargs でループさせるというわけである。しかし ARG_MAX は、ギリギリまで使おうとするとなぜかエラーを起こす xargs 実装があるため、半分だけ使うようにしている。

参照

→レシピ 6-3　Base64 エンコード・デコードする

recipe 5-12 ロック（排他・共有）とセマフォ

Q 問題

プログラムを書いていると、

(1) 複数プロセスから同時にファイルを読み書きされたくない（排他ロックがやりたい）
(2) 同時読み込みはいいが、その間書き込みはされたくない（共有ロックがやりたい）
(3) CPU コア数までしか同時にプロセスを立ち上げたくない（セマフォがやりたい）

ということがよくあるが、シェルスクリプトだとこれらができないので他言語に頼らざるを得ない。それでも POSIX 原理主義を貫けというのか？

A 回答

　大丈夫、できる。確かに POSIX の範囲にはロックやセマフォを直接実現するコマンドが存在しない。しかし、1つのディレクトリーの中には同じ名前のファイルが作れないというファイルシステムの基本的性質を活用し、早い者勝ちでファイルを作れたプロセスにアクセス権を与えるというルールを設け、さらにいくつかの工夫を凝らせばすべて実現可能だ（詳細は解説で述べる）。

　ただ、いくらできるといっても毎回書くには大変な量なので、一発でできるコマンドを作ったからこれを使うとよい。まずは次のものをダウンロードしてパスを通しておく。

表 5.2 ロック・セマフォ関連コマンド

目的	コマンドのダウンロード場所
排他ロック	https://github.com/ShellShoccar-jpn/misc-tools/blob/master/pexlock
共有ロック	https://github.com/ShellShoccar-jpn/misc-tools/blob/master/pshlock
セマフォ	（上記の「共有ロック」と同じ）
ロック・セマフォ解除	https://github.com/ShellShoccar-jpn/misc-tools/blob/master/punlock
解除漏れファイルの清掃	https://github.com/ShellShoccar-jpn/misc-tools/blob/master/pcllock

ロック・セマフォの実現にはファイルを活用すると述べたが、そのファイルを作るための「ロック管理ディレクトリー」を用意する。ここでは便宜的に /PATH/TO/LOCKDIR であるものとする。

■ 排他ロック

たとえば、ある会員データファイル（/PATH/TO/MEMBERS_DB）を編集するプログラムがあって、他のプロセスが編集あるいは照会していない隙に安全に読み書きできるようにするには、次のようなコードを書けばよい。

```
          ⋮
# 「members_db」 というロックIDで排他ロック権を獲得する
# （成功するまで最大10秒待つ）
lockinst=$(pexlock -w 10 -d /PATH/TO/LOCKDIR members_db)
if [ $? -ne 0 ]; then
  echo '*** failed to lock "MEMBERS_DB"' 1>&2
  exit 1
fi


 ↑
排他ロック区間（ここで「/PATH/TO/MEMBERS_DB」を読み書きしてよい）
 ↓


# 排他ロック権を解放する（先ほど得たロックインスタンス"$lockinst"を指定する）
punlock "$lockinst"
          ⋮
```

このコードは、次に紹介する共有ロックプログラムと一緒に使うことができる（pexlock と pshlock は互いを尊重する）。

■ 共有ロック

たとえば、ある会員名簿ファイル（/PATH/TO/MEMBERS_DB）の内容を照会するプログラムがあって、他のプロセスが編集していない隙（読み出しているプロセスはいてもいい）に安全に読み出せるようにするには、次のようなコードを書けばよい。

```
# 「members_db」というロックIDで共有ロック権を獲得する
# （成功するまで最大10秒待つ）
lockinst=$(pshlock -w 10 -d /PATH/TO/LOCKDIR stock_db)
if [ $? -ne 0 ]; then
  echo '*** failed to lock "STOCK_DB"' 1>&2
  exit 1
fi

↑
共有ロック区間（ここで「/PATH/TO/MEMBERS_DB」を読み込んでよい）
↓

# 共有ロック権を解放する（先ほど得たロックインスタンス"$lockinst"を指定する）
punlock "$lockinst"
```

このコードは、先ほど紹介した排他ロックプログラムと一緒に使うことができる（pexlockとpshlockは互いを尊重する）。

■ セマフォ

たとえば、CPUに高い負荷をかけるプログラム（heavy_work.sh）があり、これを8コアのCPUを搭載しているホストで動かすため、同時起動を最大8プロセスに制限したい場合には、次のようなコードを書けばよい。

```
# 「heavy_task」というロックIDで、最大同時アクセス数8のセマフォを取得する
# （成功するまで最大10秒待つ）
seminst=$(pshlock -n 8 -w 10 -d /PATH/TO/LOCKDIR heavy_task)
if [ $? -ne 0 ]; then
  echo '*** failed to get a semaphore for "heavy_task"' 1>&2
  exit 1
fi

# ここで、高負荷プログラムを実行する
heavy_work.sh
```

```
# 終わったらセマフォを返却する(先ほど得たセマフォインスタンス"$seminst"を指定する)
punlock "$lockinst"
       ⋮
```

■ ロック・セマフォ解除漏れへの対策

今紹介した各プログラムに強制終了のおそれがあったり、バグによって解除忘れがあると、他のプログラムがロック権を獲得できなくなってしまう。そのような場合には、定期的にロック管理ディレクトリーをスキャンし、一定の時間が経った古いロックファイル(かつ持ち主のプロセスがすでに存在しない)を削除する必要がある。これを行うためのコマンドが pcllock であり、たとえば crontab に次のように登録して使う。

■前記のロック・セマフォプログラムを実行しているユーザーの crontab ファイル

```
       ⋮
# 5分(=300秒)以上経ち、かつ生成元プロセスがすでにいないロックファイルを毎分監視
* * * * * pcllock -l 300 -w 10 /PATH/TO/LOCKDIR
```

解説 *Description*

シェルスクリプトでロックやセマフォを実現するための原理は、1つのディレクトリーの中には同じ名前のファイルが作れないという性質の活用であることはすでに述べた。それを聞いて「なんとベタな方法なのか!」と落胆するかもしれないが、侮ることなかれ。もともと OS は、物理的に1台しかないディスクへのアクセス要求を捌くため、内部で必ず排他制御をやっている。したがって**ファイルによるロック管理とは、OS が備えている洗練された排他制御機構の活用**に他ならないのだ。

だが、それでは排他ロックの説明にしかなっていない。共有ロック、セマフォまで含めて、どうやって実現しているのかを解説しよう。まずはこの後の説明のため、2つの基本ルールを確認しておく必要がある。

■ 基本ルール1 ── ロックファイルを作れた者勝ち

早い者勝ちでロックファイルを作るというルールの詳細は次のとおりとする。

◎ 早い者勝ちでファイル(ロックファイル)を作る。
◎「成功者はロック成功(アクセス権取得)」と取り決める。

◎ 失敗者はしばらくしてから再度ロックファイルの作成を試みる。
◎ 成功者は用事が済んだらロックファイルを消す。

以上を、基本ルール1として制定する。

■ 基本ルール2 ──── 一定の時間が経った古いロックファイルは消してよい

　実際は、成功者がロックをしたまま消し忘れたり、何らかの理由で異常終了してしまうとアクセス権を紛失してしまうという問題がある。仕方がないので、ロックファイルのタイムスタンプを確認し、**一定の時間が経った古いロックファイルは消してよい**という基本ルール2を制定する。なお、可能ならば生成元のプロセスがすでに存在しないことも確認する方が親切だ。

　ただし、重大な注意点が1つある。**一定の時間が経った古いロックファイルを消すという役割は、1つのロック管理ディレクトリーに対して1つのプロセスにしか与えてはならない**ということだ。もし、あるプロセスAが一定の時間が経った古いロックファイルを検出し、今からそれを消して新たに作り直そうとしているとき、プロセスBが同じロックファイルを古いと判断して削除し、新規作成まで済ませてしまったらどうなるか。プロセスAはこの後、プロセスBの作ったロックファイルを誤って消してしまうことになる。これは、古いファイルの検出・削除・作り直しという操作がアトミックに（単一操作で）できないという制約に起因する。よって、古いロックファイルの削除役は必ず1人でなければならないのである。

　なお、ここで出てきた「一定の時間が経った古いファイルを検出する」という処理がPOSIXの範囲だと面倒なのだが、これに関しては「レシピ5-4　findコマンドで秒単位にタイムスタンプ比較をする」を利用すれば解決できるので、ここでは割愛する。

　以上を踏まえ、各ロックを実現するアイデアをまとめる。

■ その1. 排他ロックはどうやるか

　排他ロックとは、誰にも邪魔されない唯一のアクセス権を獲得するためのロックだ。ファイルを読み書きする場合などに用いる。ファイルを用いて排他ロックを実現する方法というのは実はよく知られており、単純である。ロック管理用ディレクトリーの中でロックファイルを作ればよいわけだが、既存ファイルがある場合にはロックファイルの作成に失敗するようにして作成するには、たとえば次のような方法がある。

◎ mkdir ロックファイル
◎ ln -s ダミーファイル ロックファイル
◎ ln ダミーファイル ロックファイル
◎ (set -C; : > ロックファイル)

ポイントは、アトミックに（単一操作で）作るということである。つまり、存在確認処理と作成処理を同時に行うということだ。もし、これから作りたい名前のファイルが存在しないことを確認できて、いざ作成しようとしたときに他のプロセスに素早く作成されてしまったらロックファイルを上書きできてしまうので、アクセス権が唯一のものではなくなってしまう。

　排他ロックコマンド pexlock では今列挙した 4 つのうち最後の方法を用いている。後で紹介する共有ロックコマンドでは複数のアクセス権を管理するためにディレクトリー（mkdir）を用いているので、それと区別させるためだ。

■ その 2. 共有ロック・セマフォはどうやるか

　共有ロックとは、そのロックを申請したすべてのプロセスでアクセス権を共有するためのロックだ。自分がファイルを読み込んでいる間、他のプロセスもそれを読み込むだけなら許すが、書き込みは許さない、というプロセス同士がアクセス権を共有したい場合などに用いる。

　一方、セマフォとは、共有ロックの最大共有数を制限するロックだ。物理デバイスの数だけプロセスを同時に走らせたい場合などに用いる。セマフォは共有ロックの応用で実現できるため、ここでまとめて説明する。

　排他ロックファイルに比べるとだいぶ複雑だ。まず共有ロックファイル（ディレクトリー）には図 5.1 のような構造を持たせることとする。

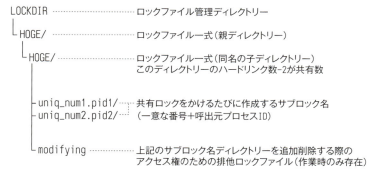

図 5.1　pshlock が扱う共有ロックファイル（HOGE という名前とする）の構造

これにはいくつか工夫が凝らしてある。

- **同名のディレクトリーを二重に作る**

　なぜ同名のディレクトリーを二重に作っているのか。これは共有ロックファイル（ディレクトリー）をアトミックに作るための巧妙な仕掛けである。

　あとで改めて説明するが、共有ロックディレクトリーの中には、共有中のプロセスによって一意に作られたディレクトリー（サブロックディレクトリー、図 5.1 の例では LOCKDIR/HOGE/HOGE/）が必ずなければならない。これは共有中のプロセス数を把握できるようにするためである。それゆえ、もし何も考えず本番のロックファイル管理ディレクトリー LOCKDIR に HOGE を直接新規作成してしまうと、作成した瞬間の共有ロックディレクトリーは空であるため、共有プロセス数が 0（もはや誰も共有していない）とみなされて削除されるおそれがある。よって本番のロックファイル管理ディレクトリーに直接サブロックディレクトリーを作ることは避けなければならない。

　そこで、あらかじめ別の安全な場所でサブロックディレクトリーまで中身を作っておき、mv コマンドを用いて本番ディレクトリーに移動させる。ところがもし移動先に既存の共有ロックディレクトリーがあると、通常 **mv コマンドは、その共有ロックディレクトリーのサブディレクトリーとして移動を成功させてしまう**。共有ロックディレクトリーの直下にわざわざ同名のディレクトリーを置くのはこの問題への対策である。同名のディレクトリーが直下にあれば、mv コマンドも移動を諦めてくれる。

- **中に＜固有番号＋ロック要求プロセス ID＞のディレクトリーを作る**

　これもまた巧妙な仕掛けだ。先ほど説明した二重の同名ロックディレクトリーの下層側（子）に、共有ロックを希望する各プロセスがさらに 1 つディレクトリーを作る。この際、ディレクトリー名が衝突しないように＜固有番号+ロック要求プロセス ID＞という命名規則（固有番号は、作成日時と pshlock コマンドプロセス ID に基づいて作ればよい）による一意な名称（サブロック名）を付ける。

　目的は先ほども述べたが、現在の共有プロセス数を把握するためである。共有数が把握できれば後述するセマフォ（共有数に制限を設ける）を実現できるし、また共有数が 0 になった際に共有ロックディレクトリー自体を削除するという判断もできる。

　では具体的にどうやって共有数を把握するか？ 中に作成したディレクトリー数を素直に数えるという方法もあるが、もっと軽い方法がある。共有ロックディレクトリー（子）のハードリンク数を見るという方法だ。

```
ls -ld 共有ロックディレクトリー（子）
```

を実行したとき、2 列目に表示される数字がそれである。この数字から 2 を引くと、直下

のサブディレクトリーの数になる[注21]。したがって、上記のコマンドで2列目の数を取得すれば、いちいち全部数えなくても共有数を計算できるのである。

■ 共有数を増減・参照する際は、さらに排他ロック

◎ 共有数が0だったら共有ロックディレクトリーを削除する
◎ 共有数が上限に達したら、それ以上の共有を拒否する（セマフォ制御）

といった操作は、どうしてもアトミックに行うことができない。共有数を調べて処理を決めようとしているときに共有数が変化してしまうおそれがあるからだ。これを防ぐため、共有数を参照するときと共有数を増減させるときは、そこでさらに排他ロックをかけなければならない。
　共有数を増減させたいときというのは次の場合である。

◎ 共有ロックを追加したい場合
◎ 共有ロックを削除したい場合
◎ 共有ロックディレクトリー（子）内のサブロック名ディレクトリーのうち古いものを、基本ルール2に従って一斉削除したい場合

　このような操作を行う場合に作る排他ロックファイルが**共有ロックディレクトリー（子）/ modifying** というファイルである。

▶ 共有ロック・セマフォの実装のまとめ

　以上の理屈に基づいてコードに起こしてみたものをいくつか例示する。実際のコードには異常系の処理などがあるため、これより込み入っているが、わかりやすくするためにそれらは書いていない。

■ 共有ロックファイル（ディレクトリー）の新規作成

　まずは共有ロックファイルを新規作成するコードを見てみよう。安全な場所で共有ロックディレクトリーを作成し、本番ディレクトリーにmvコマンドで移動している。もしmvに失敗した場合は、共有ロックディレクトリーがすでに存在していることを意味しているので、次に例示するシェル関数add_shlock()へ進む。

注21：ディレクトリーを作成すると必ず、自分自身を示す「.」と、親ディレクトリーを示す「..」が作成される。これらこそが数字を2つ大きく見せている原因であって、今作ったディレクトリーに対するハードリンクなのである。

```
LOCKDIR="/PATH/TO/LOCKDIR"     # ロックの管理を行うディレクトリー
lockname="ロック名"             # 共有ロック名
MAX_SHARING_PROCS=上限数        # セマフォモードの場合に使う上限数

# 安全な場所で共有ロックファイルを新規作成
callerpid=$(ps -o pid,ppid | awk '$2=='$$'{print $1;exit}')
sublockname=$(date +%Y%m%d%H%M%S).$$.$callerpid
tmpdir="$LOCKDIR/.preshlock.$sublockname"
shlockdir_pre="$tmpdir/$lockname/$lockname/$sublockname"
mkdir -p $shlockdir_pre

# 本番ディレクトリーへの移動を試みる
try=3 # リトライ数
while [ $try -gt 0 ]; do
  # mvに成功したら新規作成成功
  mv $shlockdir_pre $LOCKDIR 2>/dev/null && {
    echo "$LOCKDIR/$lockname/$lockname/$sublockname" # 後で削除できるよう、
    break                                            # サブロック名ファイルのパスを返す
  }

  # 失敗したら追加作成モードで試みる
  add_shlock && break  # add_shlock()の中身は別途説明

  try=$((try-1))
  [ $try -gt 0 ] && sleep 1                          # リトライする場合は1秒待つ
done
case $try in 0) echo "timeout, try again later";exit 1;; esac

# 安全な場所として作ったディレクトリーを削除
rm -rf "$tmpdir"
```

なお、「安全な場所」を確保するためにロックファイルディレクトリーの中に「.preshlock.サブロック名」という一意なディレクトリーを作っている。そのため、^\.preshlock\.[0-9.]+$ という正規表現に該当するロック名は予約名として使用禁止とする。

■ 共有ロックファイル（ディレクトリー）の追加作成

前記のコードで共有ロックディレクトリーの新規作成に失敗した場合には、次に記すシェル関数 add_shlock() が呼び出される。

共有数を増減・参照するので、まず排他ロックファイル modifying を作って共有数が上限に達していないか調べ、達していなければサブロック名ディレクトリーを1つ作る。最後に排他ロックファイルを消すのも忘れないようにする。

```
add_shlock() {
  # 共有数アクセス権を取得（失敗したらシェル関数を終了）
  (set -C; : >$LOCKDIR/$lockname/$lockname/modifying) || return 1

  # 共有数（＝共有ロックファイル（子）の数-2）が制限を超えていないか
  # ※ この処理はセマフォ制御の場合のみ
  n=$(ls -dl $LOCKDIR/$lockname/$lockname | awk '{$2-2}')
  [ $n -ge $MAX_SHARING_PROCS ] || return 1 # 超過時は関数を終了

  # 共有ロックを追加
  sublockname=$(date +%Y%m%d%H%M%S).$$.$callerpid
  mkdir $tmpdir/$lockname/$lockname/$sublockname
  echo "$LOCKDIR/$lockname/$lockname/$sublockname" # 後で削除できるよう、
                                                    # サブロック名のパスを返す
  # 共有数アクセス権を解放
  rm $LOCKDIR/$lockname/$lockname/modifying
}
```

■ 共有ロックファイル（ディレクトリー）の削除

自分で作った共有ロックを削除する場合は、ロック成功時に渡されたロックファイル（サブロック名まで含む）のフルパスを渡す。それに基づいてサブロック名ディレクトリーを削除し、さらに古いディレクトリーも削除した結果、共有数0になっていたら共有ロックディレクトリーごと削除する。

```
lockfile=" ここにロックファイル名(サブロック名まで含む) "

try=3 # リトライ数
while [ $try -gt 0 ]; do
  # 共有数アクセス権を取得
  (set -C; : >${lockfile#/*}/modifying) && break

  try=$((try-1))
  [ $try -gt 0 ] && sleep 1
```

5-12 ロック（排他・共有）とセマフォ

```
done
case $try in 0) echo "timeout, try again later";exit 1;; esac

# ロック解除対象のサブロック名ディレクトリーを削除
rmdir $lockfile

# 共有数（=共有ロックファイル（子）の数-2）が0なら共有ロックディレクトリー自身を削除
n=$(ls -dl ${lockfile#/*} | awk '{$2-2}')
if [ $n -le 0 ]; then
  rm -rf ${lockfile#/*}/..
else
  # 共有数が0でなければ、共有数アクセス権を解放するのみ
  rm ${lockfile#/*}/modifying
fi
```

> 参 照

→レシピ 5-4　find コマンドで秒単位にタイムスタンプ比較をする

レシピ 5-13 1秒未満の sleep をする

Q 問題

sleep コマンドは、0.5 などの秒数を指定すれば 1 秒未満のスリープもできると思っていたが、そのような指定に対応していない環境もあり、これは一部の独自拡張だと知った。どこでも通用する方法で、1 秒未満のスリープを実現する方法はないか？

A 回答

次に示す C 言語ソースコード（sleep.c）を書き、コンパイルして、1 秒未満（1 秒未満の分解能での指定）に対応した sleep コマンドを作ればよい。このソースコードは POSIX に準拠しているし、C コンパイラーは POSIX で規定されているから、これもれっきとした POSIX 原理主義である。

■POSIX に準拠した 1 秒未満対応 sleep コマンドソース（sleep.c）

```c
#include <limits.h>
#include <stdio.h>
#include <stdlib.h>
#include <time.h>

void usage (char* pszMypath);
void errmsg(char* pszMypath);

int main(int argc, char *argv[]) {
  struct timespec tspcSleeping_time;
  double dNum;
  char    szBuf[2];
  int     iRet;
```

```c
    if (argc != 2                                ) {usage(argv[0]);}
    if (sscanf(argv[1], "%lf%1s", &dNum, szBuf) != 1) {usage(argv[0]);}
    if (dNum > INT_MAX                           ) {usage(argv[0]);}
    if (dNum <= 0                                ) {return(0);      }

    tspcSleeping_time.tv_sec  = (time_t)dNum;
    tspcSleeping_time.tv_nsec = (dNum - tspcSleeping_time.tv_sec) * 1000000000;

    iRet = nanosleep(&tspcSleeping_time, NULL);
    if (iRet != 0) {errmsg(argv[0]);}
    return(iRet);
}

void usage(char* pszMypath) {
    int  i;
    int  iPos = 0;
    for (i=0; *(pszMypath+i)!='\0'; i++) {
        if (*(pszMypath+i)=='/') {iPos=i+1;}
    }
    fprintf(stderr, "Usage : %s <seconds>\n",pszMypath+iPos);
    exit(1);
}

void errmsg(char* pszMypath) {
    int  i;
    int  iPos = 0;
    for (i=0; *(pszMypath+i)!='\0'; i++) {
        if (*(pszMypath+i)=='/') {iPos=i+1;}
    }
    fprintf(stderr, "%s: Error happend while nanosleeping\n",pszMypath+iPos);
    exit(1);
}
```

C コンパイラーのコマンド名は POSIX によると「c99」であるが、多くの環境では「cc」という名前で使えるようになっている。よって次のようにコンパイルすれば目的の sleep コマンドが生成される。

```
$ cc -o sleep sleep.c ⏎
$
```

■ cc コマンドが存在しない場合

POSIX に準拠するなら、本来は始めから使えるようにしておくべきであるが、OS によってはあえて外部パッケージにしているものもある。コンパイル環境を用意するとなると、単にコンパイラーだけでなく、OS システムコールなどのライブラリー一式も必要になるので重荷なのだろう。しかし、そういう環境であってもたいていはパッケージで簡単にインストールできるようになっている（もしコンパイラーがそうなっていなかったら、何もインストールできないことになる）。

たとえば Bash on Ubuntu on Windows も、現状ではコンパイラーがデフォルトでは入っていない OS の 1 つで、最初はこんなメッセージが出る。

```
$ cc ⏎
The program 'cc' can be found in the following packages:
 * gcc
 * clang-3.3
 * clang-3.4
 * clang-3.5
 * tcc
Try: sudo apt-get install <selected package>
$
```

メッセージに従って apt-get コマンドを実行したら、（どのコンパイラーを選んでも）きちんと「cc」という名前で使えるようになった。

解説 Description

POSIX の仕様では sleep コマンドに小数点以下の秒数は指定できない。ゆえにそのような指定が通用しない sleep 実装が存在する（AIX など）。もし Perl だったら、sleep 関数自体は POSIX と同様に 1 秒未満スリープができないものの、代わりに select という関数でそれを実現できる。POSIX でも sleep コマンド以外の手段でできればよいのだが、残念ながらそのようなコマンドは存在しない。

しかし POSIX の仕様を見回せば、C コンパイラーコマンドが規定されていて、C 言語

（C99）から呼び出せる各種システムコールも規定されている。つまり、C言語（C99の範囲）とPOSIXに記載されているシステムコールなどの関数を使う限りはPOSIX原理主義を貫けるということである。普段それをやらないのは、序章でも述べたように、大変で、バイトオーダーなどの環境依存が生じるうえ、シェルスクリプトで作る場合に対して速度の優位性がそれほど高くもないからである。

1秒未満対応のsleepコマンド程度なら、ご覧のとおり数十行で、環境依存も生じさせずに書くことができる。もちろん使用しているライブラリーや関数は、ナノ秒単位スリープができるnanosleepを始め、すべてPOSIXで規定されているものだ。

このように、POSIXのコマンドで対応できない課題の解決には、C言語を用いるという手段もあることを示すため、本レシピを収録した。

recipe 5-14 デバッグってどうやってるの？

Q 問題

シェルスクリプトの IDE（統合開発環境）なんて聞いたことがない（テキストエディターまでは聞いたことがあるが）。シェルスクリプトのプログラムに対しては、一体どうやってデバッグを行うのか？

A 回答

まず、基本的な心構えとして、プログラムを新規に書いている段階では、1 ステップ書くたびに動作が正しいかを確認すべきだろう。もちろんリリース後に不具合が見つかったときにもデバッグはするのだが、リリース前には、最後になってから一気にデバッグをすべきではない。結果的にその方が制作が早いと感じているからだ。

それでは具体的にどんな手段でデバッグをするかといえば、

◎ 連携しているアプリケーションの各種ログを確認する。
◎ 気になる箇所にテストコードを仕込んで検証する。
◎ やりとりされるデータをパケットアナライザーや Web ブラウザーの開発者ツールなどで確認する（CGI の場合）。
◎ パイプで繋がれているコマンド間に tee コマンドを仕込み、そこを流れるデータの途中経過をファイルに書き出して検証する。
◎ シェルスクリプトの実行ログ（set -vx）を取るようにして動作を検証する。

など、ごく普通のものである。ステップ実行をする手段がないくらいで、あとは IDE と比べても特に遜色ないと思う。

ただ、ごく普通といいながらも、最後の 2 つはシェルスクリプト独特の手段なので解説しておこう。

tee コマンド仕込みデバッグ

　これは、パイプ「|」で繋がれたいくつものコマンドでデータを加工していくようなプログラムのデバッグに役立つテクニックだ。

　たとえば数字のマジックで、「次の計算を行うと答えが必ず 1089 になるよ」と言われたとする。

(1) 好きな 3 桁の数 a（ただし数字は 3 桁とも違うものにする）を思い浮かべる。
(2) その 3 桁の数 a の左右を入れ替えた数 b を作る。
(3) a と b の差 x を求める（2 桁になったら 0 埋めして 3 桁にする）。
(4) その 3 桁の数 x の左右を入れ替えた数 y を作る。
(5) x と y の和を求める。

　本当かどうか確かめるために次のようなプログラムを組んだとしよう。

■数字のマジックを検証するプログラム（magic.sh）

```sh
#! /bin/sh

# 1) 好きな3桁の数aを引数から受け取る                        #
echo $1                                                      |
# 2) その3桁の数aの左右を入れ替えた数bを作る                  #
awk '{print $1, substr($1,3,1) substr($1,2,1) substr($1,1,1)}' |
# 3) aとbの差xを求める（3桁に0パディング）                    #
awk '{printf("%03d\n", $1-$2)}'                              |
# 4) その3桁の数xの左右を入れ替えた数yを作る                  #
awk '{print $1, substr($1,3,1) substr($1,2,1) substr($1,1,1)}' |
# 5) xとyの和を求めると……、必ず1089になるはず                #
awk '{print $1+$2}'
```

　ところが、試しに 123 という数字を与えたところ、-107 という結果が出てきた。

```
$ ./magic.sh 123 ⏎
-107
$
```

　何か間違っている！　というわけでデバッグをすることにした。「パイプを流れるデータを

追いかけてみよう」ということで、teeコマンドを各行に挟んだデバッグプログラムを生成した。

■数字のマジックを検証するプログラム（magic.sh）

```
#! /bin/sh

# 1）好きな3桁の数aを引数から受け取る                      #
echo $1                                                    | tee step1 |
# 2）その3桁の数aの左右を入れ替えた数bを作る                #
awk '{print $1, substr($1,3,1) substr($1,2,1) substr($1,1,1)}' | tee step2 |
# 3）aとbの差xを求める（3桁に0パディング）                  #
awk '{printf("%03d\n", $1-$2)}'                            | tee step3 |
# 4）その3桁の数xの左右を入れ替えた数yを作る                #
awk '{print $1, substr($1,3,1) substr($1,2,1) substr($1,1,1)}' | tee step4 |
# 5）xとyの和を求めると……、必ず1089になるはず             #
awk '{print $1+$2}'
```

このプログラムを実行後、step4を見てみたら原因が判明した。

```
$ cat step4 ⏎
-198 91-
$
```

aとbの差が負の値になった場合に負号を除去し忘れていたことが原因だった。そこで「a-b」の計算後に負号を取り除くコードを追加した。

■数字のマジックを検証するプログラム（magic.sh）のデバッグ版

```
#! /bin/sh

# 1）好きな3桁の数aを引数から受け取る                      #
echo $1                                                    |
# 2）その3桁の数aの左右を入れ替えた数bを作る                #
awk '{print $1, substr($1,3,1) substr($1,2,1) substr($1,1,1)}' |
# 3）aとbの差xを求める（3桁に0パディング）                  #
awk '{printf("%03d\n", $1-$2)}'                            |
tr -d '-'                                                  | # 追加
# 4）その3桁の数xの左右を入れ替えた数yを作る                #
```

```
awk '{print $1, substr($1,3,1) substr($1,2,1) substr($1,1,1)}' |
# 5) xとyの和を求めると……、必ず1089になるはず                    #
awk '{print $1+$2}'
```

これで、次のように正しく動くようになった。

```
$ ./magic.sh 123 ⏎
1089
$
```

これが tee コマンド仕込みデバッグである。

▶ 実行ログ収集デバッグ

tee コマンドがパイプを流れるデータに注目するデバッグ方法であるのに対し、こちらはシェルスクリプトの動作に注目するデバッグ方法である。具体的にはシェル変数や制御構文（if、for、while など）が正しく動作しているかを確認するのに役立つ。

先ほどの数字のマジックをシェル変数ベースで書いたプログラム（同様のバグが残っている）があり、デバッグすることになったとする。このシェルスクリプトではパイプを一切使っていないので tee コマンド仕込みデバッグが通用しない。そこで、冒頭の 2 行に exec と set のおまじないを書いて実行する。

■ 数字のマジックを検証するプログラム magic2.sh

```
#! /bin/sh

# 実行ログを取得
exec 2>/PATH/TO/logfile.$$.txt  # 標準エラー出力の内容をファイルに書き出す
set -vx                          # 実行ログの標準エラー出力への書き出しを開始する
この行以降のシェルスクリプトの動作が/PATH/TO/logfile.プロセスID.txtに記録される

a=$1
b=$(awk -v a=$a 'BEGIN{print substr(a,3,1) substr(a,2,1) substr(a,1,1)}')
x=$(printf '%03d' $((a-b)))
y=$(awk -v x=$x 'BEGIN{print substr(x,3,1) substr(x,2,1) substr(x,1,1)}')
echo $((x+y))
```

実行後に実行ログの中身を見ると、このようになっていた。

■シェルスクリプト magic2.sh の実行ログ

```
この行以降のシェルスクリプトの動作が/PATH/TO/logfile.txtに記録される
a=$1
+ a=123
b=$(awk -v a=$a 'BEGIN{print substr(a,3,1) substr(a,2,1) substr(a,1,1)}')
awk -v a=$a 'BEGIN{print substr(a,3,1) substr(a,2,1) substr(a,1,1)}')
awk -v a=$a 'BEGIN{print substr(a,3,1) substr(a,2,1) substr(a,1,1)}'
++ awk -v a=123 'BEGIN{print substr(a,3,1) substr(a,2,1) substr(a,1,1)}'
+ b=321
x=$(printf '%03d' $((a-b)))
printf '%03d' $((a-b)))
printf '%03d' $((a-b))
++ printf %03d -198
+ x=-198
y=$(awk -v x=$x 'BEGIN{print substr(x,3,1) substr(x,2,1) substr(x,1,1)}')
awk -v x=$x 'BEGIN{print substr(x,3,1) substr(x,2,1) substr(x,1,1)}')
awk -v x=$x 'BEGIN{print substr(x,3,1) substr(x,2,1) substr(x,1,1)}'
++ awk -v x=-198 'BEGIN{print substr(x,3,1) substr(x,2,1) substr(x,1,1)}'
+ y=91-
echo $((x+y))
magic2.sh: line 12: 91-: syntax error: operand expected (error token is "-")
```

先頭に「+」がない行は、その時点で読み込んだコードやその他の標準エラー出力への出力文字列である。一方「+」で始まる行はコードの実行結果である。シェル変数も展開された状態で出力され、どの時点でどのように実行されたが一目でわかる。

この実行ログの最後の行を見ると、magic2.sh の 12 行目で実行時エラーが発生しているのがわかるので、これを手掛かりにデバッグしていくのである。

なお、このプログラムにはさらにいくつかバグが潜んでいる。たとえば引数（数 *a*）に 750 を与えると結果が 1089 にならないのだが、今説明したやり方によりぜひ自力でデバッグしてみてもらいたい。

解説 Description

■▶ tee コマンドについて

　tee コマンドの由来は、T 字型のパイプである。T 字型のパイプは、入ってきた流体が 2 方向に分岐する。tee コマンドはこれと同様に、標準入力から入ってきたデータを一方はそのまま標準出力に送り、もう一方は引数で指定されたファイルに送る（ただし、本物の T 字型パイプと違ってデータ量は半減しない）。これは UNIX において、パイプという仕組みと並んで偉大な発明品だと思う。

■▶ set コマンドの -v と -x オプションについて

　シェルの内部コマンド set におけるこれら 2 つのオプションは、まさにデバッグのために存在するといっても過言ではないのではなかろうか。

　先ほど示した実際の実行ログを見ればわかるように、-v オプションは読み込んだシェルスクリプトのコードをそのまま標準エラー出力に送るものであり、-x オプションは実行したコード文字列を（シェル変数を展開しながら）標準エラー出力に送るものである。シェルにはステップ実行をしてくれる機能はないが、実行経過を各行ログに書き出してくれる機能がある。これはさまざまな言語を見渡しても珍しい機能ではないだろうか。

　ちなみにシェルスクリプトの途中で

```
set +vx
```

と書けば、その行以降は実行ログに出力されないし、併せて

```
exec 2>/dev/stderr
```

と書けば本来の標準エラー出力に戻る[注22]。

■▶ 実行ログを恒久的に残すか

　実行ログはデバッグのために紹介したが、私はデバッグ作業のときのみならず、リリース後も日頃から実行ログを取り、恒久的に残すようにしている。だが、その是非を巡って

注 22：ファイルディスクリプターを熟知しているのであれば、冒頭で exec 3>&2 2>logfile などと書いて本来の標準エラー出力を別のファイルディスクリプターに退避させておき、最後に exec 2>&3 3>&- とやるのが望ましい。

は2つの意見が対立する。

■ 恒久的に実行ログを残すことによる利点

最大の利点は、緊急事態に陥ったときでも、素早く平常を取り戻すのに役立つ点にある。

たとえば、作ったプログラムに100万回に1度の割合でしか起こらないバグが潜んでいたとしよう。しかし、ひとたび起これば大損害をもたらす最悪のバグだったとする。ある日、不幸にもそのバグが発生してしまったために、血眼になってデバッグする羽目になった。ところが、実行ログをとっていなかったので何も手がかりがない！　再現するにも100万回に一度の現象などそう簡単には起こらない。一体、このデバッグ地獄はいつ終わるんだろうか……。恒久的に実行ログを残しておけば、こうした万が一の事態にもきちんと対処できる。実行ログも「ログ」の一種であり、ログとは本来そういう目的のものである。

現実の世界では、いくら自分が正しいプログラムを書いていても、外部システムやハードウェア、あるいは人為的な問題により想定外の事故が起こる。実行ログの恒久的保存という発想も、こういう事態に散々泣かされてきたからこそ、生まれたものである。

■ 恒久的に実行ログを残すことによる危険性

実行ログ保存の恩恵の裏には2つの脅威がある。

1つは、ログファイルによるディスク空き領域の圧迫である。1回のWebアクセスで1～数行程度であるWebアクセスログの成長に比べると、実行ログの成長速度は何百倍にもなる。したがって、異常な頻度でアクセスを受ければ、ディスクの空き領域が食い尽くされてサービス不能に陥るおそれがあるということだ。

もう1つは、機密情報の漏洩の危険性である。実行ログには動作中のあらゆる情報が残るし、先ほど示したように、シェル変数の内容は丸見えだ。たとえばログイン認証のCGIスクリプトであれば、クライアントから送られてきたIDやパスワードが平文で残ってしまう。無関係な人にそのログファイルを開かれてしまったら、あなたのプログラマーとしての信用は地に墜ちるだろう。

■ あるセキュリティー専門家のアドバイス

ディスク空き領域の圧迫への対策は容易だ。残量が一定量以下であることを検出したら、ログ収集を中止したり、過去のものから削除するようにプログラムを組めばよい。

より根深い問題は、情報漏洩だ。この問題に対し、私はセキュリティーの専門家から「**ログファイルに gzip などで圧縮を掛けて保存するだけでも効果がある。**」とアドバイスを受けた。悪意ある人間は知能を持っており、そういう相手からログファイルを守るのは確かに困難だが、情報漏洩に関しては、手当たり次第に情報を暴露しようとするマルウェアによって被害に遭う可能性の方がよほど高い。マルウェアは、たいていバイナリーファイルを

バイナリーのまま暴露するため、途中でファイルが壊れる可能性が高い。もちろん、将来マルウェアの知能が上がったら暗号化の検討も必要であろうが、ログファイルを圧縮するという手段は、確かに現状での妥協点だと思った。

そこで私は、zpipeというコマンドを作った[注23]。これはコマンド呼び出し元のプロセスが生存している間だけ存在するような名前付きパイプを作る（=mkfifoする）コマンドで、その名前付きパイプの先には圧縮コマンド（compress）が待ち構えており、随時圧縮しながらファイルに書き落とすという仕組みだ。使い方は次のとおりである。

■zpipeコマンドを使った圧縮実行ログ取得方法

```sh
#! /bin/sh


# 実行ログを取得
# zpipe: 第1引数=作りたい名前付きパイプのパス
#        第2引数=最終的に書き落としたいファイルのパス
zpipe /PATH/TO/named_pipe /PATH/TO/logfile.$$.txt.Z
[ $? -eq 0 ] || exit 1       # zpipeに失敗したら中断
exec 2>/PATH/TO/named_pipe   # 今作った名前付きパイプに書き込ませる
set -vx                      # 走行ログ取得開始

# 以降の内容が実行ログに記録される
   :
# zpipeを実行したプログラムが終了したら、named_pipeは自動消滅する
```

もちろん、平文の実行ログを作った後で、cronでまとめて圧縮するシェルスクリプトを作ってもよいのだが、このコマンドを使えば平文での生存期間を0にすることが可能である。

注23：https://github.com/ShellShoccar-jpn/misc-tools/blob/master/zpipe

第6章
chapter.6

POSIX
原理主義テクニック
…… Web 編

前章の POSIX 原理主義テクニックは堪能していただけただろうか。JSON、XML のパースができることにびっくりする人が多いが、**驚くのはまだ早い！** Web アプリケーションを作るうえで役立つ数々のレシピを紹介するのはこれからだ。そもそも POSIX の範囲でWeb アプリケーションを作れるということ自体、信じられない人が多いようだが、本章を読めばそれが本当であることを実感できるだろう。

recipe 6-1 URL デコードする

Q 問題

Web サーバーのログを見ていると、検索ページからジャンプしてきている形跡があった。しかし、検索キーワードは URL エンコードされた状態であり、デコードしないとわからないのでデコードしたい。どうすればよいか。

A 回答

そんなに難しい仕事ではないから、素直に書いて作ればよい。基本的には、正規表現で %[0-9A-Fa-f]{2} を検索し、見つかるたびに printf 関数を使ってその 16 進数に対応するキャラクターに置き換えればよい。AWK で書くならこんな感じだ。

■URL デコードするコード

```
env -i awk '
BEGIN {
  # --- prepare
  OFS = "";
  ORS = "";
  # --- prepare decoding
  for (i=0; i<256; i++) {
    l  = sprintf("%c",i);
    k1 = sprintf("%02x",i);
    k2 = substr(k1,1,1) toupper(substr(k1,2,1));
    k3 = toupper(substr(k1,1,1)) substr(k1,2,1);
    k4 = toupper(k1);
    p2c[k1]=l;p2c[k2]=l;p2c[k3]=l;p2c[k4]=l;
  }
  # --- decode
  while (getline line) {
    gsub(/\+/, " ", line);
```

```
    while (length(line)) {
      if (match(line,/%[0-9A-Fa-f][0-9A-Fa-f]/)) {
        print substr(line,1,RSTART-1), p2c[substr(line,RSTART+1,2)];
        line = substr(line,RSTART+RLENGTH);
      } else {
        print line;
        break;
      }
    }
    print "\n";
  }
}'
```

1文字ではなく1バイトずつ処理する必要があるので env -i を AWK の手前に付けて、ロケール環境変数の影響を受けないようにする。

このコードをいちいち書くのも面倒だと思うので、コマンド化したものを GitHub で公開した[注1]。そちらを使ってもよい。

解説 Description

文字を1バイトごとに、16進数2桁表現でアスキーコード化し、その先頭に「%」文字を付けるエンコード方式を**パーセントエンコーディング**と呼ぶ。ただし、URL に用いる文字のうち特殊な意味をもつものだけをパーセントエンコーディングするとともに半角空白は「%20」ではなく「+」にエンコードする場合を、「URL エンコーディング」とか「URL エンコード」などと呼んだりする。これは、RFC 3986 の Section2.1 で定義されている。このエンコーディングのルールさえ理解できれば、デコーダーを作ることなど大したことではない。

Web 検索すると urlendec というパッケージ[注2]が見つかる。しかし POSIX 原理主義者たるもの、そういったものに安易に頼ってはいけない。このツールは x86（32bit）向けのアセンブリで書かれており、なんと 64bit 環境非対応なのだ。もしこのソフトを愛用している人が 32bit 環境から 64bit 環境に移行しようとすると、痛い目を見る（かつての筆者）。

参照

→レシピ 6-2　URL エンコードする
→RFC 3986 文書（http://www.ietf.org/rfc/rfc3986.txt）

注1：https://github.com/ShellShoccar-jpn/misc-tools/blob/master/urldecode
注2：http://www.whizkidtech.redprince.net/urlendec/

recipe 6-2 URL エンコードする

Q 問題

Web API を叩きたいのだが、パラメーターには URL エンコーディングされた文字列を渡さなければならない。どうすればいいか？

A 回答

URL デコードよりも多少面倒だが、やはりそんなに難しい仕事でないので素直に書いて作る。基本的には、文字列を 1 バイトずつ読み込んで、2 桁 16 進数（大文字）のアスキーコードにしながら先頭に「%」を付ける。「多少面倒」というのは、変換の必要がある文字かどうかを判断して必要な場合のみ変換するということだ。その注意点を踏まえながら AWK で書くと、こんな感じだ。

■URL エンコードするコード

```
env -i awk '
BEGIN {
  # --- prepare
  OFS = "";
  ORS = "";
  # --- prepare encoding
  for(i= 0;i<256;i++){c2p[sprintf("%c",i)]=sprintf("%%%02X",i);}
  c2p[" "]="+";
  for(i=48;i< 58;i++){c2p[sprintf("%c",i)]=sprintf("%c",i);    }
  for(i=65;i< 91;i++){c2p[sprintf("%c",i)]=sprintf("%c",i);    }
  for(i=97;i<123;i++){c2p[sprintf("%c",i)]=sprintf("%c",i);    }
  c2p["-"]="-"; c2p["."]="."; c2p["_"]="_"; c2p["~"]="~";
  # --- encode
  while (getline line) {
    for (i=1; i<=length(line); i++) {
      print c2p[substr(line,i,1)];
```

```
    }
    print "\n";
  }
}'
```

1文字ではなく1バイトずつ処理する必要があるため env -i を AWK の手前に付けてロケール環境変数の影響を受けないようにする必要があるのは、デコードのときと同じである。

こちらも上記のコードをいちいち書くのは面倒だと思うので、コマンド化したものをGitHubで公開した。そちらを使ってもよい[注3]。

解 説 Description

URL エンコーディングとは何かということについては「レシピ 6-1　URL デコードする」で説明したので省略する。そこで不足していた説明としては、エンコーディングする必要のある文字が何かということだが、逆に必要のない文字は次のとおりである。

◎ アルファベット（A〜Z、a〜z）
◎ 数字（0〜9）
◎ ハイフン（-）
◎ ピリオド（.）
◎ アンダースコア（_）
◎ チルダ（~）

これらの文字については、エンコーディングせずにそのまま出力するのだが、1つ1つ判定するのは大変なので「回答」で示したコードのように AWK の連想配列を使うのがよいだろう。

参 照

→レシピ 6-1　URL デコードする
→RFC 3986 文書（http://www.ietf.org/rfc/rfc3986.txt）

注3：https://github.com/ShellShoccar-jpn/misc-tools/blob/master/urlencode

> **COLUMN** ▶ おススメはしないけど……
>
> GNU 版 sed を使うと、
>
> ```
> s=" ここにURLエンコードした文字 "
> echo -e $(echo -n "$s" | od -A n -t x1 -v -w 99999 | tr ' ' % | sed 's/%20/+/g' | sed 's/%\(2[de]\|3[0-9]\|4[^0]\|5[0-9AaFf]\|6[^0]\|7[0-9]\)/\\x\1/g')
> ```
>
> というワンライナーにできるらしいが、POSIX 原理主義者ならとーぜん禁じ手だ。

recipe 6-3 Base64 エンコード・デコードする

Q 問題

メールを扱うシェルスクリプトを書きたい。しかしメールでは、Base64 エンコードやデコードをしなければならない場面が多数ある。どうすればいいか？

A 回答

Linux などには base64 というコマンドが標準でインストールされていたりするのでそれを使うという手もあるが、base64 は残念ながら POSIX 準拠コマンドではない。とはいえ、Base64 の変換アルゴリズムはさほど複雑ではなく、公開されている仕様（RFC 2045）や既存の base64 コマンドに準拠するものを POSIX の範囲で実装したものがあるのでそれを使う。

■ Base64 コマンドの使い方

どのようにして実装したのかはこのあとの解説で説明するとして、まずは使ってみよう。

Base64 コマンドを POSIX の範囲で書き直し、GitHub に公開したので、手元の環境になければ下記のページからそれをダウンロードする。

◎ https://github.com/ShellShoccar-jpn/misc-tools/blob/master/base64

ダウンロードして実行権限を与えたら、標準入出力経由でデータを渡すと Base64 に変換される。

```
$ echo 'ShellShoccar' | ./base64
U2hlbGxTaG9jY2FyCg==
$
```

-d オプションを付ければデコードになるので、先ほど変換した Base64 文字列を渡せば元の文字列が出てくる。

```
$ echo 'U2hlbGxTaG9jY2FyCg==' | ./base64 -d
ShellShoccar
$
```

エンコードとデコードは互いに逆変換の関係なので、それらを連続して通せば元のままの文字列が出力される。

```
$ echo 'ShellShoccar' | ./base64 | ./base64 -d
ShellShoccar
$
```

解説 Description

Base64 の仕様[注4]は複雑ではないので素直に実装すればよい。とはいえ、シェルスクリプトにとっては大きな問題がある。Base64 はテキストデータだけでなくバイナリーデータも対象としているのだが、シェルスクリプトでは NULL 文字 <0x00> を扱うのが大変なのである。しかしこの問題は、「レシピ 5-11 バイナリーデータを扱う」で克服した。先に紹介した POSIX 版 base64 コマンドは、そのレシピで示したコードに Base64 の仕様を追加して作られている。

参照

→ RFC 2045 文書（http://www.ietf.org/rfc/rfc2045.txt）
→ レシピ 5-11 バイナリーデータを扱う
→ レシピ 6-11 シェルスクリプトでメール送信

注 4：Wikipedia などの Base64 に関する記述を参照。仕様は複雑ではないのだが、仕様の方言がいくつもある。このレシピではメールで扱うことを想定しているため、MIME でのエンコード（RFC 2045）の仕様に沿っている。

CGI 変数の取得（GET メソッド編）

Web ブラウザーから送られてくる CGI 変数を読み取りたい。ただし、GET メソッド（環境変数 REQUEST_METHOD が「GET」の場合）である。

A 回答

CGI 変数を読み出すのに便利な 2 つのコマンド（「cgi-name」および「nameread」）が Open usp Tukubai で提供されており、これらを POSIX の範囲で書き直したものが存在するので、まずこれらをダウンロード[注5]する。

今、Webブラウザーが次のような HTML に基づいて CGI 変数を送ってくるものとしよう。

■Web ブラウザーが送信する元になる HTML

```html
<form action="form.cgi" method="GET">
  <dl>
    <dt>名前</dt>
      <dd><input type="text" name="fullname" value="" /></dd>
    <dt>メールアドレス</dt>
      <dd><input type="text" name="email" value="" /></dd>
  </dl>
  <input type="submit" name="post" value="送信" />
</form>
```

GET メソッド（環境変数 REQUEST_METHOD が「GET」）の場合、CGI 変数は環境変数 QUERY_STRING の中に入っているので、まず cgi-name を使ってこれを正規化して一時ファイルに格納する。あとは nameread コマンドを使い、取り出したい変数をシェル変数などに取り出せばよい。

注5：https://github.com/ShellShoccar-jpn/Open-usp-Tukubai/blob/master/COMMANDS.SH/cgi-name、および https://github.com/ShellShoccar-jpn/Open-usp-Tukubai/blob/master/COMMANDS.SH/nameread にアクセスし、そこにあるソースコードをコピー＆ペーストしてもよいし、あるいは「RAW」と書かれているリンク先を「名前を付けて保存」してもよい。

まとめると次のようになる。

■前述のフォームから送られてきたCGI変数を受け取るシェルスクリプト（form.cgi）

```
#! /bin/sh

Tmp=/tmp/${0##*/}.$$                          # 一時ファイルの元となる名称

printf '%s' "${QUERY_STRING:-}" |
cgi-name                         > $Tmp-cgivars   # 正規化し、一時ファイルに格納

fullname=$(nameread fullname $Tmp-cgivars)    # CGI変数「fullname」を取り出す
email=$(nameread email $Tmp-cgivars)          # CGI変数「email」を取り出す

（ここで何らかの処理）

rm -f $Tmp-*                                   # 用が済んだら一時ファイルを削除
```

なお、漢字や記号が含まれているデータがURLエンコードされたものでももちろん構わない。それらのデコードはcgi-nameコマンドが済ませてくれているのだ。

解説 *Description*

Webブラウザーから情報を受け取りたい場合によく用いられるのがCGI変数だが、その送られ方にはいくつかの種類がある。「回答」で述べたように、GETメソッド（環境変数REQUEST_METHODが「GET」）の場合、CGI変数は環境変数QUERY_STRINGの中に入っている。そしてその中身は、

```
name1=var1&name2=var2& ……
```

というように「変数名＝値」が「&」で繋がれた形式になっており、かつ「値」はURLエンコードされている。

ここまでわかっていれば自力で読み解くコードを書いてもよい。trコマンドで「&」を改行に、「=」を空白に代え、最初の空白より右側から行末までの文字列を「レシピ6-1　URLデコードする」に記したやり方でデコードするのだ。しかし、それをすでに済ませたコマンドがあるのだから、使わせてもらえばよいというわけだ。

「回答」で登場した2つのコマンドだが、「cgi-name」はとりあえずCGI変数文字列を扱いやすい形式に変換して一時ファイルに格納するためのもので、「nameread」はその一時ファイルから好きなタイミングでシェル変数などに値を取り出すためのものである。よって、前者は通常最初に一度だけ使うが、後者は必要に応じてその一時ファイルと共に毎回使うものである。

■ 補足

ここで補足しておきたい事項が3つある。

● 環境変数を echo ではなく printf で受け取る理由

環境変数QUERY_STRINGをechoで受けず、なぜわざわざprintfで受けているのか。その理由は、万が一環境変数に「-n」という文字列が来た場合でも誤動作しないようにするためである。通常は起こりえないのだが、**外部からやってくる情報なので素直に信用してはいけない**というのがWebアプリケーション制作における鉄則だからである。

● 値としての改行の扱い

受け取ったデータの中に改行文字（<CR>、<LF>など）が含まれていた場合、cgi-nameコマンドは「\n」という2文字に変換する。詳細はマニュアルページ[注6]を参照されたい。

● GETメソッドかPOSTメソッドかを判定する

到来するCGI変数データがPOSTメソッドでやってくるのかGETメソッドでやってくるのか決まっていない場合もあるだろう。そのようなときは環境変数REQUEST_METHODの値が「GET」か「POST」かで分岐させればよい。その値が「POST」だった場合には次の「レシピ6-5 CGI変数の取得（POSTメソッド編）」に示す方法で受け取ればよい。

参照

→レシピ 6-1　URLデコードする
→レシピ 6-5　CGI変数の取得（POSTメソッド編）

注6：https://uec.usp-lab.com/TUKUBAI_MAN/CGI/TUKUBAI_MAN.CGI?POMPA=MAN1_cgi-name

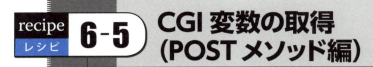

recipe 6-5 CGI変数の取得（POSTメソッド編）

Q 問題

Webブラウザーから送られてくるCGI変数を読み取りたい。ただし、POSTメソッド（環境変数REQUEST_METHODが「POST」の場合）である。

A 回答

基本的には「レシピ6-4 CGI変数の取得（GETメソッド編）」と同じである。よって、まずそちらのレシピで紹介した2つのコマンド（「cgi-name」および「nameread」）をダウンロード[注7]する。

ここでも例を挙げて説明しよう。今、Webブラウザーが次のようなHTMLに基づいてCGI変数を送ってくるものとする。

■Webブラウザーが送信する元になるHTML

```html
<form action="form.cgi" method="POST">
  <dl>
    <dt>名前</dt>
      <dd><input type="text" name="fullname" value="" /></dd>
    <dt>メールアドレス</dt>
      <dd><input type="text" name="email" value="" /></dd>
  </dl>
  <input type="submit" name="post" value="送信" />
</form>
```

これを取得するためのシェルスクリプトは次のようになる。

注7：https://github.com/ShellShoccar-jpn/Open-usp-Tukubai/blob/master/COMMANDS.SH/cgi-name、および https://github.com/ShellShoccar-jpn/Open-usp-Tukubai/blob/master/COMMANDS.SH/namereadにアクセスし、そこにあるソースコードをコピー＆ペーストしてもよいし、あるいは「RAW」と書かれているリンク先を「名前を付けて保存」してもよい。

■前述のフォームから送られてきた CGI 変数を受け取るシェルスクリプト（form.cgi）

```
#! /bin/sh

Tmp=/tmp/${0##*/}.$$                          # 一時ファイルの元となる名称

dd bs=${CONTENT_LENGTH:-0} count=1 |
cgi-name                     > $Tmp-cgivars   # 正規化し、一時ファイルに格納

fullname=$(nameread fullname $Tmp-cgivars)    # CGI変数「fullname」を取り出す
email=$(nameread email $Tmp-cgivars)          # CGI変数「email」を取り出す

（ここで何らかの処理）

rm -f $Tmp-*                                  # 用が済んだら一時ファイルを削除
```

GET メソッドとの唯一の違いは、読み出し元が環境変数ではなく標準入力に代わったことだ。プログラム上では、それに対応するため dd コマンドを用いるようになった点のみが異なっている。

解説 *Description*

基本的な解説は「レシピ 6-4　CGI 変数の取得（GET メソッド編）」で済ませてあるので、同じことに関しては省略する。ここでは POST メソッドの場合に異なる点についてのみ述べる。

先ほども述べたように、POST では CGI 変数が格納されている場所が環境変数ではなく標準入力であるという点が GET と唯一異なる。標準入力から受け取るなら cat コマンドでもいいような気がするが、安全を期して dd コマンドを使うべきだ。環境によっては、運が悪いと標準入力からのデータを受け取るのに失敗して cat コマンドの実行で止まってしまうおそれがあるからだ。CGI 変数文字列のサイズ（環境変数 CONTENT_LENGTH）が 0 である場合は読み取る必要がないのだが、環境によっては 0 なのに読もうとすると止まってしまうことがあるようだ。そのためにこのようなやり方を推奨している。

参照

→レシピ 6-4　CGI 変数の取得（GET メソッド編）
→レシピ 6-6　Web ブラウザーからのファイルアップロード

recipe 6-6 Web ブラウザーからのファイルアップロード

Q 問題

Web ブラウザーからアップロードされたファイルを受け取れるようにするには、どうしたらよいか？

A 回答

CGI 変数の受け取りと同様に、アップロードされてきたファイルを受け取るのに便利なコマンド（mime-read）が Open usp Tukubai で提供されており、これらを POSIX の範囲で書き直したものが存在する。まずこれをダウンロード[注8]する。

GET、POST のレシピと同様に例を挙げて説明しよう。今、Web ブラウザーが次のような HTML に基づいて CGI 変数を送ってくるものとする。

■Web ブラウザーが送信する元になる HTML

```
<form action="form.cgi" method="POST" enctype="multipart/form-data">
  <dl>
    <dt>証明写真ファイル</dt>
      <dd><input type="file" name="photo" /></dd>
    <dt>写っている人の名前</dt>
      <dd><input type="text" name="fullname" value="" /></dd>
  </dl>
  <input type="submit" name="post" value="送信" />
</form>
```

ファイルアップロード時は一般的に POST メソッドで multipart/form-data 形式を用いるが、この場合に Web ブラウザーから送られてくる CGI 変数を取得するためのシェルスクリプトは次のようになる。

注8：https://github.com/ShellShoccar-jpn/Open-usp-Tukubai/blob/master/COMMANDS.SH/mime-read にアクセスし、そこにあるソースコードをコピー＆ペーストしてもよいし、あるいは「RAW」と書かれているリンク先を「名前を付けて保存」してもよい。

■前述のフォームから送られてきた CGI 変数を受け取るシェルスクリプト（form.cgi）

```
#! /bin/sh

Tmp=/tmp/${0##*/}.$$                               # 一時ファイルの元となる名称

dd bs=${CONTENT_LENGTH:-0} count=1 > $Tmp-cgivars  # そのまま一時ファイルに格納

mime-read photo $Tmp-cgivars > $Tmp-photofile      # CGI変数「photo」をファイルとして保存

# アップロードされたファイル名を取り出すならたとえばこのようにする
filename=$(mime-read -v $Tmp-cgivars                                             |
           grep -Ei '^[0-9]+[[:blank:]]*Content-Disposition:[[:blank:]]*form-data;' |
           grep '[[:blank:]]name="photo"'                                        |
           head -n 1                                                             |
           sed 's/.*[[:blank:]]filename="\([^"]*\)".*/\1/'                       |
           tr '/"' '--'                                                          )

fullname=$(mime-read fullname $Tmp-cgivars)        # CGI変数「fullname」をファイルとして保存

（ここで何らかの処理）

rm -f $Tmp-*                                       # 用が済んだら一時ファイルを削除
```

通常の POST メソッドの場合と違い、到来した CGI 変数データは何も加工せずにそのまま一時ファイルに置き、ファイルや CGI 変数が必要になったらその都度 mime-read コマンドを使う。また、ファイルに関しては、アップロード時のファイル名を取得することもできる。mime-read コマンドの -v オプションを付けると、MIME ヘッダーを返すようになるため、UNIX コマンドを駆使して取り出せばよい。

解説 *Description*

HTTP でのファイルアップロードは、一般的に POST メソッドを用いて行うため、「レシピ 6-5　CGI 変数の取得（POST メソッド編）」と同様に標準入力を読み出せばいいのだが、multipart/form-data という MIME ヘッダー付きのフォーマットで到来する点が異なる。

先ほどの HTML であれば、次のようなデータが送られてくる。

■ 前述の HTML から送られてくるデータの例

```
--751A8F78020934B141231A1121CD31EF
Content-Disposition: form-data; name="photo"; filename="D:\work\komei.jpg"
Content-Type: image/jpeg

（ここにJPEGファイルの中身……
            :
            :
            :
    ………………………………………………………）
--751A8F78020934B141231A1121CD31EF
Content-Disposition: form-data; name="fullname"

諸葛孔明
--751A8F78020934B141231A1121CD31EF
```

ハイフンで始まる行は各々の CGI 変数データセクションの境界を表しており、後ろのランダムな数字をもって、データの中身とは区別できるようにしている。1 つのセクションはヘッダー部とボディー部からなり、セクション内の最初の空行で仕切られる。したがって変数名やファイル名はヘッダー部から取り出し、値はボディー部をそのまま取り出せばよい。ボディー部分は、基本的に何のエンコードもされないためバイナリーデータである。これを取り出すには一工夫必要だ。AWK は NULL（<0x00>）を含んでいるとそこを行末とみなして、それ以降の行末までの文字列が取り出せない[注9]ので、バイナリーデータを取り出すのには使えないからだ。

■ AWK で行を数え、head/tail/dd で取り出す

ではどうすればいいのか。先ほど例示した MIME マルチパート形式フォームデータをもう一度眺めてもらいたい。

今この中の JPEG ファイルを取り出したいとしよう。JPEG ファイルはバイナリーデータだが、**ファイルの開始バイト位置の直前と終了バイト位置の直後には必ず改行コードが存在する**という特徴がある。ということは、開始行番号と終了行番号がわかれば、head と tail コマンド、および dd コマンド（後述）を組み合わせて取り出すことができるということだ。

バイナリーデータに行番号という概念はないのだが、head や tail コマンドからすれば、とにかくその中に改行コードが何個あるかさえわかればよい。たとえば、

注 9：GNU 版 AWK は取り出せるのだが。

```
1 2 3 <0x00> 4 5 6 <0x0A> A B <0x0D> C <0x0A> D E F
```

というバイナリーデータ列であれば、テキストファイル的に（head や tail コマンドにとって）は <0x0A> が 2 回出現するため、3 行（<0x0A> の出現回数＋ 1）のデータに見える[注10]（<0x00> がどこに入っているかは関係ない）。

したがって、開始行番号とそこから何行続くのかをあらかじめ数える必要があるが、数えるだけなら AWK にもできる。AWK は、NULL（<0x00>）が出現すると、そこから次の改行コード（<0x0A>）が出てくる位置までの処理はできないが、改行のカウントが狂うわけではないし、MIME マルチパートデータの境界行や MIME ヘッダー行はあくまでテキストデータであるので正しく扱える。

head と tail コマンドで取り出した後で dd コマンドを使うのは、データの末端にある改行コードを取り除くためである。先ほども述べたように、MIME マルチパートデータでは、格納されているファイルの終了バイト位置の直後に必ず改行コードが付いているので、head/tail コマンドで取り出しただけでは、最後に余分な改行が必ず付いてくる。MIME マルチパートの改行は CR + LF という 2 バイトであるため、2 バイト切り詰めればよい。そのために dd コマンドを使うのである。この際、切り詰める前のファイルサイズを知るために ls -l を実行しておく。

これら一連の作業をコマンド化したものが、POSIX の範囲で書き直した mime-read コマンドなのである。

参照

→レシピ 4-6　改行なし終端テキストを扱う
→レシピ 6-4　CGI 変数の取得（GET メソッド編）
→レシピ 6-5　CGI 変数の取得（POST メソッド編）
→レシピ 6-13　他の Web サーバーへのファイルアップロード

注10：もし「D E F」がなくて <0x0A> で終了していたら 2 行のテキストデータに見えるが、MIME マルチパートの中においては直後に必ず改行コードが付くため、結局 3 行（<0x0A> の出現回数＋ 1）に見える。

recipe 6-7 シェルスクリプトおばさんの手づくり Cookie（読み取り編）

Q 問題

クライアント（Web ブラウザー）が送ってきた Cookie 情報を、シェルスクリプトで書いた CGI スクリプトで読み取りたい。

A 回答

Cookie 文字列は CGI 変数とよく似たフォーマットで、しかも環境変数で渡ってくるので「レシピ 6-4　CGI 変数の取得（GET メソッド編）」がほぼ流用できる。しかし、若干の相違点があるので、具体例を示しながら説明する。

例として、掲示板の Web アプリケーションの場合を考えてみる。投稿者名とメールアドレスをそれぞれ「name」「email」という名前で Cookie に保存していたとすると、それを取り出すには次のように書けばよい。

■掲示板の投稿者名と e-mail を Cookie から取り出す

```
#! /bin/sh

Tmp=/tmp/${0##*/}.$$                               # 一時ファイルの元となる名称

printf '%s' "${HTTP_COOKIE:-}"      |
sed 's/&/%26/g'                     |
sed 's/[;, ]\{1,\}/\&/g'            |
sed 's/^&//; s/&$//'                |
cgi-name                            > $Tmp-cookievars  # 正規化し、一時ファイルに格納

name=$(nameread name $Tmp-cookievars)              # Cookie変数「name」を取り出す
email=$(nameread email $Tmp-cookievars)            # Cookie変数「email」を取り出す

（ここで何らかの処理）
```

```
rm -f $Tmp-*                              # 用が済んだら一時ファイルを削除
```

GET メソッドとの違いは、

◎ 読み取る環境変数が「QUERY_STRING」ではなく「HTTP_COOKIE」であること
◎ 変数の区切り文字が「&」ではなく「;」であること

の2つである。前述のシェルスクリプトの printf 行では環境変数が替わっている。その下にある 3 つの sed 行は、Cookie 変数文字列のフォーマットを CGI 変数文字列のフォーマットに変換し、cgi-name コマンドに流用するために追加したものである。

解説 *Description*

Cookie のフォーマットについては RFC 6265 で詳しく定義されているが、次のような文字列でやってくる。

```
name1=var1; name2=var2; ……
```

このルールさえわかれば自力でやるのも難しくはないが、CGI 変数文字列とよく似ているので「cgi-name」コマンドと「nameread」コマンドで処理できるように変換するのが簡単だ。

参照

→レシピ 6-4　CGI 変数の取得（GET メソッド編）
→レシピ 6-8　シェルスクリプトおばさんの手づくり Cookie（書き込み編）
→RFC 6265 文書（http://tools.ietf.org/html/rfc6265）

recipe 6-8 シェルスクリプトおばさんの手づくりCookie（書き込み編）

掲示板Webアプリケーションを作ろうと思う。投稿者の名前とe-mailアドレスを、Cookieでクライアント（Webブラウザー）に1週間覚えさせるには、どうすればよいか。

A 回答

順を追っていけばシェルスクリプトでも手づくり（POSIXの範囲）でCookieが焼ける（Cookieヘッダーを作れる）し、クライアントから読み取ることもできる。しかしやることがたくさんあるので、POSIXの範囲で実装した「mkcookie」コマンド[注11]をダウンロードして使うことにする。

名前(name)とメールアドレス(email)をCookieに覚えさせるCGIスクリプトであれば、次のように書く。

■掲示板で名前とメールアドレスをCookieに覚えさせるCGIスクリプト（bbs.cgi）

```
#! /bin/sh

Tmp=/tmp/${0##*/}.$$          # 一時ファイルの元となる名称

（名前とメールアドレスを設定するための何らかの処理）

# 「変数名＋空白1文字＋値」で表現された元データファイルを作成
cat <<-FOR_COOKIE > $Tmp-forcookie
    name $name
    email $email
FOR_COOKIE
```

注11：https://github.com/ShellShoccar-jpn/misc-tools/blob/master/mkcookie

```
# Cookie文字列を作成
cookie_str=$(mkcookie -e +604800 -p /bbs -s Y -h Y $Tmp-forcookie)
              # -e +604800: 有効期限を604800秒後(1週間後)に設定
              # -p /bbs    : サイトの/bbsディレクトリー以下で有効なCookieとする
              # -s Y       : Secureフラグを付けて、SSL接続時以外には読み取れないようにする
              # -h Y       : httpOnlyフラグを付けて、JavaScriptには拾わせないようにする

# HTTPヘッダーを出力
cat <<-HTTP_HEADER
    Content-Type: text/html$cookie_str

HTTP_HEADER

（ここでHTMLのボディー部分を出力）

rm -f $Tmp-*                       # 用が済んだら一時ファイルを削除
```

　mkcookieコマンドに渡す変数は、1変数につき1行で「**変数名＜半角空白1文字＞値**」という書式にして作る。変数名と値の間に置く半角空白は1文字にすること。もし2文字にすると2文字目は値としての半角空白とみなされるので注意が必要だ。mkcookieコマンドのオプションについては、--helpオプションなどで表示されるUsageを参照されたい。RFC 6265で定義されている属性に対応しているので、すぐにわかるだろう。

　最後に、ここでできあがったCookie文字列は、出力しようとしているほかのHTTPヘッダーに付加して送るが、注意すべき点が1つある。**mkcookieコマンドは、先頭に改行を付ける仕様になっている**ので、前述の例のように他のヘッダー（たとえばContent-Type:）の行末に付加するようにし、単独の行とはしないよう気を付けなければならないということだ。

解説 *Description*

　クライアントにCookieを送るためにはまず、Cookie文字列がどんな仕様になっているかを知る必要がある。具体例を示そう。まず、次のような条件があるとする。

◎ 投稿者の名前（name）は、「6号さん」
◎ 投稿者のメールアドレス（email）は、6go3@example.com
◎ 有効期限は、現在（2016/10/01 10:20:30とする）から1週間後

◎ サイトの「/bbs」ディレクトリー以下で有効
◎ example.com というドメインでのみ有効
◎ Secure フラグ有効（SSL でアクセスしているときのみ）
◎ httpOnly フラグ有効（JavaScript には取得させない）

このときに生成すべき Cookie 文字列は次のとおりだ。

```
Set-Cookie: name=6%E5%8F%B7%E3%81%95%E3%82%93; expires=Sat, 08-Oct-2016 19:20:30 GMT; path=/bbs; domain=example.com; Secure; HttpOnly
Set-Cookie: email=6go3%40example.com; expires=Sat, 08-Oct-2016 19:20:30 GMT; path=/bbs; domain=example.com; Secure; HttpOnly
```

つまり、「Set-Cookie:」という名前の HTTP ヘッダーを用意し、そこに、

◎ 変数名 = 値（必須）
◎ expires= 有効期限の日時（RFC 2616 Sec3.3.1 形式、省略可）
◎ path=URL 上で使用を許可するディレクトリー（省略可）
◎ domain=URL 上で使用を許可するドメイン（省略可）
◎ Secure（省略可）
◎ HttpOnly（省略可）

という各種のプロパティーを、セミコロン区切りで付けていく。もし送りたい Cookie 変数が複数ある場合は、1つ1つに「Set-Cookie:」行を付け、expires 以降のプロパティーは同じものを使えばよい。

このような Cookie 文字列を生成するにあたっては、ここまで紹介してきたレシピのうちの2つを活用する。値を URL エンコードするには「レシピ 6-2　URL エンコードする」、有効日時の計算には「レシピ 5-3　シェルスクリプトで時間計算を一人前にこなす」だ。有効期限の日時は「RFC 2616 Sec3.3.1 形式」にするということになっているが、その形式を作るには次のコードを書けばよい。

```
TZ=UTC+0 date +%Y%m%d%H%M%S |
TZ=UTC+0 utconv              | # UNIX時間に変換するコマンド（レシピ5-3参照）
awk '{print $1+86400}'       | # 有効期限を1日としてみた
TZ=UTC+0 utconv -r           | # UNIX時間から逆変換するコマンド（レシピ5-3参照）
awk '{                       #   "Wdy, DD-Mon-YYYY HH:MM:SS GMT"形式に変換
  split("Jan Feb Mar Apr May Jun Jul Aug Sep Oct Nov Dec",monthname);
  split("Sun Mon Tue Wed Thu Fri Sat",weekname);
  Y = substr($0, 1,4)*1; M = substr($0, 5,2)*1; D = substr($0, 7,2)*1;
  h = substr($0, 9,2)*1; m = substr($0,11,2)*1; s = substr($0,13,2)*1;
  Y2 = (M<3) ? Y-1 : Y; M2 = (M<3)? M+12 : M;
  w = (Y2+int(Y2/4)-int(Y2/100)+int(Y2/400)+int((M2*13+8)/5)+D)%7;
  printf("%s, %02d-%s-%04d %02d:%02d:%02d GMT\n",
         weekname[w+1], D, monthname[M], Y, h, m, s);
}'
```

このように、Cookie を手づくりするのも本書のレシピをもってすれば十分可能だ。

参 照

→レシピ 5-3　シェルスクリプトで時間計算を一人前にこなす
→レシピ 6-2　URL エンコードする
→レシピ 6-7　シェルスクリプトおばさんの手づくり Cookie（読み取り編）
→RFC 6265 文書（http://tools.ietf.org/html/rfc6265）
→RFC 2616 文書（http://tools.ietf.org/html/rfc2616）

レシピ 6-9 Ajax で画面更新したい

Q 問題

Webアプリケーション制作で、画面全体を更新せず、Ajaxを用いて部分更新したい。ただ、JavaScriptライブラリーはこりごりだ。prototype.jsは下火になってしまったし、jQueryも頻繁にアップデートを繰り返していて、追いかけるのが大変だし……。

A 回答

POSIX原理主義の意義を省みれば、JavaScript上でも流行りのライブラリー・フレームワークなどには安易に手を出すべきではない。クライアント側については序章でも紹介したW3C原理主義の指針に従うべきだ。すなわち、W3C勧告文書にある関数やクラスを利用するのみとし、原則、外部ライブラリーなどには依存せずに自力でプログラミングする。

自力で書くというと大変なものと思い込みがちだが、実際にやってみればそれほど大げさなものではないとわかるはずだ。Ajaxを用いる簡単なWebアプリをここで作ってみよう。

▶ POSIX + W3C 原理主義による Ajax チュートリアル

ここで作るプログラムは、HTMLフォームのボタンを押すたびにAjaxでサーバーに現在時刻を問い合わせ、時刻欄を書き換えるというものだ。リストは3つ必要になる。まずはHTMLからだ。

■CLOCK.HTML

```
<html>
  <head>
    <title>Ajax Clock</title>
    <style type="text/css">
      #clock {border: 1px solid;width 20em}
```

```
    </style>
    <script type="text/javascript" src="CLOCK.JS"></script>
  </head>
  <body onload="update_clock()">
    <h1>Ajax Clock</h1>
    <div id="clock">
      <dl>
        <dt>Date:</dt><dd>0000/00/00</dd>
        <dt>Time:</dt><dd>00:00:00</dd>
      </dl>
    </div>
    <input type="button" value="update" onclick="update_clock()">
  </body>
</html>
```

次に、Ajax 通信時にサーバー上でレスポンスを返す CGI スクリプトだ。Web ブラウザーから Ajax として呼ばれた際に、現在時刻を取得して前述の HTML 中の <div id="clock"> 〜 </div> の中身を生成して返すというものだ。この CGI スクリプトが **XML や JSON ではなく部分的な HTML を返している**という点も、JavaScript ライブラリー依存から脱するための重要な工夫である。

■CLOCK.CGI

```
#! /bin/sh

datetime=$(date '+%Y/%m/%d %H:%M:%S')
cat <<HTTP_RESPONSE
Content-Type: text/html

    <dl>
      <dt>Date:</dt><dd>${datetime% *}</dd>
      <dt>Time:</dt><dd>${datetime#* }</dd>
    </dl>
HTTP_RESPONSE
exit 0
```

そして最後に、Web ブラウザー上で Ajax 処理を行う JavaScript (CLOCK.JS) である。

■CLOCK.JS

```javascript
// 1.Ajaxオブジェクト生成関数
// （IE、非IE共にXMLHttpRequestオブジェクトを生成するためのラッパー関数）
function createXMLHttpRequest(){
  if(window.XMLHttpRequest){return new XMLHttpRequest()}
  if(window.ActiveXObject){
    try{return new ActiveXObject("Msxml2.XMLHTTP.6.0")}catch(e){}
    try{return new ActiveXObject("Msxml2.XMLHTTP.3.0")}catch(e){}
    try{return new ActiveXObject("Microsoft.XMLHTTP")}catch(e){}
  }
  return false;
}

// 2.Ajax通信関数
// （Ajax通信をしたいときにはこの関数を呼び出す）
function update_clock() {
  var url,xhr,to;
  url = 'http://somewhere/PATH/TO/THE/CLOCK.CGI';
  xhr = createXMLHttpRequest();
  if (! xhr) {return;}
  to =  window.setTimeout(function(){xhr.abort()}, 30000); // 30秒でタイムアウト
  xhr.onreadystatechange = function(){update_clock_callback(xhr,to)};
  xhr.open('GET' , url+'?dummy='+(new Date)/1, true);       // キャッシュ対策
  xhr.send(null); // POSTメソッドの場合は、send()の引数としてCGI変数文字列を指定
}

// 3.コールバック関数
// （Ajax通信が正常終了したときに実行したい処理を、このif文の中に記述する）
function update_clock_callback(xhr,to) {
  var str, elm;
  if (xhr.readyState === 0) {alert('タイムアウトです。');}
  if (xhr.readyState !== 4) {return;                        } // Ajax未完了につき無視
  window.clearTimeout(to);
  if (xhr.status === 200) {
    str = xhr.responseText;
    elm = document.getElementById('clock');
    elm.innerHTML = str;
  } else {
    alert('サーバーが不正な応答を返しました。');
  }
}
```

このように、コメントを除けば40行足らずのJavaScriptコードで、Ajaxが実装できてしまう。

ほぼ同じ内容のファイルをGitHubに公開[注12]してあるので、この3つのファイルを適宜Webサーバーにアップロードし（CLOCK.JS内で指定しているURLは適切に記述すること）、WebブラウザーでCLOCK.HTMLを開いてみるとよい。updateボタンを押すたびに現在時刻に更新されるはずだ。

図 6.1 Ajaxデモプログラムの動作画面

解説 *Description*

世の中ではJavaScriptが流行っており、同時に、それを便利に使うためのライブラリーも実にさまざまなものが登場している。昔はprototype.jsが流行ったが廃れ、トレンドはjQueryに移っている。しかし、たび重なるバージョンアップに追加モジュールがあり、もうこうなると「一体どれを使えばよいのか？？？」となってしまい、AjaxやJavaScript初心者はまずそこから悩むことになる。そんなことに時間を費やすくらいなら、前述のような40行足らずのコードを理解し、コピー&ペーストして使う方がよっぽど簡単ではなかろうか。

前述のJavaScriptコードはXMLHttpRequestというAjaxのためのオブジェクトを使うためのコードだが、いくつかのポイントを押さえれば簡単に理解できる。

● **ポイント1. XMLHttpRequestオブジェクトの生成方法**

IE（Internet Explorer）は他のブラウザーと違って少々クセがある。まずはXMLHttpRequestオブジェクトの生成方法が違う（オブジェクトの使い方は同じ）。IEでも最近のものは他と同様の方法で生成できるが、古いIEはActiveXオブジェクトとして生成しなければならない。

そこで、オブジェクトの生成をいろいろな手段で成功するまで試みるのが最初の関数

注12：https://github.com/ShellShoccar-jpn/Ajax_demo

createXMLHttpRequest() である。これを使えばどのブラウザーで動かされるのかを気にせずオブジェクトが生成できる。

● ポイント2．キャッシュ回避テクニック

　これまた IE 対策なのだが、IE は同じ内容で Ajax 通信を行うと2回目以降はキャッシュを見に行ってしまい、実際の Web サーバーへはアクセスをしないという困ったクセがある。これを回避するテクニックが「キャッシュ対策」とコメントしてある行の記述だ。

　URL の後ろにダミーの CGI 変数を置き、その値を UNIX 時間（Date オブジェクトを利用してそのミリ秒単位の値を求めている）とすることで、アクセスするたびにリクエスト内容が変わるようにしている。これで IE もキャッシュを使わなくなる。

　一応、XMLHttpRequest にはキャッシュを使わせないためのメソッドが用意されているのだが、これまたバージョンによって使い方が微妙に異なるので、CGI 変数を毎回替えるというこの原始的な方法が最も確実である。なお、POST メソッドの場合の CGI 変数は、その1つ後の send メソッドの引数として指定することになっているので注意すること。

　XMLHttpRequest オブジェクトやその各種メソッドやプロパティーの使い方については、その名前で Web 検索してもらいたい。さまざまなページで解説されている。

● ポイント3．無理に XML や JSON を使おうとしない

　このサンプルコードのもう1つの特徴は、**Ajax でありながら XML をやりとりしていない**ことだ。だからといって、最近 XML の代わりに使われるようになってきた JSON も利用していない。サーバー側の CGI スクリプトは、時刻データを XML や JSON で表現したもので返しているのではなく、ハメ込まれる <div> タグの中身の部分 HTML ごと作ってしまっている。こうすると JavaScript 側は受け取った文字列を innerHTML プロパティーに代入するだけで済んでしまう。

　このようにしてサーバー側に部分 HTML の生成を任せてしまえば、ライブラリーなしの JavaScript 側で苦労して HTML の DOM ツリーを操作するなどといった面倒な作業がいらなくなる。その分サーバー側のプログラミングが大変になるのではと思うかもしれないが、「レシピ 6-10　HTML テーブルを簡単キレイに生成する」で紹介している便利な mojihame コマンドを使えば、もっと複雑な HTML でも簡単に生成できるのだ。

　ただし困ったことに **IE8 は、<select> タグには innerHTML プロパティーを代入できない**というバグがある。これがやりたい場合は残念ながら XML や JSON を使うしかない。

> 参　照

→MDN（Mozilla Developer Network）サイトの XMLHttpRequest メソッド説明ページ
　（https://developer.mozilla.org/ja/docs/Web/API/XMLHttpRequest）
→レシピ 6-10　HTML テーブルを簡単キレイに生成する

recipe 6-10 HTMLテーブルを簡単キレイに生成する

Q 問題

AWKなどで生成したテキスト表の内容をHTMLで表示したい。それこそAWKのprintf()関数などを使ってHTMLコードを生成するループを書けばいいのはわかるが、それだとプログラム本体とHTMLデザインがごっちゃになってしまって、メンテナンス性が悪い。何かいい方法はないか？

A 回答

シェルスクリプト開発者向けコマンドセットOpen usp Tukubaiに収録されている「mojihame」というコマンドを使うとその悩みはキレイに解消できる。このコマンドを使えば、HTMLの一部分（たとえば<tr>～</tr>）をレコードの数だけ繰り返すという指示を、プログラム本体ではなくHTMLテンプレートの中で指定できるようになるからだ。利用を検討している人は、mojihameコマンドをダウンロード[注13]し、次のチュートリアルを参考にしてもらいたい。

▶ mojihame コマンドチュートリアル

序章でも紹介した、東京メトロのオープンデータに基づく列車在線情報表示アプリケーション「メトロパイパー」[注14]を例にしたチュートリアルを記す。このアプリケーションは、「知りたい駅」と「行きたい方面駅」の2つの駅を指定すると、前者の駅周辺について列車の在線状況をリアルタイムに表示するというものである。

■ その1. 単純繰り返し

メトロパイパーではmojihameコマンドを2つのシェルスクリプトで活用しており、そのうちの1つは「知りたい駅」や「行きたい方面駅」の駅名選択肢を表示するシェルスクリプトだ。これらの選択肢は<select>タグを使って描画しているが、その中の<option>タ

[注13]：https://github.com/ShellShoccar-jpn/Open-usp-Tukubai/blob/master/COMMANDS.SH/ にアクセスし、そこにあるmojihame、mojihame-h、mojihame-l、mojihame-pの4つのソースコードをダウンロードする。
[注14]：http://metropiper.com/

グが各駅に対応していて、<option>〜</option>の区間を駅の数だけ繰り返して表示したいわけである。

最初にHTMLテンプレートファイル[注15]を用意する。

■HTMLテンプレート MAIN.HTML（駅選択肢部分を抜粋）

```
      ︙
    <select id="from_snum" name="from_snum" onchange="set_snum_to_tosnum()" >
      <!-- FROM_SELECT_BOX -->
      <option value="-">―</option>
      <!-- FROM_SNUM_LIST
      <option value="%1">%1 : %2線-%3駅</option>
          FROM_SNUM_LIST -->
      <!-- FROM_SELECT_BOX -->
    </select>
      ︙
```

いろいろとHTMLコメントが付いているが、FROM_SELECT_BOXという区間と、FROM_SNUM_LISTという区間があるのに注目してもらいたい。FROM_SELECT_BOXは、テンプレートファイルMAIN.HTMLから、mojihameによる処理を行うために<select>タグの内側を抽出するために付けた文字列である。具体的にはsedコマンドで行う（後述）。一方FROM_SNUM_LISTは、mojihameコマンドに対して繰り返し区間の始まりと終わりを示すためのものである。先ほどのFROM_SELECT_BOXで取り出した区間にはデフォルト選択肢<option value="-">―</option>が含まれているが、これは繰り返し区間には含めさせないために用意してある。

そして注目すべきは、中にある「%1」「%2」といったマクロ文字列だ。これらが実際の駅ナンバーや路線名、駅名に置換されていく。では、その置換対象となる駅データを見てみよう。

■与える選択肢テキスト（抜粋）

```
C01 千代田 代々木上原
C02 千代田 代々木公園
C03 千代田 明治神宮前〈原宿〉
      ︙
Z14 半蔵門 押上〈スカイツリー前〉
```

注15：HTML全体を見たいという人は、https://github.com/ShellShoccar-jpn/metropiper/blob/master/HTML/MAIN.HTMLを参照されたい。

左の列から順に、駅ナンバー、路線名、駅名という構成になっているが、これが先ほどの「%1」「%2」「%3」をそれぞれ置き換えていくことになる。

そして実際に置き換えを実施しているプログラム[注16]がこれだ。

■選択肢生成プログラム GET_SNUM_HTMLPART.AJAX.CGI（抜粋）

```
# --- 部分HTMLのテンプレート抽出 ----------------------------------
cat "$Homedir/TEMPLATE.HTML/MAIN.HTML"   |
sed -n '/FROM_SELECT_BOX/,/FROM_SELECT_BOX/p' |
sed 's/一/選んでください/'                > $Tmp-htmltmpl

# --- HTML本体を出力 -----------------------------------------
cat "$Homedir/DATA/SNUM2RWSN_MST.TXT"    |
# 1:駅ナンバー(sorted) 2:路線コード 3:路線名 4:路線駅コード
# 5:駅名 6:方面コード(方面駅でない場合は"-")
grep -i "^$rwletter"                     |
awk '{print substr($1,1,1),$0}'          |
sort -k 1f,1 -k2,2                       |
awk '{print $2,$4,$6}'                   |
uniq                                     |
# 1:駅ナンバー(sorted) 2:路線名 3:駅名    #
mojihame -lFROM_SNUM_LIST $Tmp-htmltmpl -
```

先ほど述べたように、まずコメント FROM_SELECT_BOX の区間をテンプレートファイルから sed コマンドで抽出し、一時ファイル $Tmp-htmltmpl に格納している。そして 2 番目の cat コマンドから uniq コマンドまでの間で、先ほどの 3 列構成のデータを生成し、mojihame コマンドに渡しているのである。mojihame コマンドでは -l オプションが単純繰り返しの際に用いられる。その直後（空白は入れない）に繰り返し区間を示す文字列を指定すればよい。mojihame コマンドの詳しい使い方は man ページ[注17]を参照してもらいたい。

結果として、この mojihame コマンドは次のようなコードを出力する。

[注16]: プログラム全体を見たいという人は、https://github.com/ShellShoccar-jpn/metropiper/blob/master/CGI/GET_SNUM_HTMLPART.AJAX.CGI を参照されたい。
[注17]: https://uec.usp-lab.com/TUKUBAI_MAN/CGI/TUKUBAI_MAN.CGI?POMPA=MAN1_mojihame

```
<!-- FROM_SELECT_BOX -->
<option value="-">―</option>
<option value="C01">C01 : 千代田線-代々木上原駅</option>
<option value="C02">C02 : 千代田線-代々木公園駅</option>
<option value="C03">C03 : 千代田線-明治神宮前〈原宿〉</option>
     :
<option value="Z14">Z14 : 半蔵門線-押上〈スカイツリー前〉</option>
<!-- FROM_SELECT_BOX -->
```

このプログラムのファイル名に「AJAX」と書かれていることから想像できるように、このプログラムは Ajax として動くようになっている。具体的には、クライアント側では上記の部分 HTML を受け取ったあと、innerHTML プロパティーを使って <select> タグエレメントに流し込んでいる。この手法は、「レシピ 6-9　Ajax で画面更新したい」で記した方法そのものである。

■ **その 2. 階層を含む繰り返し**

メトロパイパーの中でもう 1 つ mojihame コマンドを利用しているのは、実際の在線情報欄の HTML を作成する「GET_LOCINFO.AJAX.CGI」というシェルスクリプトである。こちらではもう少し高度な使い方をしている。

まず、mojihame コマンドを使ってできあがった完成画面（図 6.2）を見てもらいたい。

図 6.2　メトロパイパーの在線情報

このとき押上駅には列車が3編成在線しており、押上駅の欄が他の駅や駅間よりも広がっている。この画面を作成するにあたっては、押上駅、駅間（押上〜錦糸町）、錦糸町駅、駅間（錦糸町〜住吉）……という繰り返しをしているが、さらに各駅の中に列車が複数いればそこでも複数回の繰り返しをするというようにして階層化された繰り返しを行っているのだ。

具体的には、プログラム内部で一旦次のようなデータが生成される。

■生成される在線情報データ（抜粋）　※長い行の末尾は省略してある。

```
Z140 odpt.Station:TokyoMetro.Hanzomon.Oshiage 押上〈スカイツリー前〉 odpt.TrainType:…
Z140 odpt.Station:TokyoMetro.Hanzomon.Oshiage 押上〈スカイツリー前〉 odpt.TrainType:…
Z140 odpt.Station:TokyoMetro.Hanzomon.Oshiage 押上〈スカイツリー前〉 odpt.TrainType:…
Z135 - - - - - - - - - 5
Z130 odpt.Station:TokyoMetro.Hanzomon.Kinshicho 錦糸町 - - - - - - - 10
Z125 - - - - - - - - - 15
Z120 odpt.Station:TokyoMetro.Hanzomon.Sumiyoshi 住吉 odpt.TrainType:TokyoMetro.Local…
Z115 - - - - - - - - - 25
     :
```

このデータは駅名（駅コード）とそこに在線する列車（列車コード）が並んだ表であるが、同じ駅に複数の列車が在線している場合には、同じ駅のレコードが繰り返される仕様になっている。したがって、このデータからは押上駅に3つの列車がいることがわかる。

そしてこのデータを受けるHTMLテンプレート[注18]は次のとおりである。

■HTMLテンプレート LOCTABLE_PART.HTML（抜粋）

```
    :
<!-- /LC_HEADER -->
<!-- LC_ITERATION-1 (繰り返し区間メイン…駅) -->
    <div class="%1 %2 clearfix">
    <!-- LC_ITERATION-2 (繰り返し区間サブ…車両) -->
        <div class="station_name"><a href="%10" target="_blank">%3 %4</a></div>
        <div class="train_info">
          <div class="train_assort %5">%6</div>
          <div class="train_for">%7 %8</div>
        </div>
        <div class="approach_time">%9</div>
    <!-- /LC_ITERATION-2 -->
```

注18：HTML全体を見たいという人は、https://github.com/ShellShoccar-jpn/metropiper/blob/master/TEMPLATE.HTML/LOCTABLE_PART.HTMLを参照されたい。

```
    </div>
<!-- /LC_ITERATION-1 -->
<!-- LC_FOOTER -->
  :
```

これを先ほどのシェルスクリプト「GET_LOCINFO.AJAX.CGI」[注19] の中の次の行で、同様にしてハメ込んでいる。

```
mojihame -hLC_ITERATION $Homedir/TEMPLATE.HTML/LOCTABLE_PART.HTML > $Tmp-loctblhtml0
```

階層化された繰り返しに対応させるため、今度は -h というオプションを用いている。これも詳細は mojihame コマンドの man ページを参照してもらいたい。その結果、生成された HTML テキストが次のものである。

■列車在線情報をハメ込んで生成された HTML コード（抜粋、右端にループの範囲を記している）

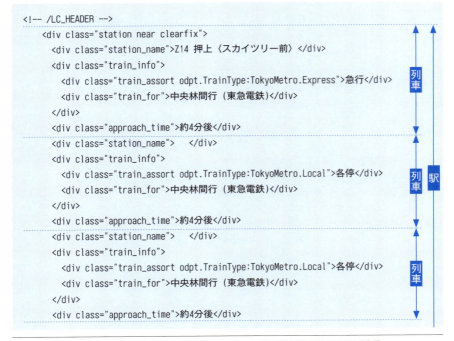

注19：https://github.com/ShellShoccar-jpn/metropiper/blob/master/CGI/GET_LOCINFO.AJAX.CGI を参照。

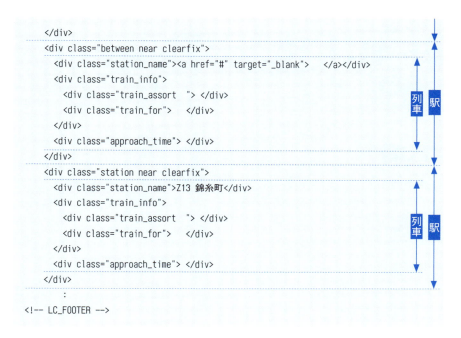

このように、mojihameコマンドを使えばHTMLテンプレートとプログラムを別々に管理することができるので、デザイン変更時のメンテナンスも容易だし、何よりWebデザイナーとの協業がとても楽なのだ。

参 照

→mojihame manページ（https://uec.usp-lab.com/TUKUBAI_MAN/CGI/TUKUBAI_MAN.CGI?POMPA=MAN1_mojihame）
→レシピ 6-9　Ajaxで画面更新したい
→「メトロパイパー」ソースコード（https://github.com/ShellShoccar-jpn/metropiper）

recipe 6-11 シェルスクリプトでメール送信

Q 問題

Webサーバーのアクセスログの集計結果を、管理者と、Cc: で営業部長にメールで自動的に送りたい。ただ、営業部長はエンジニアではないので、できれば日本語の件名と文面で送りたい。どうすればよいか。

A 回答

POSIX 標準の mailx コマンドを使って送れと言いたいところだが、mailx コマンドではCc: 付きで送ることや、日本語メールを送ることなどができない[注20]。

できることならPOSIX 原理主義を貫きたいところであるが、POSIX にはネットワーク系のコマンドがこのmailxしかなく、POSIXの範囲内で解決することは不可能だ。そこで、拡張された指針であるPOSIX 中心主義を取り入れ、「sendmail」という POSIX 外のコマンドに頼る。このコマンドは、オリジナルのメールサーバー（MTA）である sendmailが用意したコマンドだが、Postfix や qmail など他の主要な MTA でも、同名の互換コマンドを作っており、POSIX 中心主義の条件を満たす。

そしてこの sendmail コマンドを使えば任意のヘッダーが付けられるので、日本語メールの送信を実現できる。sendmail コマンドの使い方の詳細については、次のチュートリアルを参照せよ。

■ Step (0/3) 必要な POSIX 外コマンド

表 6.1 に必要なコマンドの一覧を記す。POSIX 外ではあるが、多くの環境に最初から入っている、もしくは容易にインストールできるものではあると思う。

[注20]: 任意のメールヘッダーを付けられず、マルチバイト文字を使っていることを示すヘッダーが付けられないため、受信先の環境によっては文字化けしてしまうから。

表 6.1 日本語メールを送るために用いる POSIX 外コマンド

コマンド名	目的	備考
sendmail	Cc: や任意のヘッダー付き、また日本語のメールを送るため	多くの UNIX 系 OS に標準で入っている。Postfix や qmail などを入れても互換コマンドが /usr/sbin に入る。
base64	日本語文字エンコードのため (本文や Subject: 欄など)	パフォーマンスでは及ばないが、POSIX の範囲で書いた base64 コマンドあり→レシピ 6-3

もし、Subject: ヘッダーや From:、Cc:、Bcc: ヘッダーなどには日本語文字を使わないというのであれば、メール本文を POSIX 標準の iconv コマンドで JIS に変換して済ませるという手もあるが、ここでは割愛する。

▶ Step (1/3)　英数文字メールを送ってみる

まずは sendmail コマンドだけで済む内容のメールを送り、sendmail コマンドの使い方を覚えることにしよう。といっても、-i と -t オプションさえ覚えれば OK。これらさえ知っていれば、他のものは覚えなくても大丈夫だ[注21]。ここで肝心なことは、**一定の書式のテキストを作って、標準入出力経由で sendmail -i -t に流し込む**ということだけである。

ではまず、適当なテキストエディターで下記のテキストを作ってもらいたい。

■ メールサンプル (mail1.txt)

```
From: <SENDER@example.com>
To: <RECEIVER@example.com>
Subject: Hello, e-mail!

Hi, can you see me?
```

メールテキストを作るときのお約束は、**ヘッダーセクションと本文セクションの間に空行を 1 つはさむこと**だ。これを怠るとメールは送れない。

RECEIVER@example.com にはあなたの本物のメールアドレスを書くように。それから *SENDER@example.com* にも、なるべく何か実際に存在するメールアドレスを書いておいてもらいたい。あまりいい加減なものを入れると、届いた先で spam 判定されるかもしれないからだ。「**Cc: や Bcc: も追記したら、Cc: や Bcc: でも送れるのか**」と想像するかもしれないが、もちろん送れる。実験してみるといい。

メールテキストができたら送信する。次のコマンドを打つだけだ。

注 21：どうしても意味を知っておきたいという人は、sendmail コマンドの man を参照のこと。URL はたとえば http://www.jp.freebsd.org/cgi/mroff.cgi?subdir=man&lc=1&cmd=&man=sendmail&dir=jpman-10.1.2%2Fman&sect=0 である。

```
$ cat mail1.txt | sendmail -i -t ⏎
$
```

コマンドを連打すれば、連打した数だけ届くはずだ。確かめてみよ。

■ Step（2/3） 本文が日本語のメールを送ってみる

本書を読んでいるのは日常的に日本語を使う人々のはずだから、次は本文が日本語（ただし UTF-8）のメールを送ってみることにする。まずは、日本語の本文を交えたメールテキストを作る。

■ メールサンプル（mail2.txt）

```
From: <SENDER@example.com>
To: <RECEIVER@example.com>
Subject: Hello, e-mail!
Content-Type: text/plain;charset="UTF-8"
Content-Transfer-Encoding: base64

やぁ、これ読める?
```

本文に日本語文字が入ったほかに、ヘッダーセクションに Content-Type: text/plain;charset="UTF-8" と Content-Transfer-Encoding: base64 を追加した。これは、本文が UTF-8 エンコードされていること、さらにそれが Base64 エンコードされているということを知らせるためだ。つまり、本文についてはこれから Base64 エンコードをするのだ。その理由は、UTF-8 は <0x80> 以上の文字を含んでおり、そのままではメールサーバーを通過できないからである。

具体的には、次のようなコマンドを打てばよい。

```
$ CR=$(printf '\r') ⏎
$ cat mail2.txt | while read -r line; do ⏎
>   case "$line" in ⏎
>   '') echo ⏎
>       sed '/[^'"$CR"']$/s/$/'"$CR"'/' | ⏎
>       sed '/^$/s/$/'"$CR"'/'          | ⏎
>       base64 ⏎
>       ;; ⏎
>   *) printf '%s\n' "$line" ⏎
```

```
>         ;;  ⏎
>      esac ⏎
>   done ⏎
$
```

　これは while ループでヘッダーセクション（最初の改行が現れるまで）をそのまま通し、本文セクションを base64 コマンドでエンコードする[注22] というものだ。1箇所注意しなければならないのは、base64 コマンドの手前で改行コードを CR + LF にしている点だ。Step (1/3) のときは後の sendmail コマンドが CR + LF にしてくれるので必要ないが、Base64 化してしまうと sendmail コマンド側ではそれができなくなってしまうため必要になる。

　きちんと文字化けせずにメールが届いたことを確認してもらいたい。

▶ Step (3/3)　件名や宛先も日本語化したメールを送る

　From: や To: はまぁ許せるとしても、Subject: (件名) には日本語を使いたい。そこで最後は、件名や宛先も日本語化できる送信方法を説明する。

　まず、メールヘッダーには生の JIS コード文字列が置けず、それを置いた場合の動作は保証されないということを知っておかなければならない。ヘッダーはメールに関する制御情報を置く場所なので、変な文字を置いてはいけないのだ。だが、Base64 エンコードもしくは quoted-string エンコードしたものであれば置いてもよいことになっている。そこで、Base64 エンコードを使うやり方を説明する。現在ほとんどのメールでは Base64 エンコードが用いられている。

■ メールで使える Base64 エンコード済み UTF-8 文字列の作り方

　例として、送りたいメールの件名は「ハロー、e-mail!」、そして宛先は「あなた」ということにしてみる（ただし、文字エンコードはどちらも UTF-8 とする）。冒頭で好きな文字列を書いた echo コマンドを入れて、xargs と base64 コマンドに流すだけだ。

[注22]：while read ループ内で cat などにより標準入力を受け取ると、以降は read コマンドが標準入力データを受け取れなくなり、ループはその周で終わる。

■「ハロー、e-mail!」をエンコード

```
$ printf '%s' 'ハロー、e-mail!'   |  ↵
> base64                          |  ↵    ← Base64エンコードする
> xargs printf '=?UTF-8?B?%s?=\n' |  ↵    ← エンコード済を意味する表記で文字列両端を挟む
=?UTF-8?B?44OP44Ot44O844CBZS1tYWlsIQ==?=
$
```

■「あなた」をエンコード

```
$ printf '%s' 'あなた'             |  ↵
> base64                          |  ↵
> xargs printf '=?UTF-8?B?%s?=\n' |  ↵
=?UTF-8?B?44GC44Gq44Gf?=
$
```

コード中のコメントにも書いたが、ポイントは次の3つである。

(1) 最初に流す文字列には余計な改行を付けないこと（printf '%s' などを使うとよい）
(2) Base64 エンコード
(3) 生成された文字列の左端に =?UTF-8?B? を、右端に ?= を付加

■ 送信してみる

送信するには、前記の作業で生成された文字列をメールヘッダーにコピペすればよい。早速メールテキストを作ってみよう。

■ メールサンプル（mail3.txt）

```
From: <SENDER@example.com>
To: =?UTF-8?B?44GC44Gq44Gf?= <RECEIVER@example.com>
Subject: =?UTF-8?B?44OP44Ot44O844CBZS1tYWlsIQ==?=
Content-Type: text/plain; charset="UTF-8"
Content-Transfer-Encoding: base64

やぁ、これ読める?
```

これを先ほどの mail2.txt と全く同じように送ればよい。今度は宛名も件名もきちんと日本語の文字列として届いたことを確認してもらいたい。

Step (3/3) の作業の完全自動化シェルスクリプトを公開

　ここまでのチュートリアルを見てやり方はわかっていただけたと思うが、宛先や件名のエンコード文字列をいちいち手作業で貼るのは面倒くさい。そこで、ヘッダー部分（From:、Cc:、Reply-To:、Subject:）も本文も日本語で書かれたメールを与えると、必要なエンコードをしながら sendmail コマンドで送信してくれる **sendjpmail** コマンドを作って GitHub に公開した。

◎ https://github.com/ShellShoccar-jpn/misc-tools/blob/master/sendjpmail

　sendmailコマンドを除けば、POSIX 準拠である。Base64 エンコーディングも自力で行っているので、base64 コマンドなしでも動く（base64 コマンドがあれば自動的に利用する）。
　さてたとえば次のように、ヘッダーや本文に日本語の含まれたメールファイル（Content-Type: や Content-Transfer-Encoding: ヘッダーも省略可）があったとき、

■ メールサンプル（mail4.txt）

```
From: わたし <SENDER@example.com>
To: あなた <RECEIVER@example.com>
Subject: ハロー、e-mail!

やぁやぁ、これも読める?
```

次のようにして（標準入力から渡すこともできる）sendjpmail コマンドを一発叩けば、必要な Base64 エンコーディングや Content-Type: ヘッダーなどの付加を行って正しいメールを送ってくれる。

```
$ sendjpmail mail4.txt ⏎
$
```

> **参 照**

→レシピ 5-9　　全角・半角文字の相互変換
→レシピ 6-3　　Base64 エンコード・デコードする
→レシピ 6-12　　シェルスクリプトでメール送信（添付ファイル付き）

recipe 6-12 シェルスクリプトでメール送信（添付ファイル付き）

Q 問題

「部長！ 今、仕事頑張ってます！」というメールを、シェルスクリプトを使って2時頃に自動的に送りたい。だってホントはサボりたいし……。一応真実味を増すため、写真ファイルの添付されたメールにしたい。

A 回答

指定時刻になったら自動的にコマンドを実行することは、at コマンドや crontab を使えばできることであり、UNIX の教科書的な他のドキュメントに解説を譲る。本書では先ほどのレシピに引き続いて、今度は添付ファイル付きのメールを送信する部分（もちろん POSIX 原理主義に基づいた方法）を紹介する。

POSIX の範囲でどのように添付ファイル付きメールデータを作るかについては、本レシピ後半のチュートリアルで解説するが、その解説内容をコマンド化して簡単にできるようにしたものがあるので、この回答ではそのやり方を紹介する。

■ 必要なコマンド

必要なコマンドは次の2つだ。

表6.2 本件のメールマガジンを送るために用いるコマンド

コマンド名	目的	備考
mime-make	添付ファイル付きメール本文データを作るため	入手方法、および処理の内容はこの後のチュートリアルで解説
sendjpmail	シェルスクリプトで日本語メールを送るため	詳細および入手方法はレシピ 6-11 の Step (3/3) 参照

1つ目のコマンドは、次の URL で公開している。POSIX の範囲で書かれたシェルスクリプトなので、ダウンロードすれば即使える。

◎ https://github.com/ShellShoccar-jpn/misc-tools/blob/master/mime-make

2つ目のコマンドは、先のレシピで紹介したものだが、入手先をもう一度公開しておく。

◎ https://github.com/ShellShoccar-jpn/misc-tools/blob/master/sendjpmail

■ コマンドを用いた送信方法
まずは、送信されるデータとして次のものを用意する。

◎ 部長へ宛てるメッセージ本文（msg.txt、ただし UTF-8 エンコード）
◎ 一生懸命仕事をしている最中の写真ファイル（img.jpg）
◎ ついでに仕事の成果物を収めた圧縮ファイル（arc.zip）

あとは、次のようなワンライナーを書くだけだ。

```
mime-make --wh -M msg.txt -A img.jpg -A arc.zip           |
awk 'BEGIN{print "From: 私 <HIRA@MY-COMPANY.CO.JP>";       #
           print "To: 部長 <BUCHO@MY-COMPANY.CO.JP>";      #
           print "Subject: 部長！今、仕事頑張ってます！";  } #
     {print;                                             }' |
sendjpmail
```

最初の mime-make コマンドで、本文と各添付ファイルを材料にした添付ファイル付きデータ（MIME マルチパート）を生成している。--wh(with header) オプションは、添付ファイル付きメールには欠かせない「Content-Type: multipart/mixed;」というヘッダーを付けるためのものであり、おまじないとして覚えておく。その直後に -M（massage）オプションで、本文を指定（標準入力も可）し、それ以降は -A（attachment）オプションで添付ファイルを次々と指定していく。ちなみに、添付ファイルのメディアタイプはファイルの拡張子から自動判別される[注23]。

そのようにして作られたメール本文（および「Content-Type: multipart/mixed;」ヘッダー含む）を AWK に送り、その手前に From:（差出人）、To:（宛先）、Subject:（件名）ヘッダーを追加する。そして最後は、レシピ 6-11 で紹介した日本語対応 sendmail コマンドラッパーの sendjpmail コマンドに、生成したメール本文＋ヘッダーを流し込んで送信完了である。

注23: Internet Assigned Numbers Authority（IANA）で定義しているメジャーな拡張子のみ。それ以外は指定が必要だが、指定方法はコマンド Usage を参照。

解説 Description

さてそれでは、添付ファイル付きデータ（MIME マルチパート）はどのように生成するのかをチュートリアル形式で解説していこう。なお、送信データや、差出人、宛先、件名などはすべて先ほどのものを例にする。

■▶ Step（1/5） 本文や添付ファイルを Base64 エンコード

まずメールで送りたい本文や添付ファイルをすべて、それぞれ Base64 エンコードする。UTF-8 テキストも添付ファイルも 8 ビットバイナリーデータであり、SMTP サーバーを通過できる保証がないためだ。

実際のコードは次のとおり。本文1つと添付ファイル2つ（JPEG 画像ファイル、ZIP 圧縮ファイル）をそれぞれ Base64 エンコードしている。

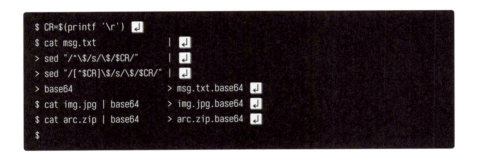

本文（msg.txt）だけ、base64 コマンドに流し込む前に sed コマンドを使って各行末にCR コードを付加してるのは、（レシピ 6-11 でも少し触れたが）メールテキストの仕様で改行コードは CR + LF と定められているからだ。Base64 エンコードしない箇所は、最後に流し込む先である sendmail コマンドが自動的に CR コードを付加してくれるため不要だ（むしろ付加されるので付けない方がよい）が、エンコードされてしまった中身には付加できないため、ここで付加しなければならない。

なお、base64 コマンドは POSIX 標準ではないが、環境に入っていない場合はレシピ 6-3 に示した拙作の POSIX 版をダウンロードして使えばよい。

■▶ Step（2/5） マルチパート内ヘッダーをつける

今作った各 Base64 エンコードファイルの手前に適宜ヘッダーを付加する。付加するものは次のとおり。

- Content-Transfer-Encoding: base64
- Content-Type: */*（添付ファイルの場合は、さらにname属性も付記してファイル名を指定）
- 添付ファイルにはさらに、Content-Disposition: attachmentヘッダー（ここにfilename属性を付記してもう一度ファイル名を指定）

Content-Type: の「*/*」の部分にはそれぞれに応じて適切な名称を付けるのだが、公式な名前はIANAのMedia Typesページ[注24]に記載されているのでそちらを参照して決める。この例で出てくるUTF-8テキストファイルは「text/plain; charset="UTF-8"」、JPEGファイルは「image/jpeg」、ZIPファイルは「application/zip」だ。また添付ファイルである2つには、それに加えてContent-Type: */*ヘッダーにname属性としてファイル名を付記し、さらにContent-Disposition: attachmentヘッダーを追加したうえでfilename属性として同じファイル名を付記しなければならない。

具体的には次のコードを見て理解してもらいたい。ちなみに2箇所に同じファイル名を付記するのは、受け取る側のプログラムの作られた時期によってどちらを見るかわからないためである。

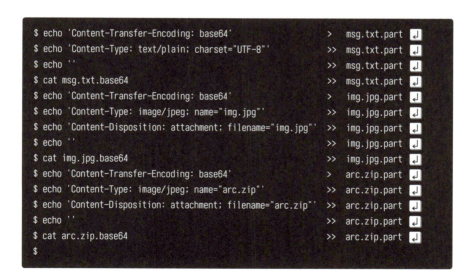

もしファイル名に日本語文字列を含んでいたらどうするかについて補足しておく。そのときはSubject: ヘッダーなどと同じルールでBase64エンコードしておかなければならない。

注24：http://www.iana.org/assignments/media-types/media-types.xhtml

そのルールについてはレシピ 6-11 の Step (3/3) ですでに説明したのでそちらを参照してもらいたい。

■ Step (3/5) 各本文・添付ファイルの前後行に境界文字列行を置く

本文や添付ファイルに基づいた各パートファイルができたところで、今度はそれらを繋ぎ合わせて MIME マルチパートファイルを作っていく。

具体的には、境界文字列で挟みながら各パートファイルを付け足していく。境界文字列は「--HOGEHOGE」のように、行頭がハイフン 2 つで始まる文字列で、各パートファイルの中身と被らないようにランダムな文字列を作らなくてはならない。しかしメールデータの場合はすべて Base64 エンコードしているので、**理論的にどんな文字列でも大丈夫**だ。なぜなら Base64 エンコードされたデータの中にはハイフンが出現しないからである。よって、このチュートリアルではそのまま「HOGEHOGE」とする。

すると具体的には次のようになる。

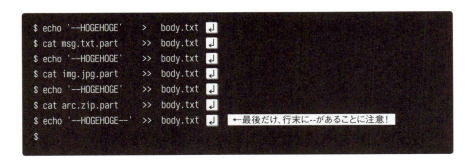

ここで注意事項が 1 つある。境界文字列のうち一番最後の文字列だけは、後ろにハイフン「-」を 2 つ付けること！ そういう仕様である。理由は、MIME マルチパートが入れ子のできる仕様になっているためである。

次の例のように外側に「--HOGEHOGE1」という MIME マルチパートがあり、その内側に「--HOGEHOGE2」という MIME マルチパートがあった場合、行末がハイフン 2 個で終わる「--HOGEHOGE2」の終端行のサインがなければ、★印で示した行は、「--HOGEHOGE1」パートの境界なのか、それとも「--HOGEHOGE2」パート・その 2 内の単なる文字列なのか区別がつかない。

```
--HOGEHOGE1
(ここはHOGEHOGE1直下のパート・その1)
--HOGEHOGE1
(ここはHOGEHOGE1直下のパート・その2)
--HOGEHOGE1
--HOGEHOGE2
(ここはHOGEHOGE1の中にあるHOGEHOGE2のパート・その1)
--HOGEHOGE2
(ここはHOGEHOGE1の中にあるHOGEHOGE2のパート・その2)
--HOGEHOGE1 (★これはHOGEHOGE1の境界か? それともHOGEHOGE2内の単なる文字列か?)
--HOGEHOGE2--
--HOGEHOGE1
(ここはHOGEHOGE1直下のパート・その3)
--HOGEHOGE1--
```

Step (4/5) 「Content-Type: multipart/mixed; boundary="HOGEHOGE"」を加えてメールヘッダー作成

いろいろな一時ファイルを作ってきたが、ここで最後。メールヘッダーファイルを作る。From: や To:、Subject: などを適宜付けるのは添付ファイルなしのときと同じだが、1箇所だけ違うのは、それらに加えて「Content-Type: multipart/mixed; boundary="HOGEHOGE"」というヘッダーを付けることだ。HOGEHOGE の部分には、先ほどの手順で使った境界文字列のハイフンを除いた部分を記述するが、今回のチュートリアルではそのまま「HOGEHOGE」としているのでこのままでよい。

ではコードを書いてみよう。実際に試す場合は、メールアドレスは実在のものを書くこと(From: ヘッダーも含めていい加減なものを書くと、spamフィルターに引っかかりやすくなってしまう)。

```
$ cat <<MAILHEADER > header.txt
From: わたし <MY-ADDRESS@YOUR-DOMAIN.OCM>
To: あなた <YOUR-ADDRESS@YOUR-DOMAIN.OCM>
Subject: 添付ファイル付メール送ります
Content-Type: multipart/mixed; boundary="HOGEHOGE"

MAILHEADER
$
```

Step (5/5)　sendjpmail コマンドに流し込み、メール送信

あとはヘッダー部とボディーを結合しながら、拙作の日本語対応メール送信ラッパー sendjpmail に流し込めば完了。

```
$ cat header.txt body.txt | sendjpmail ⏎
$
```

sendjpmail コマンドはヘッダー部にある日本語（UTF-8）文字列を Base64 に変換しながら送るコマンドなので、もしヘッダー部に一切日本語文字列が含まれないのであれば次に示す例のように直接 sendmail コマンドに流し込んで構わない。

```
$ cat header.txt body.txt | sendmail -i -t ⏎
$
```

添付ファイル付きメールの送り方は以上だ。理屈はわかったと思うが、すべて手作業でやるとなかなか大変だ。普段送るときはやはり mime-make コマンドの併用をお勧めしたい。

注意

上司をごまかす目的での使用はほどほどにしよう。労をねぎらう電話やメールが返ってきたとき、応答ナシだとそのうちバレるぞ。

参照

→レシピ **6-3**　Base64 エンコード・デコードする
→レシピ **6-11**　シェルスクリプトでメール送信
→レシピ **6-13**　他の Web サーバーへのファイルアップロード

recipe 6-13 他のWebサーバーへのファイルアップロード

Q 問題

画像をアップロードするとその中に写っている文字を認識し、読み取った文字を返してくれるという便利な Web API が公開されているのを見つけた。手元にある画像を次々とそこにアップロードして、文字を認識してもらうシェルスクリプトを書きたいが、どうやればいいのか?

A 回答

「cURL コマンドを使えばでるので、それでやってください」という無愛想な回答で片付けるつもりは毛頭ない。確かに POSIX の範囲では Web アクセス系のコマンドが存在しないので cURL などにも頼らざるを得ないのだが、cURL 一択というのでは序章で説明した POSIX 原理主義の拡張である POSIX 中心主義の条件を満たせない[注25]。そこで、HTTP を使ったファイルアップロード時にしなければならない**「MIME マルチパート・フォームデータ」の作成を POSIX の範囲で自力で行う**。そうすれば GNU の Wget コマンドも選択肢に加えることができるようになり、交換可能性を重視する POSIX 原理主義をより遵守できるようになるのだ。

POSIX の範囲で「MIME マルチパート・フォームデータ」の作成をどのように行うのかは本レシピ後半のチュートリアルで解説するが、その解説内容をコマンド化して簡単にできるようにしたものがあるので、この回答ではそのやり方を紹介する。

■ 必要なコマンド

必要なコマンドは次の3つだ。ただし後に記した2つは先ほど記したように、選択肢を複数用意するためのものなので、どちらか一方があればよい。

注25:メール送信レシピで用いた sendmail コマンドは、複数の実装が存在していたので POSIX 中心主義の条件を維持できていた。

表6.3 他Webサーバーにファイルをアップロードする際に必要なコマンド

コマンド名	目的	備考
mime-make	「MIMEマルチパート・フォームデータ」を作るため	入手方法、および処理の内容はこの後のチュートリアルで解説
cURL (curl)	Web APIにアクセスし、ファイルをアップロードするため	OS開発元が用意していればパッケージからインストール。していなければ開発元のページからダウンロードしてコンパイル、インストールする。
Wget (wget)	同上	同上（上記cURLが使えない場合の選択肢。cURLがあるならこちらは不要）

　1つ目のコマンドは、実は「レシピ6-12　シェルスクリプトでメール送信（添付ファイル付き）」で紹介したコマンドだ。メールの添付用のMIMEマルチパートデータもWebアップロード用のMIMEマルチパートデータもほぼ同じ仕様であるため、両対応できるように作ってある。公開場所を改めて記すと、次のとおりである。もちろんPOSIXの範囲で書かれたシェルスクリプトなので、ダウンロードすれば即使える。

◎ https://github.com/ShellShoccar-jpn/misc-tools/blob/master/mime-make

　2つ目、3つ目のコマンドは、代表的なWebアクセスコマンドだ。有名なコマンドなのでOS開発元がパッケージを用意していることが多いが、ない場合は次のURLにアクセスして入手し、インストールする。

◎ cURL (curl) ── http://curl.haxx.se/
◎ Wget (wget) ── https://www.gnu.org/software/wget/

■ 送信する情報・条件

Web APIへ送る情報や条件は次のようなものだったと仮定する。

表6.4 Web APIアクセス時のサンプルデータ

項目	CGI変数名	値・意味
URL	─	http://webapi.example.com/ocr.cgi（Web APIのアクセス先）
メソッド	─	POSTメソッド
画像	upfile	画像ファイル「img.jpg」（認識してもらいたい画像ファイル）
文字コード	charset	「UTF-8」（認識結果テキストをどの文字コードで受け取るか）

　CGI変数として送るものは、画像ファイル本体の「upfile」と、認識されて得られた文字をどの文字コードで受け取るかを指定するための「charset」の2つであるとする。

■ コマンドを用いたアップロード方法

　以上の例の場合、Web APIへファイルをアップロードするには次のようにする。このコードは、cURLとWgetのどちらがあってもいいように作ってある。こうすることで、どちらかが使えなくてもまだ大丈夫というわけだ。

```
# === Web API URLの設定 ==========================================================
url='http://webapi.example.com/ocr.cgi'

# === MIMEマルチパート・フォームデータ送信時に必須のヘッダーを作成 ====================
bndr=$(mime-make -m)                                    ←境界文字列（ランダム英数字列）生成
ct_hdr="Content-Type: multipart/form-data; boundary=\"$bndr\""  ←その文字列をヘッダーに
                                                                  設定

# === Webアクセスコマンドで、APIにアクセス =========================================
if   type curl >/dev/null 2>&1; then

  # --- (a) cURLコマンドがある場合 ---------------------------------------
  mime-make -b "$bndr" -F upfil img.jpge -T charset UTF-8 |
  curl -s -H "$ct_hdr" --data-binary @- "$url"            > result.txt

elif type wget >/dev/null 2>&1; then

  # --- (b) Wgetコマンドがある場合 ---------------------------------------
  mime-make -b "$bndr" -F upfile img.jpg -T charset UTF-8 > /tmp/mimedata.txt
  wget -q --header="$ct_hdr" --post-file=/tmp/mimedata.txt -O result.txt "$url"
  rm /tmp/mimedata.txt

else

  # --- (c) どちらも存在しない場合はエラー -------------------------------
  echo 'No web accessing command found' 1>&2
  exit 1
fi
```

MIMEマルチパート・フォームデータを送る場合、MIMEマルチパートの境界文字列をContent-Type:ヘッダーで指定し、その境界文字列を用いて作ったMIMEマルチパート・フォームデータを送信しなければならない。

しかしcURLもWgetもヘッダーとデータ本体は別々に指定するようになっている。そこで、先に境界文字列（ランダム英数字列）を決めなければならない。ランダム文字列を生成するのはPOSIXの範囲ではちょっと複雑な作業であるため、mime-makeコマンドを-mオプションだけで呼び出すと行えるようにしておいた。コードの前半ではそうやってContent-Type:ヘッダーを作っている。

その後、MIMEマルチパート・フォームデータ本体を生成してcURLまたはWgetコマンドを呼び出している。mime-makeコマンドでは、-bオプションで境界文字列を指定できるようにしておいたので、先ほど決めた境界文字列をまずここで指定する。そして-Fオプションでアップロードするファイルとそのにとその CGI 変数名を、-T オプションでアップロードする単純な（<input>タグなどの）値とそのCGI変数名を指定できる。cURLコマンドは生成されたMIMEマルチパート・フォームデータ本体を標準入力経由で直接受け取れるが、Wgetコマンドはそれができないため、一時ファイルを経由させなければならない。

そして両コマンドとも、サーバーから返された文字認識結果をresult.txtというファイルに書き出している。

解説 *Description*

「回答」ではmime-makeというコマンド任せにしてしまった「MIMEマルチパート・フォームデータ」の作り方をチュートリアル形式で解説していこう。なお、送信データなどはすべて先ほどのものを例にする。

▶ Step (1/3)　マルチパート内ヘッダーをつける

まずはデータ本体の属性を示すため、データ本体の手前にContent-Type:などのヘッダーを付加する。付加するものは次のとおり。

◎ Content-Disposition: form-dataヘッダー —— name属性を付記して、CGI変数名を設定する。ファイルの場合はさらにfilename属性を付記し、元のファイル名を設定する。
◎ ファイルの場合はさらにContent-Type: */*ヘッダー（「*/*」の部分でメディアタイプを指定）

Content-Typeの「*/*」の部分にはそれぞれに応じて適切な名称を付けるのだが、添付ファイル付きメールのレシピでも記したように公式な名前はIANAのMedia Typesペー

ジ[注26]に記載されているのでそちらを参照して決める。この例で出てくる JPEG ファイルは「image/jpeg」だ。

具体的には次のコードを見て理解してもらいたい。ただし添付ファイル用の場合と違って、ヘッダーの改行コードを CR + LF にしなければならない点に注意！ メールのときに LF でよかったのは、sendmail コマンドが自動的に CR を付加していたからだ。

```
$ printf 'Content-Disposition: form-data; name="%s"; filename="%s"\r\n'  "upfile" "img.jpg" >    img.jpg.part
$ printf 'Content-Type: %s\r\n'   "image/jpeg" >>  img.jpg.part
$ printf '\r\n'                                >>  img.jpg.part
$ cat img.jpg                                  >>  img.jpg.part
$ printf 'Content-Disposition: form-data; name="%s"'  "charset" >  charset.part
$ printf '\r\n'                                                 >> charset.part
$ printf 'UTF-8'                                                >> charset.part
$
```

ところで、もしファイル名に日本語文字列を含んでいたらどうするかについては、添付ファイル付きメールやメールヘッダーと同様なのでレシピ 6-11 の Step（3/3）を参照してもらいたい。

■ Step（2/3）　各本文・添付ファイルの前後行に境界文字列行を置く

各パートファイルができたところで、今度はそれらを繋ぎ合わせて MIME マルチパートファイルを作っていく。

具体的には、境界文字列で挟みながら各パートファイルを付け足していく。境界文字列は「--HOGEHOGE」のように、行頭がハイフン 2 つで始まる文字列で、各パートファイルの中身と被らないようにランダムな文字列を作らなくてはならない。しかし、このチュートリアルでは便宜上「HOGEHOGE」とする[注27]。

すると具体的には次のようになる。

注 26：http://www.iana.org/assignments/media-types/media-types.xhtml
注 27：この場合、データの中に「--HOGEHOGE」という文字列があったらアウトなので、実際はデタラメなもっと長い文字列を手で指定するか、「1-15　乱数」などに示す方法でランダムな文字列を発生させること。

```
$ printf '--HOGEHOGE\r\n'          >  body.txt
$ cat img.jpg.part                 >> body.txt
$ echo '\r\n--HOGEHOGE\r\n'        >> body.txt    ←2番目以降の境界文字列手前にも\r\nを
                                                    付ける
$ cat charset.part                 >> body.txt
$ echo '\r\n--HOGEHOGE--\r\n'      >> body.txt    ←最後だけ、行末に--があることに注意!
$
```

注意事項は、境界文字列のうち一番最後の文字列だけは、後ろにハイフン「-」を2つ付けること！ これはメールのときと同様である。また先ほどと同様に、改行コードは CR + LF にすること。そしてもう1つの注意事項は、**最初以外の境界文字列にはその手前にも CR + LF を付ける**ということである。

▶ Step (3/3) 「Content-Type: multipart/form-data; boundary="HOGEHOGE"」をヘッダーに加えて Web アクセス

あとは「回答」で示したコードと同じだ。「Content-Type: multipart/form-data; boundary="HOGEHOGE"」ヘッダーを指定しながら、cURL または Wget コマンドをそれぞれの書式に従って呼び出せばよい。

```
$ url='http://webapi.example.com/ocr.cgi'
$ ct_hdr='Content-Type: multipart/form-data; boundary="HOGEHOGE"'

cURLの場合
$ curl -s -H "$ct_hdr" --data-binary @body.txt "$url" > result.txt
$

Wgetの場合
$ wget -q --header="$ct_hdr" --post-file=body.txt -O result.txt "$url"
$
```

添付ファイル付きメールの手順に比べれば多少少ないとは思うが、やはり手作業でやるとなると大変だ。

■ **Twitter API を叩くアプリケーション**

　実はこのレシピを応用して、Twitter API に画像や動画まで投稿することが可能なシェルスクリプト製コマンドを作った。GitHub に公開したので使ってみてもらいたい。また、レシピ 6-16 でも解説しているので、そちらも参照してもらいたい。

◎シェルスクリプト製 Twitter 怪人「恐怖！ 小鳥男」── https://github.com/ShellShoccar-jpn/kotoriotoko

> 参 照
> →レシピ 6-3　Base64 エンコード・デコードする
> →レシピ 6-6　Web ブラウザーからのファイルアップロード
> →レシピ 6-11　シェルスクリプトでメール送信
> →レシピ 6-16　Twitter に投稿する

recipe 6-14 シェルスクリプトによるHTTPセッション管理

Q 問題

ショッピングカートを作りたい。そのためには買い物カゴを実装する必要があり、HTTPセッションが必要になる。どうすればよいか？

A 回答

mktempコマンド[注28]を使って一時ファイルを作り、そこにセッション内で有効な情報を置くようにするのがよい。mktempで作った一時ファイルの名前はランダムなので、これをセッションIDに利用する。セッションIDはクライアント（Webブラウザー）とやりとりする必要があるが、それにはCookieを利用すればよい。このあと、シェルスクリプトでHTTPセッションを管理するデモプログラムを紹介するが、セッションファイルを管理する部分をコマンド化したものも用意しているので、手っ取り早く済ませたい人は「解説」を参照されたい。

■ HTTPセッション実装の具体例

シェルスクリプトが自力でHTTPセッション管理を行うための要点をまとめたデモプログラムを紹介する。まず、このデモプログラムの動作は次のとおりだ。

◎ 初めてアクセスすると、セッションが新規作成され、ウェルカムメッセージを表示する。
◎ 1分以内にアクセスすると、セッションを延命し、前回アクセス日時を表示する。
◎ 1分以降2分未満の間にアクセスすると、セッションは有効期限切れだが、Cookieによって以前にアクセスされたことを覚えているので「作り直しました」と表示する。
◎ 2分以上経ってからアクセスすると、以前にアクセスしたことを完全に忘れるので、新規のときと同じ動作をする。

注28：mktempコマンドはPOSIXで規定されたコマンドではないのだが、POSIXの範囲で書いたほぼ同等のコマンドをGitHubに公開した。→「3-15 mktempコマンド」参照

■HTTP セッション管理デモスクリプト

```sh
#! /bin/sh

# --- 0)各種定義 ------------------------------------------------
Dir_SESSION='/tmp/session'        # セッションファイル置き場
Tmp=/tmp/tmp.$$                   # 一時ファイルの基本名
SESSION_LIFETIME=60               # セッションの有効期限（1分にしてみた）
COOKIE_LIFETIME=120               # Cookieの有効期限（2分にしてみた）

# --- 1)CookieからセッションIDを読み取る ------------------------------
session_id=$(printf '%s' "${HTTP_COOKIE:-}"                    |
             sed 's/&/%26/g; s/[;, ]\{1,\}/\&/g; s/^&//; s/&$//' |
             cgi-name                                          |
             nameread session_id                               )

# --- 2)セッションIDの有効性検査 --------------------------------------
session_status='new'              # デフォルトは「要新規作成」とする
while :; do
  # --- セッションID文字列が正しい書式(英数字16文字とした)でないならNG
  printf '%s' "$session_id" | grep -q '^[A-Za-z0-9]\{16\}$' || break
  # --- セッションID文字列で指定されたファイルが存在しないならNG
  [ -f "$Dir_SESSION/$session_id" ] || break
  # --- ファイルが存在しても古すぎだったらNG
  touch -t $(date '+%Y%m%d%H%M%s'                     |
             utconv                                   |
             awk "{print \$1-$SESSION_LIFETIME-1}"    |
             utconv -r                                |
             awk 'sub(/..$/,".&")'                    ) $Tmp-session_expire
  find "$Dir_SESSION" -name "$session_id" -newer $Tmp-session_expire |
  awk 'END{exit (NR!=0)}'
  [ $? -eq 0 ] || { session_status='expired'; break; }
  # --- これらの検査にすべて合格したら使う
  session_status='exist'
  break
done

# --- 3)セッションファイルの確保(あれば延命、なければ新規作成) -------
case $session_status in
  exist) File_session=$Dir_SESSION/$session_id
         touch "$File_session";;                     # セッションを延命する
  *)     mkdir -p $Dir_SESSION
```

```
            File_session=$(mktemp $Dir_SESSION/XXXXXXXXXXXXXXX)
            [ $? -eq 0 ] || { echo 'cannot create session file' 1>&2; exit; }
            session_id=${File_session##*/};;
esac

# --- 4)-1セッションファイル読み込み ----------------------------------
msg=$(cat "$File_session")
case "${msg}${session_status}" in
  new)     msg="はじめまして！セッションを作りました。(ID=$session_id)";;
  expired) msg="セッションの有効期限が切れたので、作り直しました。(ID=$session_id)";;
esac

# --- 4)-2セッションファイル書き込み ----------------------------------
printf '最終訪問日時は、%04d年%02d月%02d日%02d時%02d分%02d秒です。(ID=%s)' \
       $(date '+%Y %m %d %H %M %S') "$session_id"                       \
       > "$File_session"

# --- 5)Cookieを焼く ---------------------------------------------
cookie_str=$(echo "session_id ${session_id}"                 |
             mkcookie -e+${COOKIE_LIFETIME} -p / -s A -h Y)

# --- 6)HTTPレスポンス作成 --------------------------------------
cat <<-HTTP_RESPONSE
    Content-type: text/plain; charset=utf-8$cookie_str

    $msg
HTTP_RESPONSE

# --- 7)一時ファイル削除 ----------------------------------------
rm -f $Tmp-*
```

　なお、このシェルスクリプトを動かすには、「レシピ5-3　シェルスクリプトで時間計算を一人前にこなす」で紹介したutconvコマンド、「レシピ6-4　CGI変数の取得（GETメソッド編）」で紹介したcgi-nameコマンドとnamereadコマンド、および「レシピ6-8　シェルスクリプトおばさんの手づくりCookie（書き込み編）」で紹介したmkcookieコマンドが必要になるので、実際に試してみたい人はあらかじめ準備しておくこと。

　ほぼ同じ内容のプログラムをGitHubに公開[注29]したのでそちらを使って試してみてもよい。

注29：https://github.com/ShellShoccar-jpn/session_demo

図 6.3　セッション管理デモプログラムの動作画面

解説　Description

「回答」で例示した HTTP セッション管理デモプログラムが行っている作業の流れは次のとおりである。

1) Web ブラウザーが申告してきたセッション ID が HTTP リクエストヘッダー内にあれば、それを Cookie から読む。
2) そのセッション ID が有効なものかどうか審査する。
3) 有効であればセッションファイルが存在するはずなのでタイムスタンプ更新をして延命し、無効であれば新規作成する。
4) セッションファイルの内容を見つつ、それに応じた応答メッセージを作成し、セッションファイルに書き込む。
5) セッションファイルを改めて Web ブラウザーに通知するため、Cookie 文字列を作成する。
6) Cookie ヘッダーと共に応答メッセージを Web ブラウザーに送る。

今回は、手順 3) において有効セッションがあった場合は単に延命しただけであったが、セキュリティーを強化したいならここでセッション ID を付け替えてもよい。

しかしながら毎回いちいち書くにはちょっとコードが多いような気もする。厳密に言うと、**セッションファイルに書き込みを行う場合は、これとは別にファイルのロック（排他制御）も必要**なのである。そこで、せめて手順 2)、3) の処理を簡単に書けるよう、例によってコマンド化したものを用意した。HTTP セッションで用いるファイルの管理用コマンドということで「sessionf」である[注30]。

注 30：https://github.com/ShellShoccar-jpn/misc-tools/blob/master/sessionf にアクセスし、そこにあるソースコードをコピー＆ペーストしてもよいし、あるいは「RAW」と書かれているリンク先を「名前を付けて保存」してもよい。

■ **sessionf コマンドの使い方**

　まず前述のスクリプトを書き換えた使用例を示す。有効なセッションがなければ新規作成し、あれば延命するというパターンだ。それには、デモスクリプトの 2) 〜 3) の部分を

```
File_session=$(sessionf avail "$session_id" at=$Dir_SESSION/XXXXXXXXXXXXXXXXXXXXXXXX" \
                                            lifemin=$SESSION_LIFETIME                 )
case $? in 0) session_status='exist';; *) session_status='new';; esac
session_id=${File_session##*/}
```

と、書き換えればよい。たったの 4 行になる。sessionf のサブコマンド「avail」は、有効なものがあれば延命、なければ新規作成を意味する。そして後ろの「at」プロパティーは、セッションファイルの場所と、なかった場合のセッションファイルのテンプレートを mktemp と同じ書式で指定するものである。「lifetime」プロパティーは、有効期限を判定するための秒数を指定するものだ。

　一方、セキュリティーを高めるため、有効なセッションがあった場合には既存のセッションファイルの名前と共にセッション ID を付け替えたい、ということであればサブコマンドを「renew」にするだけでよい。

```
File_session=$(sessionf renew "$session_id" at=$Dir_SESSION/XXXXXXXXXXXXXXXXXXXXXXXX" \
                                            lifemin=$SESSION_LIFETIME                 )
case $? in 0) session_status='exist';; *) session_status='new';; esac
session_id=${File_session##*/}
```

sessionf の詳しい使い方については、ソースコードの冒頭にあるコメントを参照されたい。

● **「XXXX……」は長めにするべき**

　これは、sessionf コマンドというより、依存している mktemp コマンドに起因する問題であるが、ランダムな文字列の長さを指定するための「XXXX……」という記述は長めにするべきである。理由は、CentOS 5 を動かせる環境があれば実際に試してみるとよくわかる。

■CentOS 5 で mktemp コマンドを実行すると……

```
$ mktemp /tmp/XXXXXXXX ↵
/tmp/OyA10700
$ mktemp /tmp/XXXXXXXX ↵
/tmp/sPr10701
$
```

　生成されたランダムなはずのファイル名の末尾を見ると数字になっている。なんと、これはそのときに発行されたプロセス ID なのだ。つまり、**CentOS 5 の mktemp コマンドの実装は、ランダム文字列としての質が低い**ということだ。だから文字列を長くしてランダム文字列の不規則性を高めてやらなければならない。ちなみに CentOS 6 以降ではこの問題は解消されている。

参 照

→ 3-15　mktemp コマンド
→レシピ 5-3　シェルスクリプトで時間計算を一人前にこなす
→レシピ 6-7　シェルスクリプトおばさんの手づくり Cookie（読み取り編）
→レシピ 6-8　シェルスクリプトおばさんの手づくり Cookie（書き込み編）

recipe レシピ 6-15 メールマガジンを送る

Q 問題

会員番号、性別、生年、姓、名、メアドの記されたテキスト会員名簿（members.txt）がある。

```
0001 f 1927 町田    芹菜    serina@oda.odaq
0002 m 1941 海老名  歩      namihei@oda.odaq
0003 f 1929 大和    桜      sakura@enos.odaq
0004 f 1927 和泉    玉緒    tamao@oda.odaq
0005 m 1952 蛍田    蓮正    rensho@odawara.odaq
0006 m 1927 千歳    繁      shigeru@odawara.odaq
0007 f 1974 黒川    若葉    wakaba@tam.odaq
0008 ? ?    豪徳寺  タマ    tama@oda.odaq
```

これらの人々にメールマガジンを送るにはどうすればよいか。ただし、宛先には Bcc: フィールドを用い、会員同士で互いにアドレスが知られないようにしなければならない。

A 回答

先ほどのレシピ 6-11 で紹介した sendjpmail コマンドを活用すれば送れる。具体的な手順は次のとおりである。

■ 0) 必要なコマンド

まず、表 6.5 に示したコマンドを用意する。sendjpmail の中で sendmail コマンドを呼び出していること以外はすべて POSIX の範囲で書かれたシェルスクリプトである。

表 6.5 本件のメールマガジンを送るために用いるコマンド

コマンド名	目的	備考
sendjpmail	シェルスクリプトからメールを送るため	詳細および入手方法はレシピ 6-11 の Step (3/3) を参照
filehame	メールテンプレートにアドレス文字列をハメ込むため	Open usp Tukubai に存在する同名コマンドのシェルスクリプト版クローンである

コマンド名	目的	備考
self	列の抽出を簡単に記述するため	Open usp Tukubai に存在する同名コマンドのシェルスクリプト版クローンである

　このうち、次の2つのコマンドに関しては、使わなくても本件の問題をこなすことはできる。しかし、利用するとシェルスクリプトを簡潔に書くことができるため、使うことにした。それぞれのコマンドは次のURLから入手可能だ。

◎ filehame コマンド —— https://github.com/ShellShoccar-jpn/Open-usp-Tukubai/blob/master/COMMANDS.SH/filehame
◎ self コマンド —— https://github.com/ShellShoccar-jpn/Open-usp-Tukubai/blob/master/COMMANDS.SH/self

■ 1) メールのテンプレートを用意

　一番肝心なメールマガジンの文面を作る。注意すべき点は次の3つ。

◎ ヘッダーセクションと本文セクションの間に必ず空行をはさむこと。
◎ マルチバイト文字を使う場合は UTF-8 にすること。
◎ 実際の宛名を書き込む Bcc: ヘッダーは、###BCCFIELD### というマクロ文字列にしておくこと。

　以上の点に気を付けて、たとえば次のようなテンプレートを作る。

■送信メールテンプレート (mailmag201607.txt)

```
From: 山谷 <sanya@staff.odaq>
To: <no-reply@staff.odaq>
###BCCFIELD###
Subject: 沿線だより2016年7月号

みなさんこんにちは、スタッフの山谷でございます。
今月は沿線で開催される花火大会情報を特集します。

■■■ 花火大会情報 ■■■

7/09 ○○花火大会
7/10 △△花火まつり
  ⋮
```

■ 2) 一斉送信シェルスクリプトを作成

テンプレートが書けたら、続いて送信用のシェルスクリプトを作成する。

■ メール一斉送信シェルスクリプト（sendmailmag.sh）

```
#! /bin/sh

[ -f "${1:-}" ] || {
  echo "Usage: ${0##*/} <mail_template>" 2>&1
  exit 1
}

cat members.txt           |
self 5                    | # メアド列だけ取り出す（awk '{print $5}'などと書き換え可）
sed 's/^.*$/ <&>/'        | # メアド文字列をインデントしつつ「<>」で囲む
sed '1s/^/Bcc:/'          | # 最初の行にだけ、行頭に「Bcc:」を付ける
sed '$!s/$/,/'            | # 最後の行以外の行末にカンマを付ける
filehame -lBCCFIELD "$1"  | # テンプレートにメアドをハメる
sendjpmail                  # UTF-8を7bit化してメールを一括送信
```

■ 3) 送信

あとは、filehameコマンドとsendjpmailコマンドに実行権限とパスを通した状態で、

```
$ ./send_mailmag.sh mailmag201607.txt ⏎
```

とすればよい。

解説 Description

この問題は、レシピ6-11で紹介したsendjpmailコマンドの応用例である。sendjpmailコマンド、もといそこから呼び出されるsendmailコマンドは、メールテンプレートファイルに宛先をまとめて書き込んでおけば、1回実行するだけですべての宛先にメールを送る。そこで、sedコマンドやOpen usp Tukubaiコマンドを駆使し、会員名簿ファイルから対象者全員分のBcc:フィールドを生成し、テンプレートにハメ込んで送信しているわけである。

回答で示したシェルスクリプトには1つ注目すべき特徴がある。それは、このコードの中では一時ファイルもループ構文も一切使っていないという点だ。確かに呼び出し先のコ

マンド内にはループ処理が存在するが、ループ処理を隠蔽したおかげで、このシェルスクリプト自体は非常に可読性の高いものになった。上から下へ読むだけで済むのでとても読みやすいし、**コメントを残せばそれが処理の手順書**になってしまう。あえて Open usp Tukubai の filehame や self コマンドを併用した理由は、それらを積極的に活用すれば可読性の高いコードが書けるということを示したかったからだ。

■ 性別と年齢で宛先を絞り込む

元の会員情報テキストには性別と年代の情報もあるので、ここから絞り込んで成人男性のみをターゲットにしたメールマガジンを送信する、といった応用も可能だ。

■成人男性限定配信用に改造してみる (sendmailmag2.sh)

```
#! /bin/sh

[ -f "${1:-}" ] || {
  echo "Usage: ${0##*/} <mail_template>" 2>&1
  exit 1
}

cat members.txt             |
awk '$3<='"$(($(date +%Y)-20))" | # 成人（20歳以上）だけに絞り込む
awk '$2=="m"'               | # 男性だけに絞り込む
self 5                      |
sed 's/^.*$/ <&>/'          |
sed '1s/^/Bcc:/'            |
sed '$!s/$/,/'              |
filehame -lBCCFIELD "$1"    |
sendjpmail
```

最初の cat とその後ろの AWK コマンド 2 つ、さらにその後ろの sed コマンド 3 つをそれぞれ 1 行にまとめろという声が聞こえてきそうだが、それはすべきではない。可読性が下がるし、最後にメール送信という桁違いにコストの高い処理が待ち構えているのに、ここでパフォーマンスにしのぎを削る必要性を感じないからだ。

参 照

→レシピ 5-9 全角・半角文字の相互変換
→レシピ 6-11 シェルスクリプトでメール送信

recipe 6-16 Twitter に投稿する

Q 問題

サーバーの異常検出時、今はメールで管理者に自動通知しているが、最近 spam フィルターに阻まれるなどして届かないことがあって困っている。
そこでシェルスクリプトから Twitter に投稿（管理者宛に DM ツイート）できればと思うのだが、可能だろうか？

A 回答

　POSIX 原理主義を拡張したプログラミング指針である POSIX 中心主義に従えば、シェルスクリプトで Twitter に対して各種操作をするコマンドを作ることもできる。それに基づいて制作した Twitter コマンドセット「恐怖！ 小鳥男」（以降、小鳥男と呼ぶ）[注31] をすでに公開しているのでこれを使えばよい。投稿がもちろんできる他、タイムライン閲覧や検索、リツイート、いいね（お気に入り）登録、フォロー、ダイレクトメッセージなど、ひととおりの操作が可能だ。
　どのようにして Twitter 操作を実現しているかについては後で解説するとして、ここでは小鳥男の使い方を説明する。

■ Step (1/4)　小鳥男をインストールする

　まずはプログラム（小鳥男）のインストールから始める。しかしこれは実に簡単だ。もし git コマンドが使えるなら、次のように打ち込めば一発で完了する。

```
$ git clone https://github.com/ShellShoccar-jpn/kotoriotoko.git ↵
```

　もちろん git コマンドが使えなくても大丈夫だ。適当なディレクトリーに移動して次のとおりに打ち込めば完了する。

注31：https://github.com/ShellShoccar-jpn/kotoriotoko

```
（次のどちらかでダウンロード）
$ wget https://github.com/ShellShoccar-jpn/kotoriotoko/archive/master.zip ↵
$ curl -O https://github.com/ShellShoccar-jpn/kotoriotoko/archive/master.zip ↵

（ダウンロードしたら次の2つのコマンドを実行）
$ unzip master.zip ↵
$ chmod +x kotoriotoko/BIN/* kotoriotoko/TOOL/* kotoriotoko/UTL/* ↵
```

■ **依存ソフトは入っているか？**

とは言うものの、小鳥男はいくつかのソフト（コマンド）が入っていないと使えない。POSIX 原理主義ではなく POSIX 中心主義に基づいて作られているプログラムの宿命だ。

依存しているソフトは次の 2 つだ。

◎ OpenSSL（openssl コマンド）または LibreSSL（openssl コマンド）
◎ cURL（curl コマンド）または Wget（wget コマンド）

「または」と書いてあるように、それぞれどちらかがあればよい。もしまだ入っていないなら、パッケージやソースファイルからインストールすること。

▶ Step（2/4） Twitter ユーザーアカウント登録

次に、Twitter でアカウント登録をしてくる。ただしすでにアカウントを持っていて、小鳥男にもそれを使わせたい場合は、この手順は省略して次に進む。

アカウント登録は、Web ブラウザーで次のページを訪れて必要事項を入力すればよい。

◎ https://twitter.com/signup

▶ Step（3/4） アクセスキーを手に入れる

Twitter API にアクセスするための各種認証文字列（アクセスキー）を小鳥男の設定ファイルに登録しなければならない。

最新バージョンの小鳥男では、コマンド一発で手軽にできるようになった。まずは小鳥男をインストールしたディレクトリーの中で、次のようにして getstarted.sh コマンドを実行する。

```
$ cd <小鳥男のインストールディレクトリー>/BIN ⏎
$ ./getstarted.sh ⏎
```

すると次のようなメッセージが出るはずだ。

```
**********************************************************************
To use "Kotoriotoko" commands,
**********************************************************************
you have to authorize them to operate your Twitter account.
In order to do that, do the following steps.

1) Copy and paste the URL to your web browser and open it.
https://api.twitter.com/oauth/authenticate?oauth_token=XXXXXXXX...

2) Authorize the application "Kotoriotoko (production model)" on the web page.
   After authorizing, you can see a PIN code at the next web page.

3) Input the PIN code to the to the following prompt.

PIN code :
```

ここで示された URL (「https://api.twitter.com/...」の部分) を先ほどサインアップに使った Web ブラウザーにコピペして開く。すると「Kotoriotoko (production model)」というアプリケーションとの連携を求められるので、許可してもらいたい[注32]。

すると、図 6.4 のように PIN コード表示される。これを先ほどのターミナルの「PIN cpde :」と書いてある場所にコピペして ⏎ を押したらおしまいだ。getstarted.sh を初めて実行した場合は、設定ファイル (CONFIG/COMMON.SHLIB) への書き込みまで済ませてくれる (2 度目以降の場合は、書き込むべき内容が表示されるだけなので、その内容を自分でコピペすること)。

注 32：利用できる機能をすべて許可するように求められるが、それができるようになるのは小鳥男を使うあなた自身であり、小鳥男開発者は何もできないので安心してもらいたい。

図 6.4 小鳥男のアプリケーション連携を許可すると表示される PIN コード

■ もう1つの方法

アクセスキーを手に入れる方法は、面倒だがもう1つある。本書では説明を割愛するが、小鳥男に同梱している「btw*.sh」で始まるコマンドや、APPS ディレクトリーの「gathertw.sh」といった、ツイートを大量にかき集めて Twitter 上の住民の心を読み解くためのコマンドを使いたい場合にはこちらが必要だ。

この方法は、Twitter アプリケーション登録を独自で行い、そこでアプリケーション用の認証キーごと発行してくるというものだ。アプリケーション登録は、次のサイトへアクセスして行う。

◎ https://apps.twitter.com/

ただし独自アプリケーション登録に際しては、SMS を受信できる携帯電話での認証を促されるので注意する。Twitter アプリは無人でいろいろなことができてしまい、乱用防止のために携帯電話を用いた認証によってアプリ作成者の実在性を担保する意図があるようだ。

▶ Step (4/4) 動かしてみる

無事にインストールできたらぜひ何かツイートしてみてもらいたい。
kotoriotoko/BIN ディレクトリーの中にあるものが、投稿や検索その他を行うためのコマンド群である。そこに「tweet.sh」というツイート（投稿）コマンドもあるので、これを試してみる。

```
$ cd kotoriotoko/BIN  ↵
$ ./tweet.sh -f kotori.png 寒そうだな。  ↵
```
-fオプションで、ツイートに画像ファイルを付けることも可能

　ツイートに成功すると、発行されたツイート ID が表示される。そうしたら Web ブラウザーで Twitter 上の自分のページを開いてみてもらいたい。どうだろう、今投稿したツイートは表示されただろうか？

　kotoriotoko/BIN ディレクトリーの中には他にもたくさんのコマンドがあるので、いろいろ試してもらいたい。各コマンドの使い方は、小鳥男配布元ページ（https://github.com/ShellShoccar-jpn/kotoriotoko）の README ドキュメントに記載されているコマンド一覧や、各コマンドに「--help」オプションを付けると出てくる書式を見ればわかるだろう。

図 6.5　「恐怖！　小鳥男」の tweet.sh コマンドで画像付きツイートをした様子

解説 Description

　Twitter コマンドセット「恐怖！　小鳥男」（小鳥男）は、echo コマンドの代わりに tweet.sh コマンドを使う要領で、「tweet.sh ごきげんよう！」と書けば Twitter 画面上に「ごきげんよう！」とツイートされ、「date | tweet.sh」と書けば現在時刻がツイートされるなど、シェルスクリプトととても相性がよい。その中身はどうなっているのだろうか。

■ Twitter にアクセスするとは？

それにはまず「Twitter にアクセスする」という処理がどういう手順なのかを知る必要がある。

Twitter に対する操作には、ツイート、閲覧、フォロー、ダイレクトメッセージ送受信などいろいろなものがあるが、どれも、

（1）Twitter API 向けにリクエスト（処理の内容）文字列を作る
（2）リクエストに認証情報（OAuth）文字列を付加する
（3）Twitter API に接続し、作成したリクエスト文字列を送る
（4）Twitter API から返されるレスポンスデータ（JSON 形式）を受け取る
（5）JSON で書かれているレスポンスデータをパースし、結果を表示する

という手順をこなしているに過ぎない。処理はおおむね一直線であり、複雑に分岐しているわけでもないので、やるべきことを1つ1つ素直にプログラミングしていけば、どのTwitter 操作に関するコマンドもほぼ同様に作れる。各々のコマンドの違いは、リクエスト文字列の内容と、レスポンスデータから取り出す内容がそれぞれ違うだけである。

■ ただし、OAuth 認証の処理は複雑

OAuth 認証文字列を作るという処理さえ1行で書ければ、コマンドを作るのは簡単だ。しかし実は、この OAuth 認証文字列を作るという処理が複雑なのである。どれくらい複雑かというと、OAuth 仕様にはバージョン1とバージョン2があるのだが、バージョン1の複雑さを反省してバージョン2の仕様が簡素化されたほどである。そして残念ながら、2016年7月時点において、Twitter で主に使われている認証方式はバージョン1である[注33]。

Twitter で用いられている OAuth 仕様の詳細を知りたければ、

◎ https://dev.twitter.com/rest/public

などの文書を読み解いてもらうしかない。

概要として、Twitter API に渡すデータがどのように加工されるのかを、この認証を含めデータフローに表した（章末の図 6.6）。図中の長方形がデータ、台形がデータの加工処理を表している。台形の数が20個以上もあるということは、Twitter にアクセスするために20箇所以上のデータ加工が必要ということであり、さすがに面食らってしまう。

注33：ちなみに Facebook では、2016年7月時点で OAuth バージョン2が用いられている。

■ **加工処理を1つ1つ見ていくと……**

　たくさんあるデータ加工を1つ1つ実装していかなければ、Twitterコマンドは作れない。そこで、各々の台形でどんな加工処理が行われているのかを見ていくと、実はほとんどがprintfとURLエンコードであることがわかる。printfは、printfコマンドあるいはsedやAWKを使えば難なくPOSIXの範囲内で実現できる。URLエンコードに関しても、「レシピ6-2　URLエンコードする」によって解決済みである。

　それ以外の加工処理についても、sortと書いてあるところはsortコマンドで実現できるし、Base64と書いてあるところは「レシピ6-3　Base64エンコード・デコードする」で実現できる。

■ **POSIX中心主義で不可能を可能にする**

　残りの処理は、HMAC-SHA1[注34]とHTTPアクセスである。前者はバイナリー演算、後者はWeb（ネットワーク）アクセスという具合に、どちらもPOSIXにとって苦手な処理である。そこで、POSIX原理主義を拡張した「POSIX中心主義」の考え方を導入する。

　序章でも述べたように、POSIX中心主義とは、

◎ POSIX原理主義の遵守が困難な局面ではPOSIX外のコマンドに頼らざるを得ないが、「交換可能性」が担保されたものだけしか使わない。

というプログラミング指針である。交換可能性とは、

◎ 今利用している依存ソフトウェア（A）と同等機能を有する別の実装（B）が存在し、何らかの事情によりAが使えなくなったときでも、Bに交換することでAを利用していたソフトウェアを継続して使える性質

である。HMAC-SHA1処理が可能なopensslコマンドには、OpenSSLとLibreSSLという互いに交換可能なソフトウェアが存在し、Webアクセスを実現するコマンドにもcurlとwgetという（書式を変えれば）交換可能なコマンドがある。

　小鳥男のコマンドで、この交換可能性を担保しているコードの例を紹介する。kotoriotoko/BINディレクトリの中のtwmediup.sh（画像アップロード）コマンド[注35]を見てもらいたい。

　まず見てもらいたいのは54〜61行目だ。

注34：SHA-1を利用したメッセージ認証符号文字列生成関数
注35：https://github.com/ShellShoccar-jpn/kotoriotoko/blob/master/BIN/twmediup.sh

■コマンドの存在確認

```
# --- 2.HTTPアクセスコマンド（wgetまたはcurl）
if   type curl   >/dev/null 2>&1; then
 CMD_CURL='curl'
elif type wget   >/dev/null 2>&1; then
 CMD_WGET='wget'
else
 error_exit 1 'No HTTP-GET/POST command found.'
fi
```

プログラムの序盤でこのようにして、必要なWebアクセス系のコマンドが利用可能かどうかを調べている。curlまたはwgetのうち、どちらか1つ以上のコマンドがあるかどうかを確認し、どちらもなければエラー終了、どちらか1つ以上あれば先へ進むようにしてある。

そして、最も重要な箇所は221〜247行目だ。

■コマンド別に同じ処理を実現

```
s=$(mime-make -m)
ct_hdr="Content-Type: multipart/form-data; boundary=\"$s\""
eval mime-make -b "$s" $mimemake_args |
if   [ -n "${CMD_WGET:-}" ]; then
  cat > "$Tmp-mimedata"
  "$CMD_WGET" --no-check-certificate -q -O - \
              --header="$oa_hdr"               \
              --header="$ct_hdr"               \
              --post-file="$Tmp-mimedata"      \
              "$API_endpt"
elif [ -n "${CMD_CURL:-}" ]; then
  "$CMD_CURL" -ks            \
              -H "$oa_hdr"   \
              -H "$ct_hdr"   \
              --data-binary @- \
              "$API_endpt"
fi
```

いくらcurlもwgetもHTTPアクセス機能を持っているとはいえ、コマンドの書式は異なる。したがって、もう片方のコマンドに交換された場合でもプログラムが何の変更もなし

に動くようにするには、あらかじめ両方の書式で記述しておく必要がある。それをやっているのがこの場所だ。

このコードの中では、交換可能性担保のためにもう1つ重要な配慮がなされている。それは、「レシピ6-13　他のWebサーバーへのファイルアップロード」で解説した「mime-make」コマンドが使用されているという点である。

curlコマンドにはもともとファイルアップロード機能があるので、curl前提のプログラムを書くなら、mime-makeコマンドは不要だ。しかし、wgetコマンドにはファイルアップロード機能がない。したがってcurlコマンドのファイルアップロードに依存してしまうと、wgetコマンドとの交換可能性が担保できなくなってしまう。curlコマンドのファイルアップロード機能は使ってはならないのだ。mime-makeコマンドは、このような場合の交換可能性を担保するために再発明したコマンドなのである。

ちなみにHMAC-SHA1を行うためのopensslコマンドは、プログラムを見ただけでは交換可能性を担保している様子がわからないが、互いに全く同じ書式で使えるコマンドが複数存在するため、交換可能性はきちんと担保されている。

■ レスポンスのJSONは解決済

OAuth認証を終えて、Twitter APIからレスポンスが返ってきたら、JSONパースというもう1つ大きな仕事がある。しかし、これは「レシピ5-6　JSONファイルを読み込む」によって解決済である。したがって、そのレシピで紹介したコマンドを利用するだけである。

このようにTwitterへのアクセスは、これまでのレシピで蓄積してきたPOSIX原理主義のノウハウと、新たに導入したPOSIX中心主義の考え方を取り入れることによって可能になる。

■ 小鳥男はBash on Ubuntu on Windowsでも難なく動く

そしてこの解説の最後に述べておきたいことは、小鳥男は2016年4月6日にテスト版として初公開された「Bash on Ubuntu on Windows」（Windows Subsystem for Linux）でもきちんと動作したという事実である。

ご存知ない方のためにBash on Ubuntu on Windowsを簡単に説明しておく。これは、MicrosoftがUbuntu Linuxの開発に携わっているCanonicalの協力の元で開発した、本気のLinux実装（Ubuntu Linux）である。なんとWindowsカーネルが、Ubuntu用の実行ファイルをそのまま解釈できるようになっており、そのパフォーマンスは、Subsystem for UNIX ApplicationやCygwinなどとは段違いである。

小鳥男は、Bash on Ubuntu on Windowsのことを全く考慮せずに作ったものであるにも関わらず、Windows 10 Insider Preview版で何の問題もなく動作した[注36]。Bash on Ubuntu on Windowsが、Linux互換環境として完成度が高いという理由もあるだろう。だがこれは、POSIX原理主義やPOSIX中心主義により高い互換性が実現できることを実証した1つの例とも言える。また同時に、世界に何億台も存在するWindows環境が、POSIX原理主義+中心主義を実践するのに適した環境の仲間入りをするということでもあり、その意義は非常に大きい。

参照

→レシピ 5-6　JSONファイルを読み込む
→レシピ 6-2　URLエンコードする
→レシピ 6-3　Base64エンコード・デコードする
→レシピ 6-13　他のWebサーバーへのファイルアップロード

注36：先のページに掲載した動作確認の様子（「寒そうだな」とツイートしているターミナル）は、実はBash on Ubuntu on Windowsである。

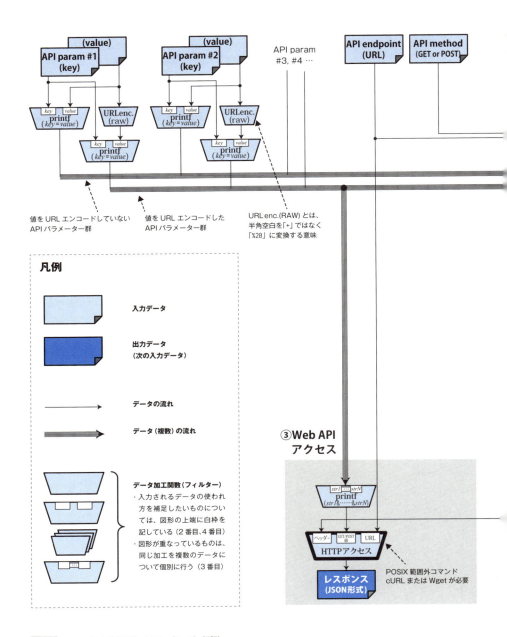

図 6.6 Twitter API におけるデータフロー（ユーザー認証）

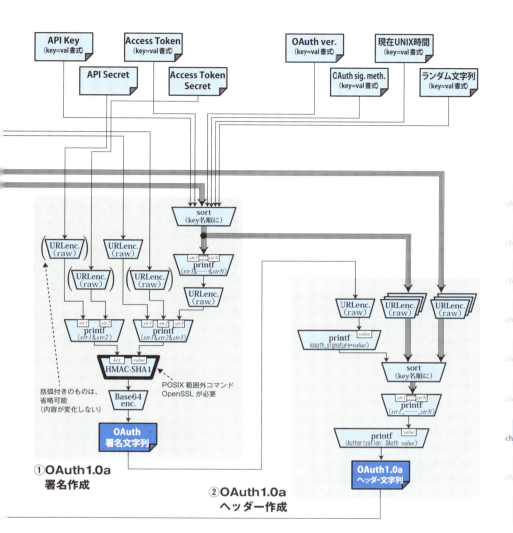

6-16 Twitterに投稿する

第7章
chapter.7

知らないとハマる
さまざまな落とし穴

シェルスクリプトや UNIX コマンドは「クセが強い」とよく言われる。それも一種の個性なのだが、その個性を知らないまま使うと、思わぬ落とし穴にはまってしまう。本章では、UNIX の入門者・中級者がはまりがちな、各種コマンドや文法の落とし穴を紹介していく。

recipe 7-1 名前付きパイプからリダイレクトするときの落とし穴

Q 問題

次のコードを実行したものの、「やっぱり cat は取り消そう」と思って killall cat を実行したら失敗した。おかしいなと思い、ps コマンドで cat のプロセスを探しても見つからなかった。cat のプロセスはどこへ行ってしまったのか？

```
$ mkfifo "HOGEPIPE"
$ { cat < "HOGEPIPE" >/dev/null; } &
```

A 回答

この例の場合、cat を起動するサブシェルの段階で処理が止まっており、cat コマンドはまだ起動していない。もしそのサブシェルを kill したいのであれば、次のようにして jobs コマンドでジョブ ID を調べ、そのジョブ番号を kill すればよい。

```
$ mkfifo "HOGEPIPE"
$ { cat < "HOGEPIPE" >/dev/null; } &
$ jobs
[1] + Running                 cat <HOGEPIPE >/dev/null
$ kill %1
$
[1]   Terminated              cat <HOGEPIPE >/dev/null
$
```

あるいは、jobs コマンドに -l オプションを付けてサブシェルのプロセス ID を調べ、そのプロセス ID を kill してもよい。

```
$ mkfifo "HOGEPIPE" ⏎
$ { cat < "HOGEPIPE" >/dev/null; } & ⏎
$ jobs -l ⏎
[1] + 13742 Running           cat <HOGEPIPE >/dev/null
$ kill 13742 ⏎
$ ⏎
[1]   Terminated              cat <HOGEPIPE >/dev/null
$
```

解説 Description

なぜcatコマンドが起動していなかったのか。これは、シェルの仕組みを知れば理解できるだろう。

シェルは、コマンドを実行する際、いきなりコマンドのプロセスを起動するわけではない。まず自分の分身である「サブシェル」を生成する。そして、execシステムコールによって、それを目的のコマンドに変身させるという手順を取るのだ。

なぜそのようにしているかというと、コマンドを呼ぶにあたってシェル側で事前に準備作業が必要だからだ。その準備作業の1つにリダイレクションがある。コマンドの前後に記された「<」、「>」、「>>」といった記号で読み込み（または書き込み）モードでのファイルオープンが指定されたら、その作業はシェルが受け持つことになっている。シェルはリダイレクション記号で指定されたファイルを標準入出力に接続し、それができてからコマンドに変身しようとする[注1]。ちなみにリダイレクションが指定されなかった場合、特にファイルに接続することはないが、標準入出力および標準エラー出力をオープンするという作業はデフォルトで行っている。

さて今回の場合、オープンする対象は「HOGEPIPE」という名前付きファイルであるが、「レシピ4-3 mkfifoコマンドの活用」で説明したとおり、データが書き込まれないうちにオープンしようとしたり読み込んだりしようとすると、データが来るまで延々と待たされることになってしまう。それをサブシェルがやっているものだから、catに変身することができず、catプロセスが存在しないというわけだ。

■ 実際にデータを流してみると……

では、パイプにデータを流しはじめてみたらどうなるか見てみよう。{ cat < "HOGEPIPE" >/dev/null; } &まで実行したら、今度はkillせずにyesコマンドなどを使ってデータを流し込み続けてみてもらいたい。

注1：もし、catコマンドのあとに別のコマンド「｜」や「&&」、「;」などが書かれていた場合は、変身せずにさらに孫シェルを起動してそれらを順番に実行しようとする。

```
$ mkfifo "HOGEPIPE" ↵
$ { cat < "HOGEPIPE" >/dev/null; } & ↵
$ yes > "HOGEPIPE" & ↵
$
```

そして、ps コマンドで関連プロセスを確認してみる。

```
$ ps -Ao pid,ppid,comm | grep -E $$'|'cat | grep -Ev grep'|'ps ↵
$ 13510 12883 sh
$ 13839 13510 cat
$ 13840 13510 yes
$ kill 13840 ↵
$
```

左から自プロセス ID、親プロセス ID、自プロセスのコマンド名が表示されているが、今度は cat コマンドが存在していることがわかる。なお、**yes コマンドからデータを流し続けていると無駄な負荷がかかるので、確認したら速やかに yes コマンドを kill すること**。

■ リダイレクションでない場合は cat の起動まで進む

先ほどはリダイレクションを用いたために、サブシェルでつかえていた。では、cat コマンドの引数として名前付きパイプを指定したらどうなるだろうか。

```
$ mkfifo "HOGEPIPE" ↵
$ { cat "HOGEPIPE" >/dev/null; } & ↵
$ killall cat ↵
$ ↵
[1]   Terminated              cat <HOGEPIPE >/dev/null
$
```

今度は killall が成功した。名前付きパイプ「HOGEPIPE」を開くのが cat コマンド自身の仕事になったからだ。先ほどの説明を踏まえれば理解は容易だろう。

参照

→レシピ 4-3　mkfifo コマンドの活用

recipe 7-2 /dev/stderr (in も out も) でなぜか Permission denied

Q 問題

FreeBSD で動いていた CGI スクリプトを Linux に持ってきたら正しく動かなくなった。原因を調べるためにアクセスログファイルを見たら「/dev/stderr: Permission denied」と記されていた。
stderr がパーミッションエラーと言われても困ってしまう。どうすればいいのか？

A 回答

　Linux カーネルの仕様に起因する問題と思われるが、ある条件下で標準入出力を新たにオープンしようとするとパーミッションエラーになってしまうという現象がある。
　これを回避するには、/dev/stderr を直接指定せずに使えばいい。具体的には、「echo HOGE >/dev/stderr」と記述する代わりに、「echo HOGE 1>&2」のように書く。これは、ファイルディスクリプター 2 番（FD2）の接続先を 1 番（FD1）に上書きコピーするという意味だ。FD2 には、シェルスクリプト起動時にオープン済みの標準エラー出力（/dev/stderr）が接続されているので、それを使い回すということだ。
　なお FD1 に複製する理由は、echo をはじめとする各種コマンドが基本的に、出力するデータを FD1 へ送るように作られているからだ。

解説 Description

■ 現象の再現

　この問題がどういうものであるのかを理解するため、Linux を使える人は次の操作を試してみてもらいたい（ただし root 権限が必要）。

```
Using username "GENERAL_USER".          ← 1)何らかの一般ユーザーでログイン
GENERAL_USER@your.server's password: ↵
```

```
Last login: Sun Sep 25 00:00:00 2016 from your.client
$ su -                              ← 2)一旦rootになる
Password:
# su -m apache                      ← 3)別の一般ユーザー(たとえばapache)になる
bash: /root/.bashrc: Permission denied  (このエラーは気にしない)
$ echo HOGE >/dev/stderr            ← 4)標準エラー出力に文字を出力してみる
bash: /dev/stderr: Permission denied  するとエラー発生！
$ echo HOGE >/dev/stdout            ← 5)標準出力にも文字を出力してみる
bash: /dev/stdout: Permission denied  ここでもエラー発生！
$
```

■ **なぜそうなるのか?**

　Linuxカーネルの仕様に起因するものと思われるが、Linuxの「/dev/std*」は多重のシンボリックリンクになっており、ある条件下ではその実体へのアクセス権限が得られない。これがエラーの原因である。

　その様子は、lsコマンドの-lオプションを使って追いかけていけば簡単に調べられる。先ほどの状態に続けて次のコマンドを打ち込んでみてもらいたい。

```
$ ls -l /dev/stderr
lrwxrwxrwx 1 root root 15 Sep 25 00:00 /dev/stderr ->/proc/self/fd/2
$ ls -l /proc/self/fd/2
lrwx------ 1 apache apache 64 Sep 25 00:00 /proc/self/fd/2 ->/dev/pts/0
$ ls -l /dev/pts/0
crw--w---- 1 GENERAL_USER tty 136,0 Sep 25 00:00 /dev/pts/0
$
```

　このように/dev/stderr（/dev/stdinも/dev/stdoutも）の実体を辿ってみると、Linuxでは最終的に/dev/pts/0（ログイン中の仮想端末、0でない場合もある）にリンクされていることがわかる。ところが、これには最初にログインしたユーザー（およびttyグループ）しか出力が許可されない仕様になっている。確かにこれではエラーになるはずだ。

　この現象は、WebサーバーのsuEXECなどで実効ユーザーの切り替えが行われる設定になっている場合に遭遇してしまいやすい。

回避方法のまとめ

　「回答」でも示したが、stdoutなどの場合も含め、この問題を回避する方法を改めてまとめる。

■ /dev/stderr を指定したい場合

たとえばコマンドの出力をデフォルトの標準出力ではなく標準エラー出力に書き出したいという場合は、コマンドの後ろに「1>&2」（デフォルトでファイルディスクリプター2番に接続されている標準エラー出力をファイルディスクリプター1番に複製する）を付ければよい。

```
echo ERRMSG 1>&2    ← このメッセージは標準エラー出力に出力される
```

各行末にこれを付けるのが大変なくらい行数が多い場合など、出力を一時的に標準エラー出力に切り替えたいということもあるかもしれない。そのときには、exec コマンドを使って空いている番号（たとえば 3 番）に標準出力を退避しておき、あとで元に戻すというやり方でもよい。

```
exec 3>&1 1>&2      # 標準出力（デフォルトで1番に接続）を3番に複製してから
                    # 標準エラー出力（デフォルトで2番に接続）を1番に複製
echo ERRMSG1        ← この区間（3行）は
echo ERRMSG2        ← すべて
echo ERRMSG3        ← 標準エラー出力に出力される

exec 1>&3 3>&-      # 3番に複製していた標準出力を1番に複製、その後3番を閉じる
```

■ /dev/stdout を指定したい場合

基本的に指定を省略すればよいだけだ。シェルはデフォルト（ファイルディスクリプター1番）の接続先を /dev/stdout に接続しているのだから。

```
echo MSG    ← 行末に「>/dev/stdout」なんてわざわざ書かなければよいだけ
```

ただ先ほど標準エラー出力の例で示したように、一時的にデフォルトではない接続先（ファイルなど）を指定して、あとで元に戻したいという場合もあるだろう。そんなときは先ほどと同様に、exec コマンドで空いている番号（たとえばファイルディスクリプター3番）に標準出力を退避しておき、あとで元に戻すようにすればよい。

```
exec 3>&1 >/PATH/TO/HOGEFILE    # 標準出力（デフォルトで1番に接続）を3番に複製してから
                                # 1番に別のファイルを接続
echo MSG1    ← この区間（3行）は
echo MSG2    ← すべて
echo MSG3    ← /PATH/TO/HOGEFILEに追記されていく

exec 1>&3 3>&-                  # 3番に複製していた標準出力を1番に複製、その後3番を閉じる
```

■ **/dev/stdin を指定したい場合**

これも通常は指定を省略すればよいだけだ。

```
cat    ← 「</dev/stdin」の記述を省略すれば、デフォルトでは標準入力から読み込まれる
```

必要性は皆無に等しいが、標準入力も exec コマンドで空いている番号に退避させることができる。

```
exec 3>&0 </PATH/TO/HOGEFILE    # 標準入力（デフォルトで0番に接続）を3番に複製してから
                                # 0番に別のファイルを接続
cat          ← ここでは/PATH/TO/HOGEFILEから読み込まれる

exec 0>&3 3>&-                  # 3番に複製していた標準入力を0番に複製、その後3番を閉じる
```

■ **AWK の中ではどうすればいい？**

　AWK コマンドの中でも、/dev/std* を指定したい場合がある。しかし、AWK コマンドの中では exec コマンドを使うことができないので、先ほどの代替策は使えない。それでは一体どうすればよいのかというと、実はどうもしなくてよい。

　なぜか AWK の中では、/dev/std* を指定しても Permission denied にならない。試しに、冒頭で示した操作の 6 番目として次のコマンドを打ち込んでみてもらいたい。エラーと言われることなく、標準エラー出力が使える。

```
$ awk 'BEGIN{print "ERRMSG" >"/dev/stderr";}' ⏎
ERRMSG
$
```

recipe 7-3 全角文字に対する正規表現の扱い

Q 問題

正規表現を使ってすべての半角英数字（[[:alnum:]]）を置換しようとしたら、全角英数字まで置換されてしまった！ 全角文字はそのままにしたいのだが、どうすればいいのか？

A 回答

半角英数字だけを置換対象にしたいのであれば、環境変数を C ロケールにするか無効にする。ロケール系環境変数が日本語に設定されていると、このようなことが起こる。あるいは [A-Za-z0-9] などのように、置換対象の半角文字を具体的に指定してもよい。

```
$ echo 'MSX ＭＳＸ２ ＭＳＸ２＋' | sed 's/[[:alnum:]]/*/g'  ⏎
*** **** ****+                      ← ロケールが日本語設定になっているとこうなってしまう
$ echo 'MSX ＭＳＸ２ ＭＳＸ２＋' | LANG=C sed 's/[[:alnum:]]/*/g'  ⏎   ← Cロケールにする
*** ＭＳＸ２ ＭＳＸ２＋
$ echo 'MSX ＭＳＸ２ ＭＳＸ２＋' | env -i sed 's/[[:alnum:]]/*/g'  ⏎   ← 環境変数を無効化
*** ＭＳＸ２ ＭＳＸ２＋
$ echo 'MSX ＭＳＸ２ ＭＳＸ２＋' | sed 's/[A-Za-z0-9]/*/g'  ⏎   ← 明確に半角英数字を指定
*** ＭＳＸ２ ＭＳＸ２＋
$
```

解説 Description

ロケール環境変数（LC_* や LANG）を認識してくれる **GNU 版の grep や sed、AWK コマンドの正規表現は、文字クラス（[[:alnum:]] や [[:blank:]] など）を用いた場合、全角文字と半角文字を同一視**する。知っていれば便利だろうが、知らずにそうなってしまった場合は「なんてお節介な！」と思いたくなる仕様であろう。

無効にする方法は簡単なので、回答で示したとおりにやればよい。しかし、どの環境でも動くコードを目指すためには、

◎ 意図しない環境変数はシェルスクリプトの冒頭で無効化すること
◎ 文字クラスは使わないこと

をお勧めする。

> 参照

→ **1-16**　ロケール

recipe 7-4 sort コマンドの基本と応用と落とし穴

Q 問題

UNIX の sort コマンドはいろいろな機能があって強力だと聞いたが、うまく使えない。

A 回答

確かに UNIX の sort コマンドは多機能だ。使いこなせばほとんどの要求に応えられるだろう。しかし、知らないとハマる落とし穴がいくつかある。そもそも、この質問者は基本からおさらいしたほうがよさそうなので、ここで sort コマンドチュートリアルを行うことにする。何もオプションを付けずに sort と打ち込むくらいしか知らないというなら、これを読んで sort を便利に使えるようになろう。

基本編　各行を単なる1つの単語として扱う

sort コマンドの使い方は基本と応用に分けられる。基本の使い方は単純で、**各行を1つの単語のようにみなして**キャラクターコード順に並べたりすることができる。

■オプションなし――キャラクターコード順に並べる

```
$ cat <<EXAMPLE | sort
> perl
> ruby
> Perl
> Ruby
> EXAMPLE
Perl           ← キャラクターコード順なので大文字から先に並ぶ
Ruby
perl
ruby
$
```

■ -f——辞書順に並べる

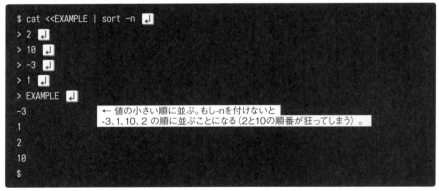

■ -n——整数順に並べる

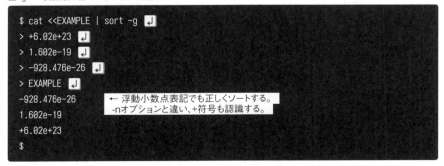

※ マイナス記号は認識するが、プラス記号は認識しない。

■ -g——実数順に並べる（POSIX 非標準）

```
$ cat <<EXAMPLE | sort -g ↵
> +6.02e+23 ↵
> 1.602e-19 ↵
> -928.476e-26 ↵
> EXAMPLE ↵
-928.476e-26       ← 浮動小数点表記でも正しくソートする。
1.602e-19            -nオプションと違い、+符号も認識する。
+6.02e+23
$
```

※ 単純な整数にも使えるが、計算量が多くなるので、整数には -n オプションのほうがよい。

■ -r──降順に並べる（他オプションと併用可）

```
$ cat <<EXAMPLE | sort -gr ↵    ← 他のオプションと組み合わせて使える
> +6.02e+23 ↵
> 1.602e-19 ↵
> -928.476e-26 ↵
> EXAMPLE ↵
+6.02e+23
1.602e-19        ← 先ほどの-gオプションとは順番が正反対になっている
-928.476e-26
$
```

応用編　複数の列から構成されるデータを扱う

　sortコマンドの本領は、ここで紹介する使い方を覚えてこそ発揮される。SQLのORDER BY句のように、第1ソート条件、第2ソート条件……、と指定できるのだ。強力である。応用編では、2つのサンプルデータを例に紹介する。

■ サンプルデータ（1）── 駅データ

　次のように、とある鉄道駅の開業年、快速停車の有無、駅名、ふりがなの4列から構成される空白区切りのデータ（sample1.txt）があったとしよう。

■sample1.txt

```
1908 停車 相原 あいはら
1957 通過 矢部 やべ
1979 通過 成瀬 なるせ
1926 停車 菊名 きくな
1964 停車 新横浜 しんよこはま
1947 通過 大口 おおぐち
1908 停車 町田 まちだ
```

　ちなみに、テキスト中で列と列の間の半角空白は1つでなければならない。2つだとデータによっては失敗する。それについてはこのあとの「落とし穴編」で説明しよう。
　さて、ここで「50音順にソートせよ」という要請を受けたとする。ふりがなが1列目にあれば簡単（単にオプションなしのsortに渡すだけ）なのだが、このサンプルデータでは4列目にある。こういうときは、-k 4,4というオプションを付けてやればよい。つまり、**-kオプションの後ろにソートしたい列番号をカンマ区切りで2回書く**ということだ。

```
$ sort -k 4,4 sample1.txt
1908 停車 相原 あいはら
1947 通過 大口 おおぐち
1926 停車 菊名 きくな
1964 停車 新横浜 しんよこはま
1979 通過 成瀬 なるせ
1908 停車 町田 まちだ
1957 通過 矢部 やべ
$
```

　なぜ2回書くのかについてであるが、入門の段階ではとりあえず「そういうものだ」と思って覚えておけばよい[注2]。

　さて、次に「50音順で降順にソートせよ」という要請を受けたとする。先ほどは昇順にソートしたが、降順にしたい場合はどのようなオプションを付ければよいか。答えは-k 4r,4である。つまり、最初の数字の直後に**基本編で紹介したオプション文字を付ければよい**。これも、「とにかくそういうものだ」と思って覚えておけばよい。

```
$ sort -k 4r,4 sample1.txt
1957 通過 矢部 やべ
1908 停車 町田 まちだ
1979 通過 成瀬 なるせ
1964 停車 新横浜 しんよこはま
1926 停車 菊名 きくな
1947 通過 大口 おおぐち
1908 停車 相原 あいはら
$
```

　ちなみに、もし読み方が半角アルファベットで記述されていて、それを辞書順に並べたかったとするなら、-k 4fr,4と書けばよい。fは基本編で出てきた「辞書順に並べる」オプションだ。

　今度は、「快速停車の有無→開業年の新しい順→駅名の50音順でソートせよ」という要請を受けたとしよう。複数のソート条件を指定する場合にはどうすればよいか。答えは「-kオプションを複数書く」である。つまりこの場合は、-k 2,2 -k 1nr,1 -k 4,4とする。

注2：どうしても詳しく知りたい人はFreeBSDやLinuxのmanページのsort(1)を見るとよいだろう。

```
$ sort -k 2,2 -k 1nr,1 -k 4,4 sample1.txt ⏎
1979 通過 成瀬 なるせ
1957 通過 矢部 やべ
1947 通過 大口 おおぐち
1964 停車 新横浜 しんよこはま
1926 停車 菊名 きくな
1908 停車 相原 あいはら
1908 停車 町田 まちだ
$
```

「通過」と「停車」を昇順にすると前者が先に来るのは、1文字目の「通」と「停」を音読みすると、辞書順で前者のほうが先だからである。また、開業年の降順ソート(-k 1nr,1)で「n」を付けているのは、最も早い開業年の数字が3桁以下だった場合でも正常に動作することを保証するためだ(そんな駅あるのか!?)。

■ サンプルデータ(2)── パスワードファイル

ここでサンプルデータを替える。/etc/passwdファイルだ。誰もが持っているので、試すのも楽だろう。中を覗いてみると、こんな感じになっているはずだ。

■ /etc/passwdの例

```
# $FreeBSD: releng/10.3/etc/master.passwd 256366 2013-10-12 06:08:18Z rpaulo $
#
root:*:0:0:Charlie &:/root:/bin/csh
toor:*:0:0:Bourne-again Superuser:/root:
daemon:*:1:1:Owner of many system processes:/root:/usr/sbin/nologin
operator:*:2:5:System &:/:/usr/sbin/nologin
bin:*:3:7:Binaries Commands and Source:/:/usr/sbin/nologin
tty:*:4:65533:Tty Sandbox:/:/usr/sbin/nologin
kmem:*:5:65533:KMem Sandbox:/:/usr/sbin/nologin
    ⋮
```

このファイルの特徴は、空白区切りではなくコロン区切りになっている点だ。先頭のコメント行は正しくソートできないので、ソートの直前に grep -v '^#' をはさんで取り除かなければならない。

ここで、「グループ番号→ユーザー番号の順でソートせよ」という要請を受けたとする。ソート例は1つしか挙げないが、sample1.txtを踏まえれば、-kオプションを使う方法に

ついてはもうわかるはずだ。グループ番号が第 4 列、ユーザー番号が第 3 列にあるのだから、-k 4n,4 -k 3n,3 とすればよい。問題は列区切り文字だ。**列と列を区切る文字が半角空白以外の場合には -t オプションを使う**。/etc/passwd はコロン区切りなので -t ':' と書く。

以上をまとめると、答えはこうだ。

■ 落とし穴編　列区切り文字に潜む落とし穴 2 つ

お待ちかねの落とし穴編だ。前述の応用編のテクニックを使いこなすには、この 2 つの落とし穴も覚えておかないとハマることになる。

■ その 1. 半角空白複数区切りの落とし穴

また新たなサンプルデータファイルを用意する。

■sample2.txt

```
 1  B -
10  A -
```

ご覧のように第 2 列の位置を揃えるために、1 行目の文字「B」の手前には半角空白が 2 個挿入されている。このような例は、df、ls -l、ps などのコマンド出力結果や、fstab などの設定ファイルで身近に溢れている。

このデータを第 2 列のキャラクターコード順にソートしたらどうなるか？ 1 行目と 2 行目が入れ替わってもらいたいところだが、やってみると入れ替わらないのだ。

```
$ sort -k 2,2 sample2.txt ⏎
1  B  -
10 A  -
$
```

　理由は、列区切りルールがとても特殊であることに起因する。なんと sort コマンドは**デフォルトでは、空白類（空白やタブ）でない文字から空白類への切り替わり位置で列を区切り、しかも区切った文字列の先頭にその空白類があるものとみなす**。つまり上記テキストの各列は、表 7.1 のとおりに解釈される。

表 7.1 sort コマンドによる sample2.txt の列解釈（デフォルトの場合）

	第 1 列	第 2 列	第 3 列
1 行目	1	「 B」	「 -」
2 行目	10	「 A」	「 -」

　なぜこのようなルールにされたのかは全くの謎だが、「それならば」と -t オプションを用い、列区切り文字は半角空白である（-t ' '）と指定してもうまくいかない。
　この場合、対象となるテキストデータ中で半角空白が複数個連続していると、その間に空文字の列があるとみなされてしまうからだ。したがって上記のテキストは、1 行目が第 1 列「1」の次に空文字の第 2 列があるとみなされて、4 列からなると解釈されてしまう（表 7.2 のとおり）。

表 7.2 sort コマンドによる sample2.txt の列解釈（-t ' ' オプションを付けた場合）

	第 1 列	第 2 列	第 3 列	第 4 列
1 行目	1	（空文字）	B	-
2 行目	10	A	-	（空文字）

● どうすればいいのか

　結局のところ、sort コマンドに正しくソートさせるには、列と列を区切る複数の空白を 1 個にしなければならない。だから、先ほど例示したテキストを正しい順番にソートしたければ、下記のように修正する。

```
$ cat sample2.txt                  |  ⏎
> sed 's/[[:blank:]][[:blank:]]*/ /g'  |  ⏎   ← 連続する空白を1つにする
> sed 's/^[[:blank:]]*//'          |  ⏎   ← 行頭の空白を除去する
> sed 's/[[:blank:]]*$//'          |  ⏎   ← 行末の空白を除去する
> sort -k 2,2 ⏎
10 A -
1 B -
$
```

まぁ当然、位置取りの空白が消えて見た目がガタガタになってしまうのだが……。

あと、上記のコード中の3行目と4行目のsedもあった方が安全だ。これは、psコマンドのように行頭（第1列の手前）にも半角空白を入れる場合のあるコマンドで誤動作しないようにするための予防策である。

■ その2. 全角空白区切りの落とし穴

ロケールに関する環境変数（LC_*、LANGなど）が設定してある環境ではもう1つの落とし穴が待ち構えているので、注意しなければならない。

次のサンプルデータ（sample3.txt）を見てもらいたい。これは、第1列が人名、第2列が読みがな、という構成の名簿データだ。注目すべきは、苗字と名前の間に全角空白が入っている点である。

■sample3.txt

```
近江　舞子 おうみ　まいこ
下神　明 しもがみ　あきら
飯山　満 いいやま　みつる
```

このデータを辞書順にソートせよと言われたとする。ふりがなが第2列にあるのだから、普通に考えれば、-k 2,2でいいはずだ。ところが、日本語ロケール（LANG=ja_JP.UTF-8など）になっているLinux環境でこのコマンドを実行すると失敗する。

```
$ sort -k 2,2 sample3.txt ⏎
近江　舞子 おうみ　まいこ
飯山　満 いいやま　みつる
下神　明 しもがみ　あきら
$
```

その原因は、**全角空白も列区切り文字扱い**されているということだ。正しく動作させるには、環境変数を無効にするか、**-t オプションで列区切り文字を半角空白に設定**しなければならない。具体的には、sort コマンド引数に -t ' ' と追記してやればよい。

```
$ sort -k 2,2 -t ' ' sample3.txt ↵
飯山　満 いいやま　みつる
近江　舞子 おうみ　まいこ
下神　明 しもがみ　あきら
$
```

おめでとう、これでアナタも今日から sort コマンドマスターだ。本当は、sort にはここで説明しなかった機能もあるが、それらについて知りたければ、使っている OS の man コマンドで sort について調べてもらいたい。

> **参照**
>
> →レシピ 4-10　ブラックリスト入りした 100 件を 1 万件の名簿から除去する

recipe 7-5 sed の N コマンドの動きが何かおかしい

Q 問題

手元の FreeBSD 環境（9.1-RELEASE）で下記の sed コマンドを実行したのだが、何だか挙動がおかしかった。

```
seq 1 10 | sed '3,4N; s/\n/-/g'
```

A 回答

確かにヘンな動きをする。GNU 版ではこの問題は起きないし、2014 年 11 月公開の FreeBSD 10.1-RELEASE では解消されているので、どうやら 9.1-RELEASE までのバグのようだ。バージョンアップまたは GNU 版の使用をお勧めする。ただし、GNU 版は GNU 版でまた別のヘンな動きをする。

解説 Description

問題文で示された sed コマンドは「元データの 3 行目に関しては、読み込んだら次の行も追加で読み込み、その際に残った改行コードを「-」に置換してから出力せよ」という意味である。もっとわかりやすく言えば「3 行目と 4 行目をハイフンで繋げ」という意味である。したがって、正常に動作すれば次のように出力されるはずである。

```
$ seq 1 10 | sed '3,4N; s/\n/-/g' ⏎
1
2
3-4
5
6
7
```

```
8
9
10
$
```

ところが、FreeBSD 9.1-RELEASE の sed では次のようになってしまう。

```
$ seq 1 10 | sed '3,4N; s/\n/-/g' ↵
1
2
3-4
5-6      ←これは
7-8      ←おかしい！
9
10
$
```

　この問題はその後、修正コードと共にバグとして報告され、FreeBSD 10.1 では修正されている。したがって、9.x や 10.x を使っているなら OS を最新版にアップグレードすることをお勧めする。もしそれが難しいのであれば、GNU 版を使うこともやむを得ないだろう。

■ GNU 版にも別のバグが

　ただし、同じ N コマンドで、GNU 版でもまた別のバグが見つかっている。GNU 版の独自拡張である、行番号の相対表現を使うと……

```
$ seq 1 10 | gsed '3,+3N; s/\n/-/g' ↵
1
2
3-4
5-6
7-8      ←これはおかしい！
9
10
$
```

やはりおかしい。3行目から数えて+3行目までだから、7行目と8行目が結合されてはいけないはずだ。ちなみにこれは執筆時（2016年9月）に取得できた最新版（4.2.2）でも残っていた。

　もし、sedでNコマンドを使っているソースコードにおかしな動きがあったら、sedそのものを疑ってみると原因が見つかるかもしれない。

COLUMN
コラム
【緊急】falseコマンドの深刻な不具合

　2014年4月1日、「Single UNIX Specification」[注3]を策定しているThe Open Group[注4]が、falseコマンドの不具合を発表した。しかもそれは、コンピューターセキュリティー史上一、二を争うほどに深刻で、これまで一生懸命対策を講じてきた世界中のセキュリティー対策者達を一気に脱力させるほどのインパクトだという。

　その理由の1つはまず、なんと**falseコマンドを実装しているほぼすべてのUNIX系OS**がこの問題を抱えており、与える影響は計り知れないということだ。さらに深刻な理由は、この問題が恐らくfalseコマンドの最初のバージョンですでに発生していたということである。最初のfalseコマンドが提供されたのは1990年だから、**どう短く見積もっても24年間この問題が存在していた**ことになる。falseコマンドは、実行すると「偽」を意味する戻り値を返すだけというこれ以上ないほどに単純なコマンドであったために、まさかそこに脆弱性があろうとは長年誰も気付かなかったのである。

不具合の内容

　肝心の不具合の内容に関するThe Open Groupによる発表内容は次のとおりである。
　「現在のfalseコマンドのmanによれば、このコマンドは戻り値1（偽）を返すとされていますが、当然1を返してくるものだと期待しているユーザーに対して**正直な動作**をしており、これはfalse（偽る）というコマンド名に対して実は不適切な動作をしています。」
　つまり、falseというコマンドの名に反してユーザーの命令に忠実に動いてしまっていたのだ。これは、「名は体を表す」が重要とされるコマンド名として、ましてやそれがPOSIXで規定されるコマンドとして、あってはならないことだ。

今後の対応方針

　今回の不具合報告にあわせ、The Open Groupのスポークスマンは次の声明を発表した。
　「確かに前述のとおりの不具合は見つかったものの、falseというコマンドの長い歴史からすればとても『いまさら』な話で、もし修正を実施したとなれば「いまさら仕様を変えるなよ」と世界中から白い目で見られることは必至である。我々もいまさらそんな苦労と顰蹙を買いたくないし、今日（4/1）が終われば世の中もきっと我々の発表をなかったことにしてくれると思うので、とりあえず今日をひっそり生きようと思う。」
　このようにThe Open Groupは**「それは断じて仕様である」メソッドの発動を示唆**しており、falseコマンドの動作は結局そのままになるものと見られている。この問題に対しては各ユーザーが個別に対応し続けて行かねばならぬようだ。

情報元 ;-p → https://twitter.com/uspmag/status/450658253039366144

注3：http://www.unix.org/what_is_unix/single_unix_specification.html
注4：http://www.opengroup.org/

recipe 7-6 bashで動かすために注意すべきこと

Q 問題

他のシェルで動かしていたシェルスクリプトをbashの入っているLinuxに持ってきたら、動きが多少おかしくなってしまった。
bash（Linux）で動かされることまで配慮すると、シェルスクリプトを書くときには何に気を付けなければならないか？

A 回答

次に該当するコードを書く場合には注意が必要である。

◎ if文で、条件に当てはまったときには何もしないという記述を書くとき
◎ シバン（#!/bin/sh）やsetコマンドの-uオプションで未定義変数参照を検出する場合
◎ 「$(～)」記号を使ったコマンドの置換を書くとき

■ if文で空のアクションを作ってはいけない

たとえば、与えられたシェル変数の内容が「NO_ERROR」だったら何もせず、それ以外ならそれをエラーメッセージとして表示するというシェルスクリプトを書く場合、

```
if [ "_$message" = '_NO_ERROR' ]; then
  # "NO_ERROR"だったら何もしない
else
  # そうでなければエラーメッセージを表示
  echo "ERROR: $message" 1>&2
fi
```

のように、then～elseの間に何もアクションを書かないと（コメントはアクションではない）bashでは動かない。そこに「何もしない」コマンドである「:」を入れるなどしなければな

らない。

ただこれは bash 固有の問題というわけではないので、「1-5　case 文／if 文」に詳細
を記しておいた。

■ 未定義変数参照の検出を過信してはいけない

シェルスクリプトの冒頭にあるシバン「#! /bin/sh」の後ろに -u オプションを付けたり、
「set -u」と宣言したりすると、未定義のシェル変数を参照したときに警告が出たり、シェ
ルスクリプトの実行が中断されたりする。しかし bash を含めた一部のシェルでは、書き
方によっては未定義変数参照が検出されないことがある。

格納されている文字列を左右から切り詰めた結果を返す「${var#pattern}」、
「${var##pattern}」、「${var%pattern}」、「${var%%pattern}」については、その変数が
未定義であっても、bash はエラーにしない。

これも、if 文のときと同様、bash 固有の問題というわけではないので、「1-11　シェル
変数」の「未定義変数参照エラー検出の信頼性」の項に詳細を記しておいた。

■ $(～) の中に case 文を書いてはいけない

次のように「$(～)」の中に case 文を含ませると、一部の bash（バージョン 3）ではエラー
になってしまう。

```
msg=$(case "$message" in
      'NO_ERROR') echo 'OK'                 ;;
                *) echo "ERROR: $message";;
    esac)
```

これは bash（バージョン 3）のバグなのでどうしようもない。「$(～)」の中でどうしても
条件分岐をしたい場合には if 文を使うべきだ（「$(～)」の代わりに「` ～ `」を使うという
方法もあるが、お勧めしない。「1-3　` ～ `（コマンド置換）」を参照）。

■ $(～) の中で $$ を使う場合は "$$" と書く

bash（バージョン 4 も）のバグにより、「$(～)」の中で「$$」（自プロセス ID）を使っ
た場合、それが正常に展開されない場合がある。

たとえば bash で次のコマンドを実行してみれば、その現象を再現できるだろう。

```
$ echo $(echo $$'')  ⏎              ←プロセスIDが表示されない！
$
```

ただし、この現象は「$(～)」の中で「$$」を使ったときに必ず起こるわけではない。たとえば「"$$"」のようにダブルクォーテーションで囲んだときは大丈夫だ。

```
$ echo $(echo "$$"'')  ⏎
12345                              ←今度は表示される
$
```

なので、「$(～)」の中で「$$」を使いたい場合はバグ付き bash に配慮し、無駄に思えても「$$」の代わりに「"$$"」と書く方が無難だ。

解説 *Description*

bash というシェルは POSIX のシェル（Bourne シェル）にはないさまざまな独自拡張をしているので、bash に慣れ親しんだ人が他のシェルでも動くシェルスクリプトを書く場合にはいろいろと気を付けなければならないことがある。

しかし、反対のケースも存在する。1つは、POSIX 文書で規定が曖昧な仕様について、他のシェルでは気を利かせて期待どおりの動きをするように実装されているのに、bash ではそうなっていないというケースだ（しかしこれは bash に限った話ではない）。もう1つは純粋に、bash のバグのせいで bash では動かないというケースである。どの環境でも動くシェルスクリプトを目指すのであれば、これらどちらのケースであっても結局1つ1つ覚えておかなければならない。

ちなみに、bash（バージョン 3）に見られる「$(～) の中で case 文が使えない」というバグの原因は単純なものだ。case 文では条件を記述するのに「)」記号を用いるが、これが「$(～)」の閉じ括弧とみなされてしまうのである。

標準入力以外から AWK に正しく文字列を渡す

Q 問題

AWK に値を渡したいのだが、-v オプションで渡しても、シェル変数を使ってソースコードに即値を埋め込んでも、一部の文字が化けてしまう。どうすればよいか。ただし、標準入力は他のデータを渡すのに使っているため使えない。

```
str='\n means "newline"'          ←渡したい文字列

awk -v "s=$str" 'BEGIN{print s}'  ←\nがうまく渡せない

awk 'BEGIN{print "'"$str"'"}'     ←\nも「newline」もうまく渡せない（エラーにもなる）
```

A 回答

値を環境変数として渡し、AWK の組込変数 ENVIRON で受け取ればよい。問題文の \n means "newline" を渡したいのであれば、次のように書く。

```
str='\n means "newline"' awk 'BEGIN{print ENVIRON["str"]}'
```

すでに値がシェル変数に入っているのであれば export して環境変数化してから渡してもいいし、それが嫌ならコマンドの前に仮の環境変数（たとえば「E」）を置いて渡したり、env コマンドで渡してもいいだろう。

```
str='\n means "newline"'

export str
awk 'BEGIN{print ENVIRON["str"]}'
```

```
E=str awk 'BEGIN{print ENVIRON["E"]}'

env E=str awk 'BEGIN{print ENVIRON["E"]}'
```

解説 *Description*

何らかの事情でAWKに値を渡したい場合、手段はいくつかある。

(1) -v オプションで AWK 内の変数を定義して渡す
(2) AWK のコードに埋め込んで即値として渡す
(3) 標準入力から渡す
(4) 環境変数として渡す

　(1)は定番で、(2)も（筆者は）よくやる方法だ。だが、バックスラッシュを含む文字が化けるという問題がある。(2)は、「問題」に示したようにダブルクォーテーションを含む場合に単純な文字化けでは済まず、セキュリティーホールを生みかねない誤動作を招く。したがって、これらの方法はどんな文字が入っているかわからない文字列を渡すのには使えない。(3)の標準入力を使えれば安全なのだが、メインのデータを受け取るためにすでに使用中という場合もある。そうなると、残る選択肢は(4)の環境変数というわけだ。

　AWK は起動直後、環境変数を「ENVIRON」という名の組込変数に格納してくれる。ENVIRON は連想配列なので、環境変数名をキーにして読み出す。通常は、現在設定されているロケールやコマンドパスを知るためにこの変数を使うが、もちろんユーザーが自由に環境変数を定義してもよい。しかも都合の良いことに、すべての文字が一切エスケープされずに伝わる。たとえば次のようにして、シェルの組込変数 IFS[注5] を伝えることもできる。

```
$ ifs="$IFS" awk 'BEGIN{print "(" ENVIRON["ifs"] ")",length(ENVIRON["ifs"]) }'!
(             ← 括弧の中に空白、タブ、改行が表示され、
) 3           ← 変数のサイズ（文字数）が3であることがその直後に表示された
$
```

どんな文字が入っているかわからない文字列を安全に渡したい場合に知っておきたい手段だ。

注5：文字列の列区切りとみなす文字列を定義しておく環境変数。for 構文などで参照される。デフォルトでは半角空白とタブ、そして改行コードが入っている。

recipe 7-8 AWKの連想配列が読み込むだけで変わる落とし穴

Q 問題

AWKの配列で、必要な要素「3」がきちんと生成できていないことが原因で中断している疑いのあるコードがあった。そこで問題の要素「3」に確実に値が入っているかどうかを確認するデバッグコードを入れて動かしたところ、中断せずに動くようになってしまった。もしかしてAWKのバグか？？

```
awk 'BEGIN{
  str = "data(1/3) data(2/3)";     ← ① 本来あるべき第三列"data(3/3)"がない
  split(str, ar);
print "***DEBUG*** array#3:",ar[3];  ← ③ ここにデバッグ用コードを
  if ((1 in ar) && (2 in ar) && (3 in ar)) {    入れたらエラー終了しなくなってしまった!
    print "#1:", ar[1];
    print "#2:", ar[2];
    print "#3:", ar[3];
  } else {
    print "データが足りません" > "/dev/stderr";  ← ② 冒頭の問題によりここで
    exit;                                       エラー終了してしまっていた
  }
}'
```

A 回答

これはバグではない。**存在しない配列要素を読み込むと、その時点で空の要素を生成するというAWKの仕様**なので気を付けなければならない。

配列「*array*」の要素「*key*」の内容を確認するコードの前に(key in array)などと記述して、その要素が存在していることをまず確認すること。

解説 *Description*

「回答」にも記したように、AWKの配列変数は、存在しない要素を読み込むと、空文字を値として勝手にその要素を作成してしまう。bashなど、他の言語の配列変数ではこのようなことはないのだが、AWKではこのように動作することが仕様であり、バグではない。したがって、そういうものだと思って覚えるしかない。

もう1つ例を見てみよう。次のシェルスクリプトを書いて、実行してもらいたい。

■awk_test.sh

```
#! /bin/sh

awk '
BEGIN{
  split("", array);       ← 連想配列を初期化（要素数を0にする）
  print length(array);    ← 要素数は当然「0」と表示される

  print array["hoge"];    ← だから「hoge」なんて要素を表示しようとしても当然空行

  print length(array);    ← ところがもう一度要素数を見てみると……
}

# 配列に対するlengthに非対応のAWK実装を使っている場合は
# 下記のコードも記述したうえで、上記のlengthをすべてarlenに書き換えて実行する
function arlen(ar,i,l){for(i in ar){l++;}return l;}
'
```

実行するとこうなるはずだ。

```
$ ./awk_tesh.sh ⏎
0

1      ← 要素数が1になっている
$
```

AWKの配列変数の取扱いにはご注意を。

recipe 7-9 while read で文字列が正しく渡せない

Q 問題

変な名前のファイル名が操作ミスでいっぱいできたときにそれらを削除するワンライナーを次のように書いたが、一部のファイルが「No such file or directory」となって消せずに残ってしまう。なぜか。

```
ls -la "$dir" | grep -Ev '^\.\.?$' | while read file; do rm "$file"; done
```

A 回答

このワンライナーが、read コマンドを使用するうえでの注意点（下記の2つ）を見逃しているからである。

◎ -r オプションを付けない場合、read コマンドはバックスラッシュ「\」をエスケープ文字扱いする。
◎ 通常 read コマンドは、行頭と行末にある半角空白とタブの連続を除去する。

この仕様による影響を回避するため、ワンライナーを次のように直す必要がある。

```
ls -la "$dir" | grep -Ev '^\.\.?$' | while IFS='' read -r file; do rm "$file"; done
```

解説 Description

「while read」構文は、1行ごとに処理をするときの定番である。標準入力からパイプを使ってwhile read ループにテキストデータを渡す処理を書いた場合、その中で書き換えたシェル変数がループの外には反映されないという落とし穴があるのは有名になってきた。しかし、油断するとループ内にデータを正しく渡せないという落とし穴があることにも気を

付けなければならない。

その落とし穴の具体的な内容については「回答」で書いたが、さて、その対策を施したワンライナーは何をやっているのだろうか。

■ read に -r オプションを付ける

1つ目の対策は単純だ。バックスラッシュ「\」がエスケープ文字扱いされないよう、read コマンドに -r オプションを追加するだけである。

■ read に対し、組み込み変数 IFS を空にする

2つ目の対策は、ファイル名の先頭や末尾に空白類（半角空白とタブの連続）が含まれていた場合の誤動作を予防するためのものだ。

「IFS」[注6] はシェルにおける組み込み変数の1つで、列区切り（または終端）とみなすべき文字を定義（複数指定可）するものである。この変数のデフォルト値は半角空白・タブ・改行の3文字で、これらのいずれかが出てきたところで通常は列が区切られる。

read コマンドも IFS に従っているため、行頭・行末で半角空白やタブが出てきた場合、それらは通常文字ではなく区切りの目印として通常は扱われる。しかし、ここではそのように扱われると都合が悪いため、read コマンドの直前に「IFS=''」という記述を挿入し、この問題を回避するのである。

注6：IFS は、「Internal Field Separator」の頭文字と言われている。

recipe 7-10 trap コマンドでシグナルが捕捉できない

Q 問題

次のシェルスクリプトを実行して 5 秒以内（sleep コマンド実行中）に [Ctrl] + [C] を押して中断させた場合、Linux ではちゃんと int_trap 関数を呼び出し、「ABORTED」が表示されて終了するのに、Mac や FreeBSD では sleep が即座に中断されるだけでその先へ進んで「FINISH_SLEEPING」が表示され、int_trap 関数が呼び出されない。
これではシェルスクリプトの中断時に一時ファイルを消してから終了するようなコードも書けないし困ってしまう。シェルのバグなのか？

```sh
#! /bin/sh

set -m # fgコマンドを使いたい場合に必要ということで書いた

# [Ctrl]+[C]中断時のトラップ
int_trap() {
  trap - INT
  echo "ABORTED"
  exit 1;
}
trap 'int_trap' INT

# メインルーチン（sleepを実行して終了を通知する）
sleep 5
echo "FINISH_SLEEPING"
trap - INT
```

A 回答

OS によって挙動が異なるのは困りものではあるが、Mac や FreeBSD での挙動をバグと言い切ることはできず、OS が決めた仕様と思われる（詳細は「解説」にて）。

どの OS でも trap コマンドで定義したシグナルトラップを確実に機能させたければ、「set -m」（またはシェルスクリプト冒頭での -m オプション）を使わないことだ。

どうしても必要だというのであれば、この問題で示された例の場合は「sleep 5」の行を次のように書きかえるのがよいだろう。

```
sleep 5 || int_trap
```

sleep コマンドの実行中に [Ctrl] + [C] が押された場合は sleep コマンドが戻り値 0 以外で終了するので、それを検出したら int_trap 関数を呼び出すというアイデアだ（逆に言うとこの方法は、sleep コマンド以外の実行中に [Ctrl] + [C] が押された場合には通用しない）。

解説 *Description*

この、trap コマンドでシグナルが捕捉できないという問題は、めったに遭遇するものではないだろうが、POSIX 文書の曖昧さに起因する（と思われる）興味深い話なので収録することにした。なぜめったに遭遇するものではないかといえば、シェルスクリプトの中で「set -m」を設定する必要などめったにないからだ。

set -m（シェルの -m オプション）とは、シェルから呼び出すコマンドをプロセスグループ単位で管理（ジョブコントロール）し、画面にその状況を通知させたり、[Ctrl] + [Z]（SIGSTP 送信）や fg コマンドでバックグラウンドやフォアグラウンドにジョブを移動させたりできるモードを有効にするためのものである。ジョブコントロールは普通、対話モード（プロンプトが表示されている状態）で使うものであるため、シェルスクリプト起動時にはデフォルトで無効にされる。

ところが、何らかの事情があってシェルスクリプトの中から fg コマンドなどを使いたくなった場合には、これが必要になるので、シェルスクリプトの最初で記述する。すると「fg コマンドが使えて便利だな」と思うかもしれないが、そのときに引き換えにするのがシグナルトラップなのだ。

■ set -m でシグナル受取人が代わる

POSIX 文書を読み解くとつまり、set -m 設定時はシグナルを受け取るのがコマンドを呼び出しているシェルではなく、呼び出されているコマンド（の所属するプロセスグループ

の全プロセス）になるということのようだ。

　よってシェルがシグナルを検出できるとは限らないという理屈になる。その証拠に、OSが同じならシェルが代わってもやはり同じ挙動をする。たとえば FreeBSD 上では、シェルに /bin/bash を指定しても同じくシグナルトラップが効かないが、同じ bash であるにもかかわらず Linux 上では効くのである。POSIX 文書では、set -m 設定時にシェル側に同じシグナルを送るか送らないかについて言及が見当たらないため、各 OS ベンダーが臨機応変に仕様を決めたのだろうと思われる。

> [参照]

→ POSIX 文書の set コマンドに関する記述
（http://pubs.opengroup.org/onlinepubs/9699919799/utilities/V3_chap02.html）
→ POSIX 文書「11. General Terminal Interface」
（http://pubs.opengroup.org/onlinepubs/9699919799/basedefs/V1_chap11.html）

recipe 7-11 あなたはいくつ問題点を見つけられるか!?

Q 問題

次のシェルスクリプトは、引数で指定したディレクトリー直下にあるデッドリンク（実体ファイルを失ったシンボリックリンク）を見つけて削除するためのものである。しかし、問題点をいくつも含んでいると指摘された。優秀な読者の皆さんに問題点を全部見つけてもらいたい。

```sh
#! /bin/sh

[ $# -eq 1 ] || {
  echo "Usage : ${0##*/} <target_dir>" 1>&2
  exit 1
}

dir=$1

cd $dir
ls -1 |
while read file; do
  # デッドリンクの場合、"-e"でチェックすると偽が返される
  [ -L "$file" ] || continue
  [ -e  $file  ] || rm -f $file
done
```

■ 概要

これは本章のまとめとしての演習問題だ。まとめといっても、本章で説明していないこともあるのだが……。さて読者の皆さん、問題点を全部見つけられるかな？ :-)

(1) 意図しない場所の同名コマンドが実行されるおそれがある

環境変数 PATH がいじられていると、同名の予期せぬコマンドが実行されるおそれがある。安全を期すなら、環境変数 PATH を /bin と /usr/bin だけにすべきだ。今回使っているコマンドはいずれも POSIX 範囲内なので、どちらかのディレクトリーにあるはずだ。環境変数 PATH がいじられていても誤動作しないように、次の行を冒頭に追加する。

■環境変数 PATH がヘンにいじられていた場合の対策

```
PATH=/bin:/usr/bin # シェルスクリプトの冒頭にこの行を追加
```

なお、「/bin や /usr/bin にあるコマンドそのものが不正に書き換えられていたら？」という指摘があるかもしれないが、それは OS そのものがすでに正常ではないことを意味し、言いだしたらキリがないためここでは無視する。

(2) 引数 $1 がディレクトリーであることを確かめていない

ディレクトリーでない引数を指定すると、その後の cd コマンドが誤動作する。そのため、冒頭の test コマンド（[）に、引数がディレクトリーとして実在していることを確認するための下記のコードを追加すべきである。

■ディレクトリーの実在性確認

```
([ $# -eq 1 ] && [ -d "$1" ]) || {     # ディレクトリーの実在性確認を追加
  echo "Usage : ${0##*/} <target_dir>" 1>&2
  exit 1
}
```

(3) 引数 $1 が「-」で始まっている

ディレクトリー名がハイフンで始まっていると、それがオプションだと cd コマンドに誤解され、誤動作してしまう。これを防ぐためには、絶対パスでないと判断したとき、先頭にカレントディレクトリーを表す「./」を強制的に付けるようにすべきである。具体的には、シェル変数 dir を代入している行の後ろに次のコードを追加する。

■ディレクトリー名がハイフンで始まる場合の対策

```
case "$dir" in
  /*) ;;                # 先頭が/で始まっている（絶対パス）ならそのまま
  *)  dir="./$dir";;    # そうでなければ先頭に「./」を付ける
esac
```

(4) 引数 $1 が空白を含んでいる

半角空白を含んでいるような特殊なディレクトリー名を引数に指定すると、複数の引数としてcdコマンドに渡され、誤動作してしまう。そうならないように、cdコマンドの引数 $dir はダブルクォーテーションで囲むべきである。

■ディレクトリー名が空白を含む場合の対策

```
cd "$dir"
```

(5) 引数 $1 のディレクトリーに移動できなかった場合でも作業が止まらない

いくら引数 $1 でディレクトリーが実在していることを確認しても、パーミッションがないなどの理由でそのディレクトリーに移動できなかったら……。そう、意図せずカレントディレクトリーのデッドリンクを消そうとしてしまうのだ。そうなってしまわないように cd コマンドの次の行に下記のコードを挿入して、ディレクトリー移動に失敗したら、処理を中断するようにすべきである。

■指定されたディレクトリーに移動できなかった場合の対策

```
[ $? -eq 0 ] || exit 1
```

(6) 隠しファイルを見逃してしまう

UNIXでは、先頭がピリオド「.」で始まるファイルは（特殊ファイルの「.」と「..」を除き）隠しファイルとして扱われる。したがって、lsコマンドでもデフォルトでは隠しファイルが列挙されないが、これでは隠しファイルとして存在するデッドリンクも見つけられない。隠しファイルも列挙されるようにするため、lsコマンドには -a オプションを追加すべきである。

■lsコマンドに隠しファイルを列挙させるための対策

```
ls -1a |
```

(7) ファイル名が空白を含んでいる

これも指摘 4 と同じ理屈で、test コマンドと rm コマンドが誤動作してしまう。よって両方ともファイル名を示しているシェル変数をダブルクォーテーションで囲むべきである。

■ファイル名が空白を含んでいる場合の対策

```
[ -L "$file" ] || continue
[ -e "$file" ] || rm -f "$file"
```

(8) ファイル名が「-」で始まっている

これも指摘 3 と同じ理屈だ。そのうえもし、先述の指摘 7 の対策コードも次の対策コードもなく、「-rf /home/your_homedir」などというヒネくれたリンクファイルが置かれていた日には、大変なことになるぞ！

■ファイル名がハイフンで始まる場合の対策

```
file="./$file"
```

(9) ファイル名にバックスラッシュが含まれているものを正しく扱えない

これは「レシピ 7-9　while read で文字列が正しく渡せない」で示した問題だ。read コマンドはデフォルトだとバックスラッシュをエスケープ文字扱いするため、そうさせないように read コマンドには -r オプションを追加すべきである。

■ファイル名にバックスラッシュが含まれる場合の対策

```
while read -r file; do    # -rオプションを追加する
```

(10) ファイル名の先頭・末尾に空白類が付いているものを正しく扱えない

これも「レシピ 7-9　while read で文字列が正しく渡せない」で示した問題だ。read コマンドは通常、文字列の先頭・末尾に付いている空白類（半角空白とタブの連続）を除去してしまうから、その原因となっている組み込み変数 IFS に空文字を設定し、空白類が除去されないようにすべきである。

■ファイル名の先頭・末尾に空白類が付いている場合の対策

```
ls -1a |
while IFS='' read -r file; do  #  （-aオプションは指摘6での対策）
                                #  （-rオプションは指摘8での対策）
```

まとめ

以上で指摘した10項目をすべて反映すると次のようになる。

```
#! /bin/sh

PATH=/bin:/usr/bin

([ $# -eq 1 ] && [ -d "$1" ]) || {
  echo "Usage : ${0##*/} <target_dir>" 1>&2
  exit 1
}

dir=$1
case "$dir" in
  /*) :;;
  *)  dir="./$dir";;
esac

cd "$dir"
[ $? -eq 0 ] || exit 1
ls -1a |
sed 's/^/_/' |
sed 's/$/_/' |
while IFS='' read -r file; do
  file="./$file"
  # デッドリンクの場合、「-e」でチェックすると偽が返される
  [ -L "$file" ] || continue
  [ -e "$file" ] || rm -f "$file"
done
```

果たして、全部指摘することはできただろうか……。何、「これ以外にも指摘がある」と！？ それはぜひ、筆者に教えてもらいたい！

付録
appendix

レシピを駆使した調理例

本書でここまで紹介してきたレシピ、理屈はわかったけど実用性は本当にあるのだろうか……？ そんな疑問に答えるべく、最後にレシピを活用した調理例（サンプルアプリケーション）をご覧に入れよう。今回の料理は、多くのサイトで使われるWebアプリケーション（の部品）である。本章を読み、シェルスクリプトアプリケーションの速度や実力を見直してもらえれば幸いである。

郵便番号から住所欄を満たすアレをシェルスクリプトで

郵便番号を入れ、ボタンを押すと……、都道府県名欄から市区町村名欄、町名欄まで満たされ、あとはせいぜい番地を入力すれば住所欄は入力完了。

これはインターネットで買い物をした経験がある方ならほとんどの方が体験したことのある機能ではないだろうか。今から作る料理は、この「住所欄補完」アプリケーションである。

■ アプリケーションの構成

それではまず、構成注1から見ていこう。図 A.1 をご覧いただきたい。

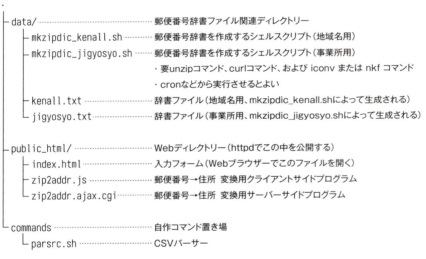

図 A.1　住所欄補完アプリケーションのファイル構成

自作コマンドである CSV パーサー注2 を置いてあるディレクトリー「commands」以外に、2つのディレクトリー(「data」と「public_html」)がある。これは、住所欄補完という機能を実現するためにやるべき作業が2種類あることに理由がある。

では、それぞれについて説明しよう。

注1：このサンプルアプリケーションは、サンプル品であるという性質上、一切のアクセス制限をかけていない。実際にアプリケーションを開発するときは、public_html ディレクトリー以外に .htaccess などのファイルを置いて中を覗かれないようにすべきであろう。
注2：「レシピ 5-5　CSV ファイルを読み込む」参照

● dataディレクトリー —— 住所辞書作成

1つ目の作業は、辞書作りである。

郵便番号に対応する住所の情報は日本郵便のサイトで公開されているが、クライアント（Webブラウザー）から郵便番号を与えられるたびにそれを見にいくのは効率が悪い。そこで、その情報を手元にダウンロードしておくのだ。

しかし単にダウンロードするだけではない。圧縮ファイルになっているので解凍するのはもちろんだが、Shift_JISエンコードされたCSVファイルとしてやってくるうえに、読みがななど今回の変換に必要のないデータもあるため、そのままの状態では扱いづらい。そこで、UTF-8へエンコードしてCSVファイルをパースし、郵便番号と住所（都道府県名、市区町村名、町名）という情報だけにした状態で辞書ファイルにしておく。こうすることで、毎回の住所検索が低負荷で高速にこなせるようになる。

この作業を担うのが、dataディレクトリーの中にある「mkzipdic_kenall.sh」、「mkzipdic_jigyosyo.sh」という2つのシェルスクリプトだ。2つあるのは、日本郵便のサイトにある辞書データが、一般地域名用と大口事業所名用で2種類のデータに分かれているからである。

● public_htmlディレクトリー —— 住所補完処理

前述の作業で作成された辞書ファイルを用いて、クライアントから与えられた郵便番号に基づいた住所を住所欄に入れるのがこのディレクトリーの中にあるプログラムの作業である。

「index.html」は住所欄を提供するHTMLで、「zip2addr.js」は入力された郵便番号のサーバーへの送信と、結果の住所欄への入力を担当するJavaScriptだ。そして、受け取った7桁の郵便番号から辞書を引き、郵便番号の検索結果を返すシェルスクリプトが「zip2addr.ajax.cgi」である。

名前を見ればわかるがこのシェルスクリプトもAjaxとして動作するので、「レシピ6-7 Ajaxで画面更新したい」に従って部分HTMLを返してもよいのだが、ここでは敢えてJSON形式で返すことにした。「もちろんJSON形式で返すこともできる」ということを示すためだ。JSON形式で返せば、たとえばクライアント側で何らかの汎用JavaScriptライブラリーを利用していて、それと繋ぎ合わせるといったことも可能というわけだ。

■ ソースコード

概要が掴めたところで、主要なソースコードを記していくことにする。シェルスクリプトで構成されたWebアプリケーションの中身を、とくと堪能してもらいたい。なお、これらのソースコードはGitHubでも公開している[注3]。

注3：https://github.com/ShellShoccar-jpn/zip2addr

● data/mkzipdic_kenall.sh —— 辞書ファイル作成（一般地域名用）

このプログラムは、日本郵便のWebページからZIPファイルをダウンロードして展開する都合により、POSIX非準拠のcurlまたはwgetコマンドとunzipまたはgunzipコマンドを必要としているが、序章でも説明した「交換可能性」を担保するようにプログラムを組んでいて、互換性や製品寿命が低下しないように努めている。

```sh
#! /bin/sh

######################################################################
#
# MKZIPDIC_KENALL.SH
# 日本郵便公式の郵便番号住所CSVから、本システム用の辞書を作成（地域名）
#
# Usage : mkzipdic.sh -f
#         -f ... ・サイトにあるCSVファイルのタイムスタンプが、
#                  今ある辞書ファイルより新しくても更新する
#
# [出力]
# ・戻り値
#   - 作成成功もしくはサイトのタイムスタンプが古いために作成する必要が
#     ない場合は0、失敗したら0以外
# ・成功時には辞書ファイルを更新する。
#
######################################################################


######################################################################
# 初期設定
######################################################################

# --- 変数定義 --------------------------------------------------------
dir_MINE="$(d=${0%/*}/; [ "_$d" = "_$0/" ] && d='./'; cd "$d"; pwd)" # このshのパス
readonly file_ZIPDIC="$dir_MINE/ken_all.txt"                        # 郵便番号辞書ファイルのパス
readonly url_ZIPCSVZIP=http://www.post.japanpost.jp/zipcode/dl/oogaki/zip/ken_all.zip
                                                                    # 日本郵便 郵便番号-住所
                                                                    # CSVデータ（Zip形式）URL
readonly flg_SUEXECMODE=0                                           # サーバーがsuEXECモードで
                                                                    # 動いているなら1を設定

# --- ファイルパス ----------------------------------------------------
PATH='/usr/local/tukubai/bin:/usr/local/bin:/usr/bin:/bin'

# --- 終了関数定義（終了前に一時ファイル削除）-------------------------
exit_trap() {
  trap - 0 1 2 3 13 14 15
  [ -n "${tmpf_zipcsvzip:-}" ] && rm -f $tmpf_zipcsvzip
  [ -n "${tmpf_zipdic:-}"    ] && rm -f $tmpf_zipdic
  exit ${1:-0}
}
trap 'exit_trap' 0 1 2 3 13 14 15
```

```
# --- エラー終了関数定義 ------------------------------------------------
error_exit() {
  [ -n "$2" ] && echo "${0##*/}: $2" 1>&2
  exit_trap $1
}


# --- 一時ファイル確保 --------------------------------------------------
tmpf_zipcsvzip=$(mktemp -t "${0##*/}.XXXXXXXX")
[ $? -eq 0 ] || error_exit 1 'Failed to make temporary file #1'
tmpf_zipdic=$(mktemp -t "${0##*/}.XXXXXXXX")
[ $? -eq 0 ] || error_exit 2 'Failed to make temporary file #2'



######################################################################
# メイン
######################################################################

# --- 引数チェック ------------------------------------------------------
flg_FORCE=0
case "${1:-}" in '-f') flg_FORCE=1;; esac

# --- Webアクセスコマンド存在チェック -----------------------------------
type curl >/dev/null 2>&1 || type wget >/dev/null 2>&1 || {
error_exit 3 'No HTTP-GET/POST command found.'
}

# --- ZIP展開コマンド存在チェック---------------------------------------
type unzip >/dev/null 2>&1 || type gunzip >/dev/null 2>&1 || {
  error_exit 4 'No ZIP extracter command found.'
}

# --- サイト上のファイルのタイムスタンプを取得 ---------------------------
timestamp_web=$(if type curl >/dev/null 2>&1; then                   #
                  curl -sLI         $url_ZIPCSVZIP                   #
                else                                                 #
                  wget -S --spider $url_ZIPCSVZIP | sed 's/^ *//'    #
                fi                                                   |
                awk '                                                #
                  BEGIN{                                             #
                    status = 0;                                      #
                    d["Jan"]="01";d["Feb"]="02";d["Mar"]="03";d["Apr"]="04"; #
                    d["May"]="05";d["Jun"]="06";d["Jul"]="07";d["Aug"]="08"; #
                    d["Sep"]="09";d["Oct"]="10";d["Nov"]="11";d["Dec"]="12"; #
                  }                                                  #
                  /^HTTP\// { status = $2; }                         #
                  /^Last-Modified/ {                                 #
                    gsub(/:/, "", $6);                               #
                    ts = sprintf("%04d%02d%02d%06d" ,$5,d[$4],$3,$6); #
                  }                                                  #
                  END {                                              #
                    if ((status>=200) && (status<300) && (length(ts)==14)) { #
                      print ts;                                      #
```

```
                          } else {                                  #
                            print "NOT_FOUND";                      #
                          }                                         #
                        }'                                          )
[ "$timestamp_web" != 'NOT_FOUND' ] || error_exit 5 'The zipcode CSV file not found on the web'
printf '%s\n' "$timestamp_web" | grep -Eq '^[0-9]{14}$'
[ $? -eq 0 ] || timestamp_web=$(TZ=UTC/0 date +%Y%m%d%H%M%S)  # 取得できなければ現在日時を入れる

# --- 手元の辞書ファイルのタイムスタンプと比較し、更新の必要性を確認 -----
while [ $flg_FORCE -eq 0 ]; do
  # 手元に辞書ファイルはあるか？
  [ ! -f "$file_ZIPDIC" ] && break
  # その辞書ファイル内にタイムスタンプは記載されているか？
  timestamp_local=$(head -n 1 "$file_ZIPDIC" | awk '{print $NF}')
  printf '%s\n' "$timestamp_local" | grep -Eq '^[0-9]{14}$' || break
  # サイト上のファイルは手元のファイルよりも新しいか？
  [ $timestamp_web -gt $timestamp_local ] && break
  # そうでなければ何もせず終了（正常）
  exit 0
done

# --- 郵便番号CSVデータファイル（Zip形式）ダウンロード ------------------
curl -s $url_ZIPCSVZIP > $tmpf_zipcsvzip
[ $? -eq 0 ] || error_exit 6 'Failed to download the zipcode CSV file'

# --- 郵便番号辞書ファイル作成 --------------------------------------
if type unzip >/dev/null; then                                  #
  unzip -p $tmpf_zipcsvzip                                      #
elif type gunzip >/dev/null; then                               #
  gunzip <$tmpf_zipcsvzip 2>/dev/null || {                      #
    error_exit 7 'No Zip archive extracter found (unzip)'       #
  }                                                             #
else                                                            #
  error_exit 8 'No Zip archive extracter found (unzip or gunzip)' #
fi                                                              |
# 日本郵便 郵便番号-住所 CSVデータ（Shift_JIS）                    #
if   type iconv >/dev/null 2>&1; then                           #
  iconv -c -f SHIFT_JIS -t UTF-8                                #
elif type nkf   >/dev/null 2>&1; then                           #
  nkf -Sw80                                                     #
else                                                            #
  error_exit 9 'No KANJI convertors found (iconv or nkf)'       #
fi                                                              |
# 日本郵便 郵便番号-住所 CSVデータ（UTF-8変換済）                   #
$dir_MINE/../commands/parsrc.sh                                 | # CSVパーサー（自作コマンド）
# 1:行番号 2:列番号 3:CSVデータセルデータ                           |
awk '$2~/^3|7|8|9$/'                                            |
# 1:行番号 2:列番号（3=郵便番号,7=都道府県,8=市区町村,9=町）3:データ
awk 'BEGIN{z="#"; p="generated"; c="at"; t="'"$timestamp_web"'"; } #
     $1!=line       {pl();z="";p="";c="";t="";line=$1;         } #
     $2==3          {z=$3;                                     } #
     $2==7          {p=$3;                                     } #
```

```
        $2==8          {c=$3;                                    } #
        $2==9          {t=$3;                                    } #
        END            {pl();                                    } # #   地域名住所文字列で
        function pl() {print z,p,c,t;                            }' | #   丸括弧以降は
sed 's/ (.*//'                                                     | # ←使えないので除去する
sed 's/以下に.*//'                                                 > $tmpf_zipdic # "以下に"も同様
# 1:郵便番号 2:都道府県名 3:市区町村名 4:町名
[ -s $tmpf_zipdic ] || error_exit 10 'Failed to make the zipcode dictionary file'
mv $tmpf_zipdic "$file_ZIPDIC"
[ "$flg_SUEXECMODE" -eq 0 ] && chmod go+r "$file_ZIPDIC" # suEXECで動いていない場合は
                                                        # httpdにも読めるようにする


##############################################################
# 正常終了
##############################################################

exit 0
```

● public_html/index.html —— 入力フォーム

```
<!DOCTYPE html PUBLIC "-//W3C//DTD XHTML 1.0 Transitional//EN"
     "http://www.w3.org/TR/xhtml1/DTD/xhtml1-transitional.dtd">
<html xmlns="http://www.w3.org/1999/xhtml" lang="ja">

<head>
<meta http-equiv="Content-Type" content="text/html; charset=utf-8" />
<meta http-equiv="Content-Style-Type" content="text/css" />
<style type="text/css">
<!--
    dd { margin-bottom: 0.5em; }
    #addressform { width: 50em; margin: 1em 0; padding: 1em; border: 1px solid; }
    #inqZipcode1,#inqZipcode2 {font-size: large; font-weight: bold;}
    .type_desc {font-size: small; font-weight: bold;}
-->
</style>
<meta http-equiv="Content-Script-Type" content="text/javascript" />
<script type="text/javascript" src="zip2addr.js"></script>
<title>郵便番号→住所検索Ajax by シェルスクリプト デモ</title>
</head>


<body>
<h1>郵便番号→住所検索Ajax by シェルスクリプト デモ</h1>

<form action="#dummy">

<table border="0"  id="addressform">
  <tr>
    <td colspan="3">
      <dl>
```

```html
                <dt>郵便番号</dt>
                <dd><input id="inqZipcode1" type="text" name="inqZipcode1" size="3" maxlength="3" />
                    -
                    <input id="inqZipcode2" type="text" name="inqZipcode2" size="4" maxlength="4" />
                </dd>
            </dl>
        </td>
    </tr>

    <tr>
        <td>
            <dl>
                <dt>住所検索<br /></dt>
                <dd><input id="run" type="button" name="run" value="実行" onclick="zip2addr();" /></dd>
                <dt>住所(都道府県名)</dt><dd>
                                <select id="inqPref" name="inqPref">
                                    <option>(選択してください)</option>
                                    <option>北海道</option>
                                            :
                                    <option>沖縄県</option>
                                </select>
                            </dd>
                <dt>住所(市区町村名)</dt>
                    <dd><input id="inqCity" type="text" size="20" name="inqCity" /></dd>
                <dt>住所(町名)</dt>
                    <dd><input id="inqTown" type="text" size="20" name="inqTown" /></dd>
            </dl>
        </td>
    </tr>
</table>

</form>

</body>

</html>
```

● **public_html/zip2addr.js ── 住所補完(クライアント側)**

```javascript
// ===== Ajaxのお約束オブジェクト作成 ==============================
// [入力]
// ・なし
// [出力]
// ・成功時: XmlHttpRequestオブジェクト
// ・失敗時: false
function createXMLHttpRequest(){
  if(window.XMLHttpRequest){return new XMLHttpRequest()}
  if(window.ActiveXObject){
    try{return new ActiveXObject("Msxml2.XMLHTTP.6.0");}catch(e){}
```

```
    try{return new ActiveXObject("Msxml2.XMLHTTP.3.0");}catch(e){}
    try{return new ActiveXObject("Microsoft.XMLHTTP" );}catch(e){}
  }
  return false;
}


// =====  郵便番号による住所検索ボタン  ===============================
// [入力]
// ・HTMLフォームの、id="inqZipcode1"とid="inqZipcode2"の値
// [出力]
// ・指定された郵便番号に対応する住所が見つかった場合
//    - id="inqPref"な<select>の都道府県を選択
//    - id="inqCity"な<input>に市区町村名を出力
//    - id="inqTown"な<input>に町名を出力
// ・見つからなかった場合は alertメッセージ
function zip2addr() {
  var sUrl_to_get;  // 汎用変数
  var sZipcode;     // フォームから取得した郵便番号文字列の格納用
  var xhr;          // XML HTTP Requestオブジェクト格納用
  var sUrl_ajax;    // AjaxのURL定義用

  // --- 1)呼び出すAjax CGIの設定 ------------------------------------
  sUrl_ajax = 'zip2addr.ajax.cgi';

  // --- 2)郵便番号を取得する ---------------------------------------
  if (! document.getElementById('inqZipcode1').value.match(/^([0-9]{3})$/)) {
    alert('郵便番号(前の3桁)が正しくありません');
    return;
  }
  sZipcode = "" + RegExp.$1;
  if (! document.getElementById('inqZipcode2').value.match(/^([0-9]{4})$/)) {
    alert('郵便番号(あとの4桁)が正しくありません');
    return;
  }
  sZipcode = "" + sZipcode + RegExp.$1;


  // --- 3)Ajaxコール ------------------------------------------------
  xhr = createXMLHttpRequest();
  if (xhr) {
    sUrl_to_get  = sUrl_ajax;
    sUrl_to_get += '?zipcode='+sZipcode;
    sUrl_to_get += '&dummy='+parseInt((new Date)/1); // ブラウザーcache対策
    xhr.open('GET', sUrl_to_get, true);
    xhr.onreadystatechange = function(){zip2addr_callback(xhr, sAjax_type);};
    xhr.send(null);
  }
}
function zip2addr_callback(xhr, sAjax_type) {

  var oAddress;      // サーバーから受け取る住所オブジェクト
```

```
  var e;          // 汎用変数（エレメント用）
  var sElm_postfix; // 住所入力フォームエレメント名の接尾辞格納用

  // --- 4)住所入力フォームエレメント名の接尾辞を決める ---------------
  switch (sAjax_type) {
    case 'API_XML'  : sElm_postfix = '_API_XML' ; break;
    case 'API_JSON' : sElm_postfix = '_API_JSON'; break;
    default         : sElm_postfix = ''         ; break;
  }

  // --- 5)アクセス成功で呼び出されたのでないなら即終了 ---------------
  if (xhr.readyState != 4) {return;}
  if (xhr.status == 0    ) {return;}
  if      (xhr.status == 400) {
    alert('郵便番号が正しくありません');
    return;
  }
  else if (xhr.status != 200) {
    alert('アクセスエラー(' + xhr.status + ')');
    return;
  }

  // --- 6)サーバーから返された住所データを格納 ----------------------
  oAddress =  JSON.parse(xhr.responseText);
  if (oAddress['zip'] === '') {
    alert('対応する住所が見つかりませんでした');
    return;
  }

  // --- 7)都道府県名を選択する -------------------------------------
  e = document.getElementById('inqPref'+sElm_postfix)
  for (var i=0; i<e.options.length; i++) {
    if (e.options.item(i).value == oAddress['pref']) {
      e.selectedIndex = i;
      break;
    }
  }

  // --- 8)市区町村名を流し込む -------------------------------------
  document.getElementById('inqCity'+sElm_postfix).value = oAddress['city'];

  // --- 9)町名を流し込む -------------------------------------------
  document.getElementById('inqTown'+sElm_postfix).value = oAddress['town'];

  // --- 99)正常終了 -----------------------------------------------
  return;
}
```

● public_html/zip2addr.ajax.cgi —— 住所補完（サーバー側）

```sh
#! /bin/sh

######################################################################
#
# ZIP2ADDR.AJAX.CGI
# 郵便番号―住所検索
#
# [入力]
# ・[CGI変数]
#   - zipcode: 7桁の郵便番号（ハイフンなし）
# [出力]
# ・成功すればJSON形式で郵便番号、都道府県名、市区町村名、町名
# ・郵便番号辞書ファイルなし→500エラー
# ・郵便番号指定が不正      →400エラー
# ・郵便番号が見つからない  →空文字のJSONを返す
#
######################################################################


######################################################################
# 初期設定
######################################################################

# --- 変数定義 -------------------------------------------------------
dir_MINE="$(d=${0%/*}/; [ "_$d" = "_$0/" ] && d='./'; cd "$d"; pwd)" # このshのパス
readonly file_ZIPDIC_KENALL="$dir_MINE/../data/ken_all.txt"         # 辞書（地域名）のパス
readonly file_ZIPDIC_JIGYOSYO="$dir_MINE/../data/jigyosyo.txt"      # 辞書（事業所名）のパス

# --- ファイルパス ---------------------------------------------------
PATH='/usr/local/bin:/usr/bin:/bin'

# --- エラー終了関数定義 ---------------------------------------------
error500_exit() {
  cat <<-__HTTP_HEADER
    Status: 500 Internal Server Error
    Content-Type: text/plain

    500 Internal Server Error
    ($@)
__HTTP_HEADER
  exit 1
}
error400_exit() {
  cat <<-__HTTP_HEADER
    Status: 400 Bad Request
    Content-Type: text/plain

    400 Bad Request
    ($@)
__HTTP_HEADER
  exit 1
}
```

```
#######################################################
# メイン
#######################################################

# --- 郵便番号データファイルはあるか？ -----------------------------
[ -f "$file_ZIPDIC_KENALL"   ] || error500_exit 'zipcode dictionary #1 file not found'
[ -f "$file_ZIPDIC_JIGYOSYO" ] || error500_exit 'zipcode dictionary #2 file not found'

# --- CGI変数(GETメソッド)で指定された郵便番号を取得 ----------------
zipcode=$(echo "_${QUERY_STRING:-}" | # 環境変数で渡ってきたCGI変数文字列をSTDOUTへ
          sed '1s/^_//'              | # echoの誤動作防止のために付けた「_」を除去
          tr '&' '\n'                | # CGI変数文字列（a=1&b=2&...）の&を改行に置換し、1行1変数に
          grep '^zipcode='           | # 'zipcode'という名前のCGI変数の行だけ取り出す
          sed 's/^[^=]\{1,\}=//'     | # 「CGI変数名=」の部分を取り除き、値だけにする
          grep '^[0-9]\{7\}$'        ) # 郵便番号の書式の正当性確認

# --- 郵便番号はうまく取得できたか？ -------------------------------
[ -n "$zipcode" ] || error400_exit 'invalid zipcode'

# --- JSON形式文字列を生成して返す --------------------------------
cat "$file_ZIPDIC_KENALL" "$file_ZIPDIC_JIGYOSYO"          | # 辞書ファイルを開く
#  1:郵便番号 2〜:各種住所データ                            #
awk '$1=="'"$zipcode"'"{hit=1;print;exit} END{if(hit==0){print ""}}' | # 該当行を取り出し（1行のみ）
while read zip pref city town; do # HTTPヘッダと共に、JSON文字列化した住所データを出力する
  cat <<-__HTTP_RESPONSE
	Content-Type: application/json; charset=utf-8
	Cache-Control: private, no-store, no-cache, must-revalidate
	Pragma: no-cache
	{"zip":"$zip","pref":"$pref","city":"$city","town":"$town"}
	__HTTP_RESPONSE
  break
done

# --- 正常終了 -------------------------------------------------
exit 0
```

■ **動作画面**

実際の動作画面を掲載する（図 A.2）。なお、デモページ[注4]も用意しているのでご覧いただきたい。

[注4]：http://lab-sakura.richlab.org/ZIP2ADDR/public_html/

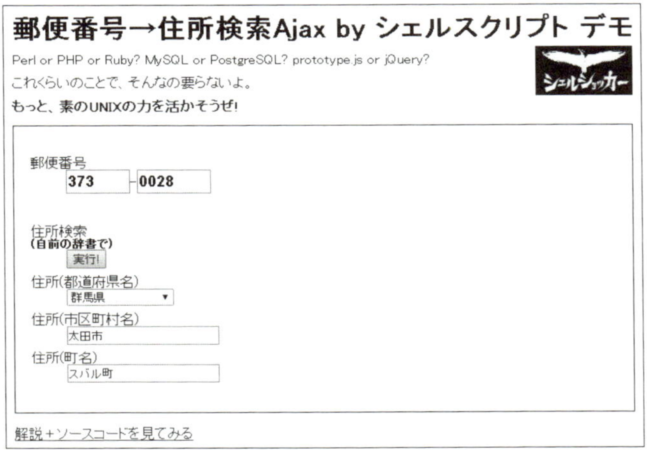

図A.2 住所補完アプリケーションの動作画面

　使い心地（速度）はいかがだろうか。

　ちなみに辞書データは地域と事業所をあわせておよそ14万件である。シェルスクリプトで開発したアプリケーションであってもこれだけの速度で動くということを実感し、「シェルスクリプトなんてプログラム開発には使えない」という思い込みは捨て去ってもらえればたいへんうれしい。

索引

■ 記号・数字 ■

項目	ページ
#!（シバン）	39, 287
$$（シェル変数）	111, 288
$?（シェル変数）	38, 301
$(～)	85, 104, 288
$((式))	32
&&	93, 267
&（CGI変数の演算子）	196
&（シェルの演算子）	92, 266
-0（マイナス・ゼロ）	54
..（ディレクトリー）	171, 301
.（ディレクトリー）	171, 301
/dev/null	64, 79, 267
/dev/pts	270
/dev/stdin、/dev/stdout、/dev/stderr	32, 269
/dev/urandom	41, 113
/etc/passwd	279
:（NULL）コマンド	35, 168, 287
;（Cookieの演算子）	205
;（シェルの演算子）	267
<（シェルの演算子）	267
=（CGI変数の演算子）	196
>&（シェルの演算子）	32, 269
>>（シェルの演算子）	267
>（シェルの演算子）	267
[! ～]	34
[^ ～]（シェルパターン）	34
[^ ～]（正規表現）	47, 49
[（testコマンド）	9, 74, 300, 302
\	33, 47, 49, 80, 120, 294, 302
`～`	32, 85, 288
|（パイプ）	104, 119, 121, 142, 179, 267
10進数	54
16進数	32, 69, 161, 189
8進数	32, 54, 69, 96

■ A ■

項目	ページ
ACL	95
ActiveX	213
AIX	36, 60, 63, 73, 105, 177
Ajax	210, 218, 307
Apache	123
apt-getコマンド	177
atコマンド	228
AWKコマンド	8, 11, 20, 40, 42, 46, 50, 51, 54, 68, 73, 77, 106, 124, 127, 160, 189, 202, 272, 273, 290
GNU AWK	10, 20, 57, 160, 202
RaspberryPiのAWK	40

■ B ■

項目	ページ
Base64	193, 263
Base64エンコード	193, 224, 230, 258
base64コマンド	193, 223
bash	10, 24, 34, 35, 38, 39, 40, 76, 161, 287, 298
Bash on Ubuntu on Windows	5, 22, 177, 260
Bcc:ヘッダー	223, 249
bcコマンド	58
Be mmutable! Infrastructure	7
BOM	21
bot（ボット）	18
Bourneシェル	8, 10, 289
BRE（基本正規表現）	46, 47, 63, 88
BSD	36, 75
BSD版	63, 67, 70, 72, 73, 101

■ C ■

項目	ページ
c99コマンド	176
case文	34, 75, 288
catコマンド	67, 80, 90, 161, 199, 225, 251, 266
Cc:ヘッダー	223, 227
ccコマンド	176
CGI	70, 88, 179, 269
変数	195, 198, 200
cgi-nameコマンド	195, 198, 205, 244
CGI変数	195
CMS	14
combined形式	123
compressコマンド	81, 186
Content-Disposition:ヘッダー	231, 238
Content-Transfer-Encodeing:ヘッダー	224, 231
Content-Type:ヘッダー	224, 229, 233, 238, 240
Cookie	204, 242
Coreutils	67
CPU使用率	41

CR+LF（改行コード） 21, 203, 225, 230, 239
crontab コマンド 228
crontab ファイル 167
CSS 12
CSV ファイル 136, 306
cURL（curl）コマンド 15, 236, 253, 258, 306
cut コマンド 161
Cyberduck 21
Cygwin 18, 58, 71, 260
C 言語 8, 175
　　C99 .... 8, 178
C コンパイラー 126, 177
C シェル 10
C（ロケール） 43, 116, 273

■ D ■

D3.js 153
dash 10, 34
date コマンド 42, 58, 129
dd コマンド 64, 82, 161, 199, 202
Debian Linux 58
df コマンド 42, 280
Dreamweaver 14
du コマンド 58

■ E ■

echo コマンド 60, 161, 197
ed コマンド 46
egrep コマンド 46
elif 句 35
else 句 34, 287
ENVIRON（AWK の変数） 290
env コマンド 43, 61, 290
ERE（拡張正規表現） 46, 63
EUC-JP 155, 158
Excel 135
exec コマンド 62, 182, 271
exec（システムコール） 267
export コマンド 43, 62, 290
expr コマンド 32
ex コマンド 46

■ F ■

Facebook 257
false コマンド 286

fgrep コマンド 88
FIFO（名前付きパイプ） 89, 186, 266
filehame コマンド 248
find コマンド 79, 131
fold コマンド 62
for 文 182, 291
FreeBSD 4, 36, 40, 54, 59, 60, 63, 64, 66,
　　　　　　　　　　69, 71, 78, 80, 284, 296
man 7
日本語 man 7
From: ヘッダー 223, 225, 227, 233
FROM 句 116
fsed コマンド 87
FULL OUTER JOIN（完全外部結合） 115

■ G ■

gensub（AWK の関数） 51, 57
GET メソッド 195, 204
git コマンド 252
GNU AWK 10, 20
GNU Coreutils 67
gnupack 18, 71
gnupack（Cygwin） 58, 260
Google カレンダー 109
grep コマンド
　　................................ 39, 42, 46, 47, 63, 79, 88, 161, 273
gsub（AWK の関数） 57, 130
gunzip コマンド 80, 308
gzip コマンド 80, 185

■ H ■

han コマンド 154
head コマンド 63, 130, 161, 202
hira2kata コマンド 157
HMAC-SHA1 .... 258, 263
HTML 12, 143, 145, 211, 214, 215
　　タグ 14
　　フォーム 210
HTTP_COOKIE 環境変数 205
HTTP セッション 242

■ I ■

IANA 229, 231, 238
iCalendar 形式 110
iconv コマンド 64, 155, 223

索引　319

IEEE 4
　　IEEE Std 1003.1 11
IE (Internet Explorer) 213
ifconfigコマンド 65, 103
IFS 37, 291, 295, 302
if文 34, 182, 287
Immutable Infrastructure 7
<input>タグ 88, 238
Internet Explorer (IE) 213
IPv4 103
IPv6 103

■ J ■

JavaScript 12, 152, 213
　　ライブラリー 12, 211, 307
JIS 155, 158, 225
JOIN句 112
joinコマンド 42, 112, 114
jQuery 12, 213
jqコマンド 141
JSON 15, 139, 146, 214, 260, 262
JSONPath 139, 152
JSONPath-value形式 149

■ K ■

K&R 126
kata2hiraコマンド 158
killコマンド 65, 111, 266
kotoriotoko (恐怖！小鳥男) 18, 252
ksh 10, 39

■ L ■

LAMP 13
LANG 37, 41, 273, 282
LANGUAGE (ロケール環境変数) 43
LC_~ (ロケール環境変数) 37, 41, 116, 282
LEFT OUTER JOIN (左外部結合) 115
length (AWKの関数) 42, 55
LF (改行コード) 37, 50, 197, 239
LibreSSL 253
Linux 4, 5, 32, 36, 40, 58, 59, 60, 65, 66, 71,
　　　　　　　　78, 80, 103, 193, 260, 269, 282, 296
　　JM (日本語マニュアル) 27
lnコマンド 168
local修飾子 35, 119

lsコマンド 42, 96, 203, 270, 280, 301

■ M ■

Mac 4, 21, 36, 69, 296
macOS 4, 21, 36, 69, 296
makrj.sh (JSONジェネレーター) 146
man 4, 27, 283
　　FreeBSD man 27, 223, 278
　　Linux JM 27, 278
　　POSIX 43, 58, 60, 65, 70, 286
　　Tukubaiコマンド 217
Media Types 231, 238
MIME 194
mime-makeコマンド 228, 260
mime-readコマンド 200
MIMEヘッダー 201
MIMEマルチパート 203, 230, 235
mkcookieコマンド 206, 244
mkdirコマンド 168
mkfifoコマンド 89, 186
mktempコマンド 66, 242, 247
mojihameコマンド 215
moreコマンド 46
multipart/form-data形式 201
-mオプション (setコマンド) 297
-mオプション (shコマンド) 36

■ N ■

namereadコマンド 195, 198, 205, 244
nanosleep関数 178
nkfコマンド 64, 155, 306
nlコマンド 67
notepad.exe (メモ帳) 21
NR (AWKの変数) 68
NULL (<0x00>) 文字 115, 160, 194, 203
NULL (SQL) 115

■ O ■

OAuth 257
　　1.0a 263
odコマンド 41, 68, 161, 163
Open Group 26
OpenSSL (opensslコマンド) 253
Open usp Tukubai 25, 154, 155, 195, 200,
　　　　　　　　　　　　　　　　　　215, 248

Open usp Tukubaiクローン 25
<option>タグ 215
ORDER BY句 116, 277
OS X 4, 21, 36, 69, 296
OUTER JOIN（外部結合）..113

━ P ━

parsrc.sh（CSVパーサー）..135
parsrj.sh（JSONパーサー）......................................139
parsrx.sh（XMLパーサー）.......................................143
PATH環境変数 61, 300
PayPal 13
pcllockコマンド 164
Perl 13, 46, 177
Personal Tukubai... 25
pexlockコマンド 164
PHP... 13, 18
PIPESTATUS 118
POSIX原理主義 4, 10
　　POSIX原理主義を始める 19
　　アプリケーション 13
　　狭義のPOSIX原理主義 11
POSIX中心主義 11, 64, 222, 235, 253, 258
POSIX文書 26, 33, 64, 76, 297
POSIX文字クラス 40, 48
POSTメソッド 198, 200
printf（AWKの関数）..69, 102
printfコマンド
　　....................61, 69, 85, 130, 161, 163, 197, 258
prototype.js 213
pshlockコマンド 164
psコマンド 41, 280
　　Cygwinの 71
punlockコマンド 164
Python 25

━ Q ━

QUERY_STRING環境変数 195
quoted-string..225

━ R ━

rand（AWKの関数）... 40
random（AWKの関数）.. 40
Raspberry Pi
　　Raspbian..40, 56, 58

RDB（リレーショナルデータベース）.....................2, 113
React 12
readlinkコマンド 71, 94
readコマンド 160, 225, 294
Reply-To:ヘッダー 227
REQUEST_METHOD（環境変数）.......... 195, 197, 198
RFC
　　2161（日付フォーマット）..............................208
　　3986（URLエンコーディング）.....................189
　　4180（CSVファイル）.....................................136
　　5545（iCalendar）...110
　　6265（Base64）.. 205, 207
RIGHT OUTER JOIN（右外部結合）........................115
rmコマンド..9, 78, 96, 302

━ S ━

sed
　　BSD版sedコマンド..................................... 72, 73
　　GNU版sedコマンド 72, 85
sedコマンド................ 8, 11, 46, 48, 72, 75, 85, 88,
　　　　　　　　　　　　　　　　98, 161, 273, 284
　　BSD版sedコマンド..101
　　GNU版sedコマンド 101
<select>タグ 214, 215
SELECT文 115
Selenium WebDriver 153
selfコマンド 249
sendjpmailコマンド............................... 227, 228, 248
sendmailコマンド 223, 239
sessionfコマンド 246
set -C 168
set -m 36, 297
set -u 39, 287
set -v 184
set -x 184
Set-Cookie:ヘッダー 208
ShellCheck 20
Shift_JIS 155, 158, 307
sleep 73, 175, 296
sortコマンド 42, 112, 161, 275
split（AWKの関数）..107
sprintf（AWKの関数）... 69
SQL 112
srand（AWKの関数）... 40
SSH 24

索引 **321**

sub (AWKの関数) 57
Subject:ヘッダー 223, 225, 227, 233
substr (AWKの関数) 42, 106
Subsystem for Unix Application 5, 260
suEXEC 270
System V 75

― T ―

tacコマンド 73
tailコマンド 63, 161, 202
　　　-rオプション 73
teeコマンド 90, 179, 184
Tera Term 20
testコマンド 9, 74, 300, 302
The C Programming Language 126
The UNIX and Linux Forums 119
then句 34, 287
To:ヘッダー 225, 233
trapコマンド 76, 296
truncateコマンド 82
trコマンド 28, 41, 75, 123, 130, 196
<tr>タグ 215
Tukubai 25, 154, 155, 195, 200, 215, 248
Twitter 18, 252
　　　API 262

― U ―

Ubuntu Linux 5
Unicode 140, 159
uniqコマンド 60, 217
UNIX 2, 8, 19, 34, 46, 96, 124, 184, 301
　　　PC-UNIX 4
　　　UNIX系OS 2, 7, 28, 64, 223
　　　UNIXコマンド 101, 112, 136, 142, 201
　　　UNIX時間 58, 127, 214
　　　UNIXホスト 11, 22
　　　系譜 75
　　　商用UNIX 4
UNIX系OS 4, 22, 28, 64
UNIX哲学 14, 19
　　　定理1 .... 141, 156
　　　定理2 .... 15, 141
　　　定理6 .... 15, 142
　　　定理7 142
　　　定理9 142

unlinkコマンド 96
urldecodeコマンド 189
urlencodeコマンド 191
URLエンコーディング 189
URLエンコード 262
URLデコード 188, 190
usp Tukubai 25
USP研究所 2, 25
UTC 58, 127
utconvコマンド 129, 132, 244
UTF-8 .... 21, 155, 158, 159, 224, 230,
　　　　　　　　　　　　　　　　　249, 282, 307
　　　UTF-8N 21
-uオプション (shコマンド) 39, 287

― V ―

viコマンド 46
-vオプション (shコマンド) 184

― W ―

W3C 12
　　　W3C勧告 12
W3C原理主義 12, 153
　　　チュートリアル 210
wcコマンド 42, 60, 161
Web API 12, 139, 143, 153, 190, 237
WebDriver 153
Webブラウザー 12, 145
Wget (wget) コマンド 236, 253, 258, 308
WHERE句 116
whichコマンド 76
while 9, 182, 225, 302
Windows 4, 5, 7, 8, 20, 71, 260
Windows 10 22
　　　Anniversary Update 5, 22
　　　Insider Preview 18, 261
Windows Subsystem for Linux 5, 22, 177, 260
WinSCP 21
WordPress 14

― X ―

xargsコマンド 9, 77, 161, 163, 225
XHTML 145
XML 141, 143, 214
XmlHttpRequest 213

xmllintコマンド..141
XPath...144
xpathコマンド..141
-xオプション（shコマンド）...........................121, 184

― Y ―

YYYYMMDDhhmmss...........................106, 127, 132

― Z ―

zcatコマンド...80
zenコマンド..155
zsh..10, 39, 160

― い ―

一時ファイル
　　..............66, 92, 98, 195, 199, 201, 204, 238, 242
インスタント食品のようなソフトウェア.........................6
インタープリター型言語..9

― え ―

エポック秒..58
エンディアン...9

― か ―

改行コード
　　.........21, 63, 72, 76, 84, 100, 202, 225, 230, 239
外部結合（OUTER JOIN）................................113
隠しファイル..301
拡張正規表現（ERE）....................................46, 63
仮想マシン..8, 20
カタカナ...158
環境変数
　　.............37, 41, 61, 195, 199, 205, 273, 283, 290
完全外部結合（FULL OUTER JOIN）...............115

― き ―

基本正規表現（BRE）..........................46, 47, 63, 88
恐怖！小鳥男（kotoriotoko）............................18, 252

― く ―

空白
　　全角...116, 282
　　半角...................86, 115, 189, 280, 291, 294
クライアント・サーバー構成................................11

― け ―

件名（メール）..222, 225

― こ ―

交換可能性.....................................11, 235, 258
後方参照...47, 49
国際規格..5
コミケ...13
コミックマーケット..13

― さ ―

サードパーティーCookie...............................14, 52
サブシェル...................................35, 104, 267

― し ―

シェル関数...................................35, 104, 118
シェルショッカー1号男................................13, 52
シェルスクリプト..............2, 8, 19, 21, 36, 37, 39, 66,
　　　　　　　　116, 142, 160, 178, 179, 194, 269, 297
シェル変数.........................36, 38, 86, 119, 160
時空を超えた互換性..6
シグナル...65, 296
シグナルトラップ..36, 297
システムコール...4, 5, 82, 178
実行時間...41
実効ユーザー...32, 270
実行ログ...121, 182
シバン（#!）..39, 287
祝日...109
ショッピングカート..13
シンボリックリンク....................................71, 93, 270

― す ―

ストリーミング型コーディング................................9

― せ ―

正規化...136, 141
正規表現..............39, 45, 57, 63, 72, 88, 106, 273
セマフォ...170
ゼロデイ（脆弱性）..17
全角文字...154, 273

― そ ―

ソート（sort）...275

■ た ■

- ターミナルソフト ... 20
- ダメ文字 ... 3

■ ち ■

- チューリング完全 ... 11
- チューリングマシン ... 141

■ て ■

- データベース ... 2, 6, 7, 13, 113
- 手続き型コーディング ... 9
- デバッグ ... 179, 292
- 添付ファイル ... 228

■ と ■

- 東京オリンピック ... 17
- 東京メトロ ... 15, 215

■ な ■

- 名前付きパイプ（FIFO）... 89, 186, 266

■ に ■

- 日本語ロケール ... 273
- 日本郵便 ... 307

■ ね ■

- 年月日時分秒 ... 106, 127, 132

■ は ■

- パーセントエンコーディング ... 189
- ハードリンク ... 93, 170
- バイトオーダー ... 9, 178
- バイナリーデータ ... 160, 202
- パイプ（|）... 104, 119, 121, 142, 179, 267
- 配列変数（AWK）... 55, 293
- パスワードファイル ... 279
- バックスラッシュ
  ... 33, 47, 49, 80, 120, 291, 294, 302
- はてなブログ ... 14, 52
- パブリックドメイン ... 26
- パラメーター展開記述子 ... 38
- 半角カタカナ ... 155
- 半角文字 ... 154

■ ひ ■

- ヒアドキュメント ... 37
- ヒストリー ... 111
- 左外部結合（LEFT OUTER JOIN）... 115
- 標準エラー出力 ... 32, 64, 183, 267, 269, 272
- 標準出力 ... 184
- 標準入力 ... 78, 90, 98, 184, 199, 201, 225, 271, 272, 290, 294
- ひらがな ... 157

■ ふ ■

- ファイルサーバー ... 7
- ファイルディスクリプター ... 122, 184, 268
- ファイル転送ソフト ... 21
- 負の16進数 ... 69
- ブラウザー戦争 ... 12
- ブログ ... 14
- プログレッシブJPEG画像 ... 91
- プロセス ... 70, 96, 111
- プロセスID ... 41, 71, 111, 247, 266, 288
- プロセスグループ ... 297

■ ま ■

- マスター（データ）... 6, 15, 146

■ み ■

- 右外部結合（RIGHT OUTER JOIN）... 115

■ め ■

- メールマガジン ... 248
- メタ文字 ... 46, 87
- メトロバイバー ... 15, 215
- メモ帳（notepad.exe）... 21
- メモリ使用量 ... 41

■ も ■

- 文字クラス ... 40, 48, 273
- 文字コード ... 3, 50, 51, 159
- 戻り値 ... 78, 119, 297

■ ゆ ■

- 郵便番号 ... 306
- ユニケージ開発手法 ... 3
- ユニバーサル・シェル・プログラミング研究所 ... 2

■よ■
曜日 129

■ら■
乱数 40

■り■
リレーショナルデータベース 2, 6, 7, 113

■れ■
レンタルサーバー 7, 20

■ろ■
ロケール 38, 40, 41, 73, 116, 273, 282
ロック 164
　共有 169
　排他 168
ロンドンオリンピック 17

■著者紹介

松浦　智之（まつうら　ともゆき）　1975年11月16日生。東京都町田市出身。秋月電子通商創業者と同じ高校出身（ただし全く面識なし）。
本職はプログラマーだが、2002年、コミックマーケットにサークル参加したくて技術系同人誌を作り始める。同人誌制作で得たデザイン・商売のノウハウを元に2007年、フリーランスに。2010年、USP研究所と知り合ってシェルスクリプト主義に強い影響を受けつつ、同社の雑誌（現シェルスクリプトマガジン）創刊に携わるなど、仕事でも趣味でもシェルスクリプトライフを満喫中。他に、MSXやキッコーマンの豆乳もこよなく愛する。
シェル魔人の正体は、USP研究所の髪型そっくりなあの人なんじゃないかと疑っている。

■監修者紹介

USP研究所　シェル魔人
シェルのあるところ、密かに現れる。20年以上にわたり、あらゆるOSのあらゆるシェルをいじくってきたらしい。年齢不詳。80以上の職を経験し、40カ国以上放浪した結果、シェルが最強であるという結論に至る。髪の毛は天然パーマ、最近は西新橋の綾野剛とちやほやされて浮かれているが、夜のお姉さんからしっかりお金をとられているらしい。
リッチ・ミカンとみかん星人は本当に関係がないのか疑っている。

カバーデザイン	トップスタジオデザイン室（嶋　健夫）
制作・DTP	株式会社トップスタジオ

編集担当：西方洋一

Windows／Mac／UNIX すべてで20年動くプログラムはどう書くべきか

一度書けばどこでも、ずっと使えるプログラムを待ち望んでいた人々へ贈る
[シェルスクリプトレシピ集]

2016年11月10日　初版発行

著　者	松浦智之
監　修	USP研究所
発行者	池田武人
発行所	株式会社　シーアンドアール研究所
	新潟県新潟市北区西名目所 4083-6（〒950-3122）
	電話　025-259-4293　FAX　025-258-2801
印刷所	株式会社　ルナテック

ISBN978-4-86354-209-9　C3055
© Tomoyuki Matsuura, 2016　　　　　　　　　　Printed in Japan

本書の一部または全部を著作権法で定める範囲を越えて、株式会社シーアンドアール研究所に無断で複写、複製、転載、データ化、テープ化することを禁じます。

落丁・乱丁が万が一ございました場合には、お取り替えいたします。弊社東京支社までご連絡ください。